和食の
教科書

詳盡的圖解步驟讓你零失敗！

イチバン親切な和食の教科書豊富な手順写真で失敗ナシ！

前言

由於全世界越來越注重飲食健康，長壽國日本的食物——也就是和食——十分受到國際矚目。

和食十分注重依照春夏秋冬來調理食物，而本書除了介紹如何依照季節來調理食物，還網羅各種器具的使用方法、料理的盛裝、搭配與裝飾，從基礎到進階的程度，還有每道料理的重點與失敗案例等五花八門的內容。如何分解魚、如何處理食材，也都以清楚的照片與圖片詳盡說明。此外，本書還會介紹湯品、生食、燒烤、燉煮等各種調理方法，以及製作料理時如何徹底使用蔬菜，歡迎各位參考。

和食是充滿媽媽味的鄉土料理，更包含素食料理、創作料理等深奧的料理。儘管看起來再熟悉不過，實際調理起來還是會有許多不清楚之處。有樣學樣或許可以做出感覺很像的料理，但如果不了解基礎知識以及如何處理食材，就無法做出真正美味的料理。希望各位可以好好活用這本教科書，盡可能減少心中的疑問，在家人、賓客面前大展身手。

此外，隨著小家庭與職業婦女的增加，小朋友在家裡學習日本傳統與料理的機會越來越少。希望這本教科書在引導各位學習的同時，亦能協助各位重新檢視和食的意義、精進成為賢妻良母與調理的技巧，以及為生活增添和風氣氛。

川上文代

推薦序

「食材都準備齊全了嗎？那麼，我們就開始一起來作菜吧！」

老師臉上掛著微笑，用輕快的口吻向大家宣布——東京澀谷川上文代老師的料理教室裡，總是在歡樂的氣氛裡開始一堂新的課程。

經常接觸日本食譜的朋友們，一定會對「料理研究家」這個頭銜非常熟悉。

貓兒曾有幸上過幾位知名料理研究家的課程，與其說是哪一位料理研究家的菜色令我心儀，倒不如說是川上老師她對於食物、食材的態度以及對料理的熱愛，著實令我折服，不由得不在每次到東京

時，盡量安排空檔去上老師的課。在川上老師身上，不僅學習做菜技巧，了解各地的食材，更令人想深入探究的是：老師如何能二十年如一日沈浸在料理的歡愉裡。

認識川上文代老師已有數年光景，幾年前東京出差時，因地利之便，離川上文代老師當時位於廣尾的料理教室只有兩分鐘距離，就不時造訪。時光流轉，教室也從廣尾遷移到澀谷。沒辦法去上課的時候，就翻閱老師的書籍——作法解說流暢詳細，彷彿老師就在身邊，以輕柔的聲音逐一解說各個步驟，還提醒許多做菜的小秘訣。

曾在法國料理學校任職以及在米其林三星餐廳修習料理技術的川上老師，至今已出版近五十本各式料理著作，其中幾冊也有英譯版以及中文版本。老師的身影與料理示範，更經常出現在日本各知名料理雜誌，亦受NHK或電視台料理節目之邀，親自示範適合在家製作的季節菜色；不論西式、日式，不

管菜餚是傳統或新穎，老師做來總得心應手。

這次即將在台灣出版的教科書系列，在日本被稱為「最親切的」的料理叢書，內容從「和食料理」、「魚料理」、到於義式、法式料理、甜點…等一系列料理教科書，加上詳盡解說和豐富的步驟照片，就算是不諳廚事的初學者，看了也能生出信心：啊～原來不是那麼困難哪！而這套「最親切也最實用的料理書籍」也被「日本圖書館協會」選定為「料理進階最佳叢書」。對於台灣地區對料理有深厚興趣的朋友們而言，中文版的問世，將是很多朋友們所期待樂見。

身為一個料理人，川上老師仍舊在傳統日本飲食與所受的西式料理薰陶中，持續考究新食譜、新作法。正因如此，川上老師更被家鄉千葉縣館山市委任為「飲食大使」，推廣在地農業並為故鄉農產食材研發新作法，盡己所能活絡地方農業。今年十月，奔波忙碌於料理教室、新書撰寫與攝影的川上

老師，更將暫時放下手邊工作，率團到三一一地震受災嚴重的岩手縣大船渡地區，利用當地農產進行復興支援活動，希望能推己及人，拋磚引玉，帶給震災地區同胞更多溫暖。

川上老師的料理教室，不但有她個人豐富精彩的料理課程，近來也導入各國料理並提攜後輩。而貓兒非常幸運在今年五月曾受川上老師之邀擔任客座講師，介紹台灣料理；當站在教室裡對學員時，才真正理解川上老師肩上的責任，以及身為料理人的兢兢業業和堅守自持。

在川上老師的教科書系列中文版即將問世之際，謹以此篇短文為序，獻給亦師亦友的川上文代老師。

《貓兒的幸福餐桌》作者　貓兒

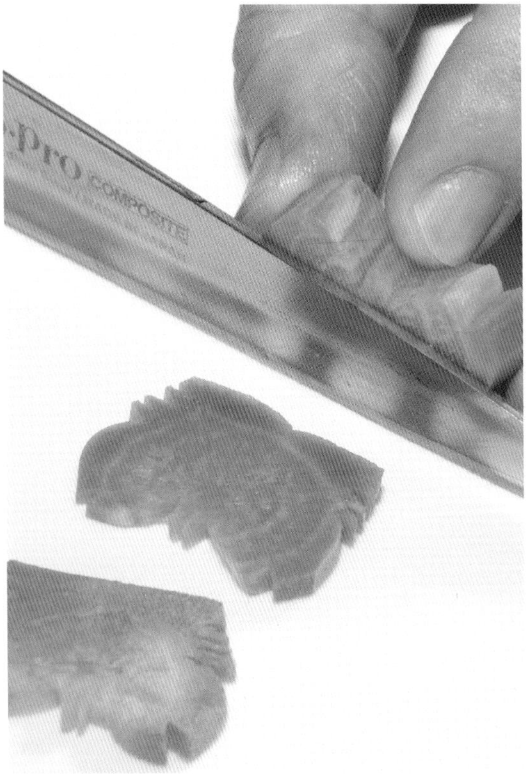

Contents

第1章
和食的基礎

第2章
主菜

Contents

第3章
副菜

第4章
小菜

第5章
各式白飯

第6章
湯品

第7章
醃漬料理

和食器具・食材哪裡買

- 器具部份：可洽HANDS台隆手創館0800-011-098・太平洋SOGO百貨0800-212-002・citysuper 02–77113288・展揮中西餐具批發02-27417636
- 食材醬料部份：可洽太平洋SOGO百貨0800-212-002・citysuper 02–77113288・微風超市0809-008-888・上引水產02-25081268・昌盛食品有限公司02-22965111

本書的原則

- 若材料沒有指定高湯種類則使用一次高湯，製作方法參考P17，亦可使用市售高湯。
- 基本上，材料的分量都不包含醃漬用的鹽、處理蔬菜用的醋等用於事前處理的調味料。
- 烤箱、微波爐的特性因機型而有所不同，溫度與加熱時間僅供參考，請依實際情況加以調整。
- 材料的分量如下：1杯＝200cc、1大匙＝15cc、1小匙＝5cc。
- 材料基本上為兩人份，若為醃漬料理等可以保存較久的食物則不明確寫出分量，可依照個人喜好調整。
- 所需時間可能因食材狀態、氣候等因素而有所不同，食譜上的數字僅供參考。
- 以「個」為單位的分量可能因食材狀態而有所差異，食譜上的數字僅供參考。
- 文中的重為料理重點，準為準備作業。

Staff

攝影　永山弘子、大內光弘（P42、112、144）
設計　中村たまを
插圖　わたなべじゅんじ
料理製作助理　結城壽美江、片岡亞理歌
編輯／製作　baboon股份有限公司（矢作美和、藤村容子）
商品提供　池商股份有限公司（聯絡方式）電話：42-795-4311　地址：東京都町田市成　が丘2-5-10
和の器　田窯（聯絡方式）電話：3-5828-9355　地址：東京都台東 西 草1-4-3

第1章

和食的基礎

準備器具

製作和食除了會使用一般家庭都會有的基本器具外，還要準備一些專業器具。有些器具很快就會生鏽，使用後一定要好好保養。

之一 菜刀

只要有薄刃包丁[1]、出刃包丁，就能製作各式各樣的料理。水果刀用在精細作業最方便。

水果刀
英文為petty knife，petty就是「小」的意思。適合用來刻蔬菜或削體積較小的食物。

薄刃包丁
用來處理蔬菜的菜刀。由於是方頭刀，可以確實貼在砧板上，用來切體積較大的蔬菜也很方便。

刺身[2]包丁
沿著刀鋒往下整片刀刃都非常銳利，用來切生魚片或分解體積較窄的魚。

出刃包丁
用來切較硬的頭或分解魚、肉。記得選擇刀刃較厚、分量較足的菜刀。

主廚刀
最適合初學者的菜刀，可以用來處理魚、肉、蔬菜等各種食材。輕巧便於使用。

放置方法

下方要鋪布避免菜刀滑動，刀鋒要對著調理台內側、刀刃要朝上才安全。

部位名稱

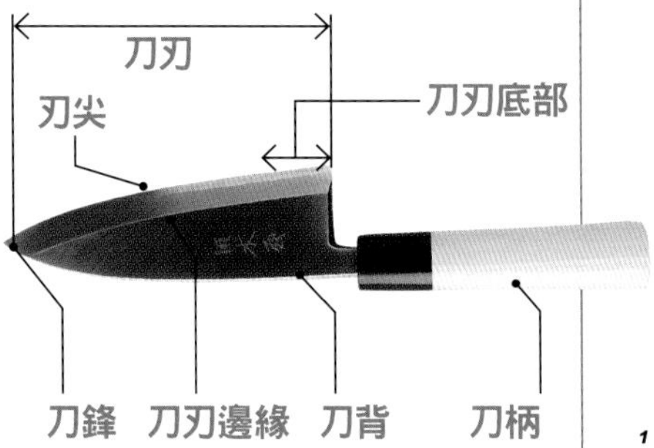

商品提供：池商（股）（P10～13，聯絡方式參考P8）

[1]「包丁」在日文中亦即「菜刀」。
[2]「刺身」在日文中亦即「生魚片」。

之二 鍋子、平底鍋

依照料理的量決定使用鍋子的尺寸，可以依照家庭成員或用餐人數預先準備大、中、小不同尺寸的鍋子。

鉗鍋

鉗鍋沒有鍋把，要用鉗子代替鍋把。可以疊在一起，方便收納。

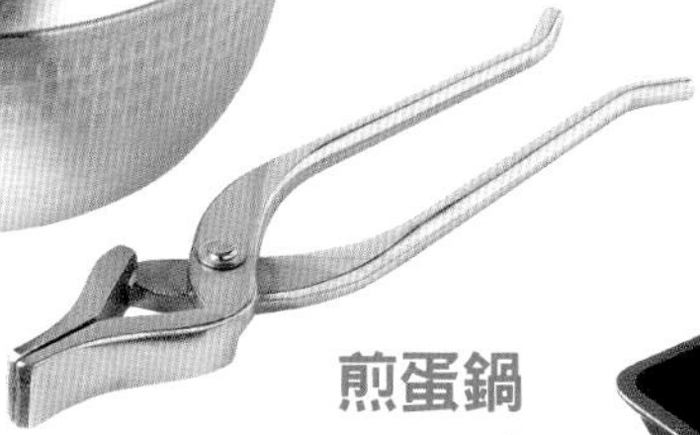

雪平鍋

最常使用的單把鍋，有凹口，便於倒出液體。導熱性佳。

砂鍋

以砂土製成的鍋子，具有很好的保溫效果，料理不容易變冷。適合用來煮飯、煮火鍋等。

煎蛋鍋

正方形的稱為「關東型」；長方形的稱為「關西型」。銅製的煎蛋器較耐用。

油炸鍋

以鐵或銅製成，用來油炸的鍋子。為維持油溫，記得選擇較厚、較深的鍋子。

之三 容器、篩子

篩子通常用來去除蔬菜水分與區分食材。製作壽司飯時，用飯台拌飯十分方便。

飯台

用來製作壽司飯的器具。使用後一定要洗淨、水分擦乾並晾乾。

竹篩

具吸水性，汆燙後的蔬菜不容易變型。使用後一定要確實晾乾。

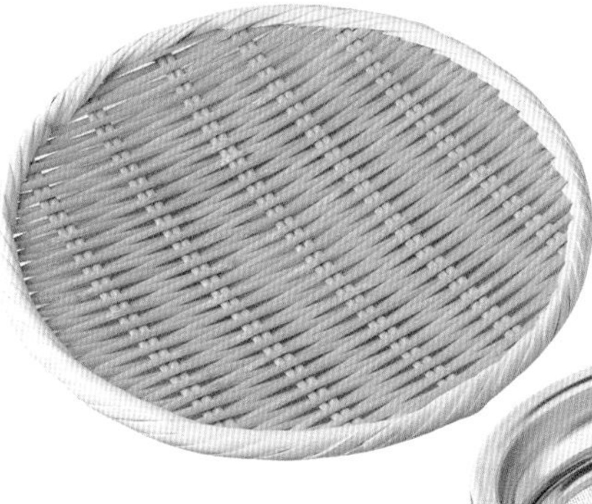

篩子

不銹鋼的篩子不需要特別保養，可以用來去除食材水分，或代替碗用來盛裝食材。

之四 勺子、筷子、鍋鏟

勺子、鍋鏟、筷子等器具都是製作和食不可或缺的器具。如果有幾種不同的尺寸，調理時會更方便。

勺子

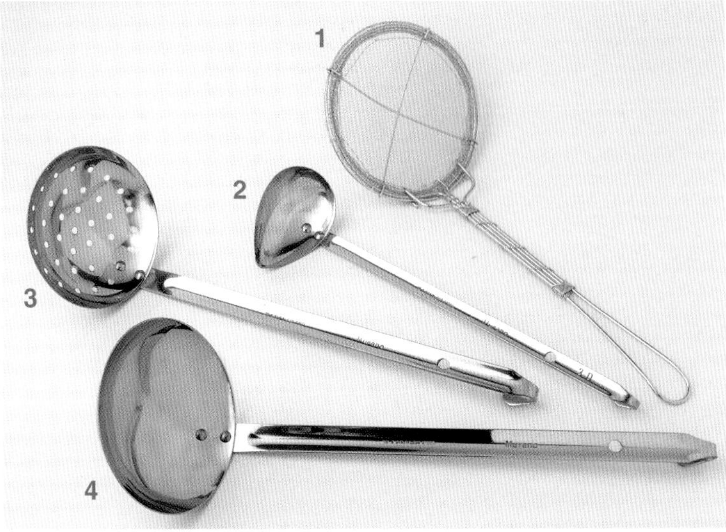

1. 濾網

油炸時可用來清除浮在油上的碎屑，亦可用來清除浮沫。

2. 長柄勺

水滴形的長柄勺可以將液體盛進開口較小的容器。

3. 漏勺

用來去除氽燙蔬菜的水分、自湯裡撈起食材等。

4. 湯勺

用來盛裝液體，不同種類的料理需要不同的湯勺，建議準備兩支以上。

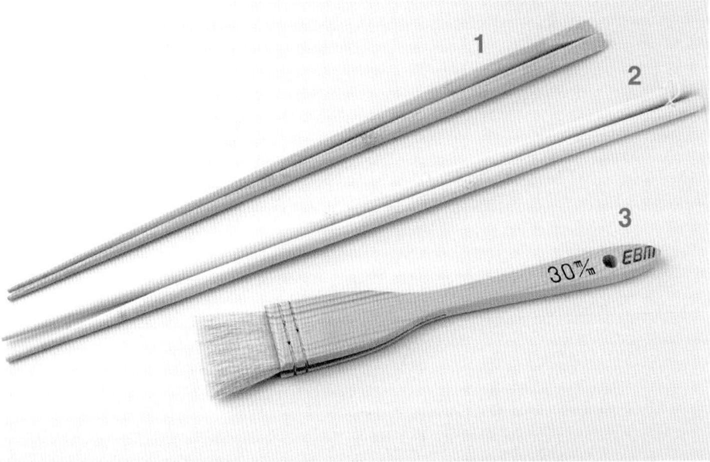

筷子、刷子

1. 盛裝長筷

用來盛裝食物的筷子，前端較尖，方便夾取細小的食物。

2. 調理長筷

比普通的筷子長，有些調理用筷子還會用繩子綁著，避免筷子分開。

3. 刷子

用來抹醬汁、沾粉，使用後要確實洗淨、晾乾。

飯匙、鍋鏟

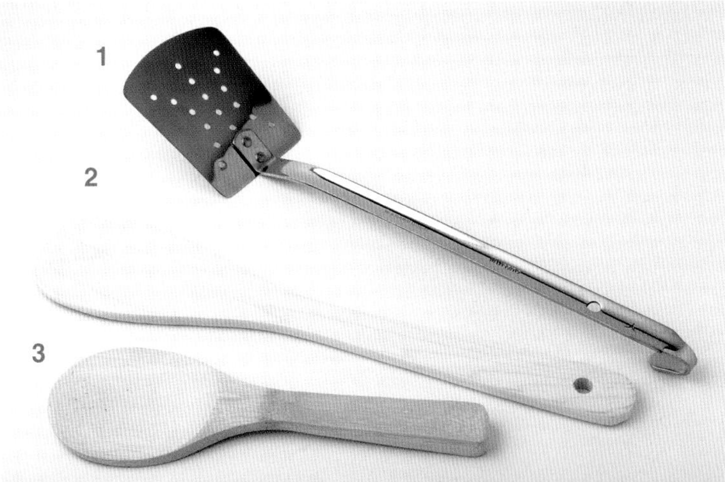

1. 漏鏟

不方便用筷子夾的食材就改用漏鏟取出，亦可用來將食材翻面。

2. 鍋鏟

木鏟適合用來炒或拌食材，膠鏟則適合用來確實取出碗裡的材料。

3. 飯匙

用來盛裝或攪拌白飯，亦可用來集合食材或按壓食材使其過篩。

之五 和食不可或缺的器具

和食的調理器具多是木製品，可能會吸附食材的味道或氣味，記得先沾濕後再使用。

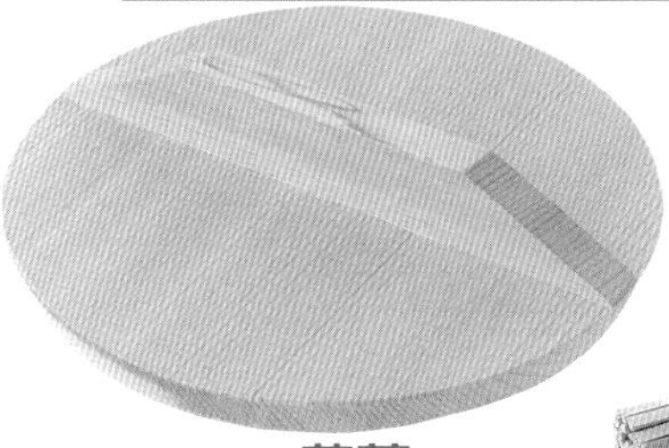

落蓋

製作燉煮料理時，為了讓食材浸在水裡或湯裡使用的小蓋，用途很廣，詳細的使用方法參考P72。

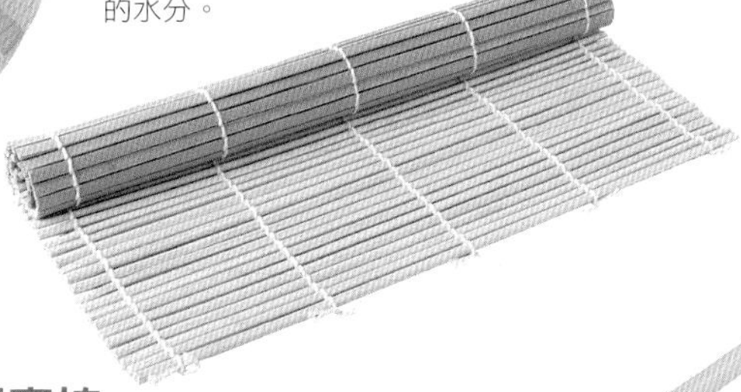

壽司簾

用來卷壽司或煎蛋、固定形狀或去除青菜、蘿蔔泥的水分。

木框篩網

將材料放在網子上，用木鏟自前方往自己的方向按壓使其過篩。或者用來篩粉、過濾液體。

研磨缽、研磨棒

用來磨材料。研磨缽下方可以鋪濕布等防滑墊，增加穩定性。

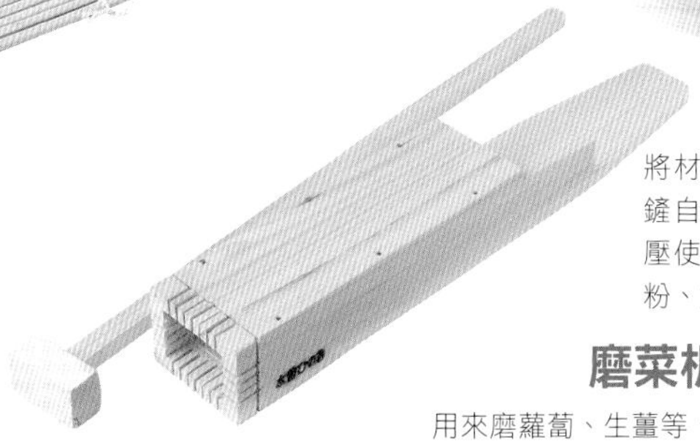

壓條器

一種木製的筒型器具，只要把寒天或瀧川豆腐等食材放進去，再用棒子按壓，食材就會變成條狀。

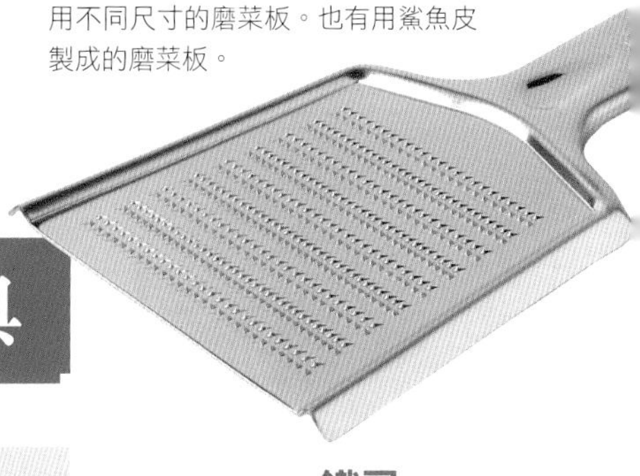

磨菜板

用來磨蘿蔔、生薑等，可配合材料使用不同尺寸的磨菜板。也有用鯊魚皮製成的磨菜板。

之六 縮短調理時間的便利器具

輕鬆完成費時的作業

食物處理器

在製作蘿蔔泥、生麵筋等需要打碎或混合材料時使用。

壓力鍋

將蒸氣關在密閉的鍋子裡，利用高溫、高壓來快速導熱，就能縮短調理時間。

鐵弓

烤魚時可以改變高度，調整火烤的位置。亦可用烤魚架代替。

煮飯

只要稍微留意洗米與煮飯的方法，和食不可或缺的「白飯」味道就會完全不同。
現在就讓我們來學習如何洗米、如何用砂鍋煮飯。

先挑戰洗米

1
米放進裝水的碗裡輕拌，直到水變得混濁。大約拌十下，水就會變得混濁。

2
水一混濁就要倒掉，以免米吸進混濁的水。(重)米吸了混濁的水會變臭。

3
不要放水，用手輕輕搓米。若量比較多，就不要拿起來，直接用掌心按壓。

4
加水輕拌，重複3、4的作業3～4次直到水變得透明，可以清楚看見米。

5
放進篩子裡去除水分，蓋上濕布放30分鐘，讓米吸收米上的水分，並去除多餘水分。

該如何處理無洗米與糯米等其他米呢？

已去除米糠粉的無洗米不需要像精米那樣洗，稍微清洗即可，亦可留下比較多的水分。糯米洗淨後要用水浸泡一晚，煮之前再過篩以去除水分。

用普通的鍋子也可把飯煮得很美味

1

洗過放了 30 分鐘的米與同等的水放進鍋子。比如說洗了 1 杯的米，就放 200cc 的水。

2

蓋上蓋子以大火煮沸後轉小火，再煮 10 分鐘。關火後不要打開蓋子，再悶 5 ～ 10 分鐘。

為什麼用砂鍋煮飯特別美味呢?

煮飯適合用比較厚、比較不易降溫的鍋子。砂鍋可以儲熱並確實導熱，是最適合用來煮飯的鍋子。此外，由於砂鍋蓋子的邊緣蓋在容器內側，所以水不會溢出。

挑戰用砂鍋煮飯

1

用量杯將在篩子裡放了30分鐘的米與同等的水放進砂鍋。

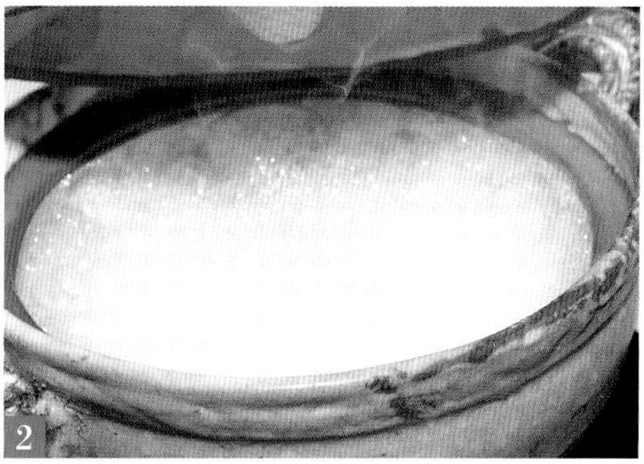

2

蓋上蓋子以大火煮沸後轉小火，不要打開蓋子再煮10分鐘。

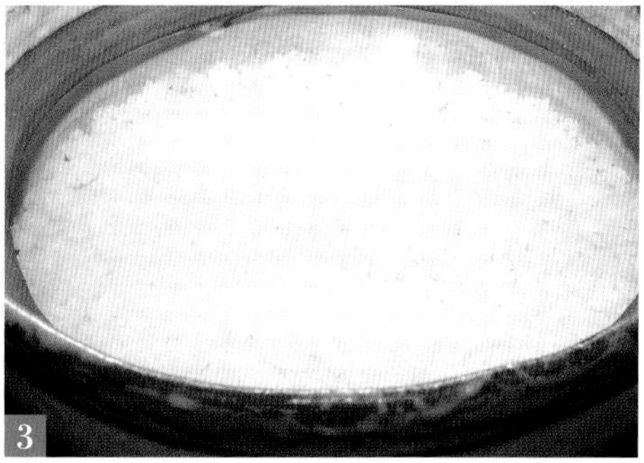

3

這是煮10分鐘之後的狀態。關火後還是不要打開蓋子，再悶10～15分鐘。

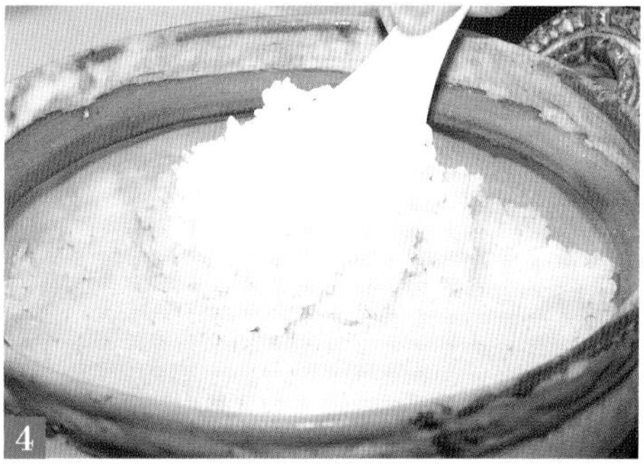

4

用沾濕的飯匙把全部的飯翻鬆後即大功告成。

煮高湯

和食最基本的高湯有許多種類，像是昆布高湯、魚乾高湯等。讓我們配合食材使用適合的高湯，製作出美味的料理。

認識製作和食高湯的材料

鰹魚片（柴魚）

將鰹魚煮熟後烘乾、削片，方便使用。

魚乾

將沙丁魚等煮熟後曬乾而成。記得選擇乾燥、魚皮與形狀完整的魚乾。

昆布

記得選擇有厚度、表面有白色粉末的昆布。髒汙要用布擦拭，不能用水清洗。

乾香菇

用水浸泡 10 小時後去除水分，味道就會突顯出來，可以用來煮高湯。

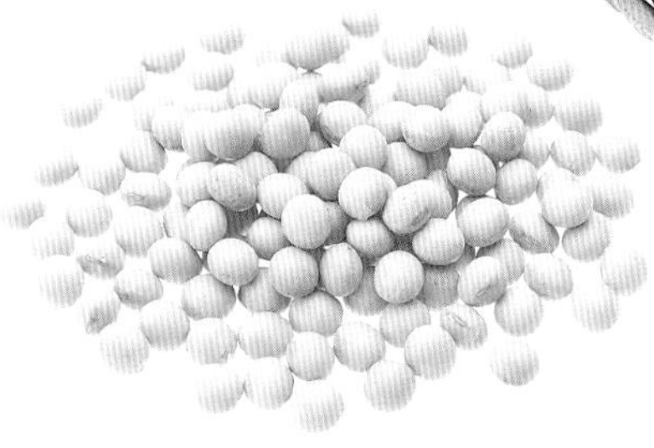

大豆

素食高湯的材料之一。把煎過的大豆放在昆布高湯裡浸泡 10 小時，味道就會突顯出來。

高湯的秘密

保存方法

一定要降溫後密封起來冷藏，以免吸附其他味道。用來煮高湯的昆布、魚乾、鰹魚片也要密封起來，放在陰涼處。

不要放太久

一次、二次高湯都要當天用完。2～3 天後，其他高湯的風味也會變差。最好是要用多少就煮多少。

重點在於水質

軟水比硬水適合用來煮高湯。如果用礦泉水，也要選擇軟水。若是用自來水，則要先靜置一晚。

一次高湯

以鰹魚片、昆布煮出來的高湯，在和食中十分常見。由於短時間就能煮出高湯，適合用在湯品、燉煮料理的湯底與蒸品的醬汁等處。

材料 水…1L
昆布（5×10cm）…1片
鰹魚片…約15g

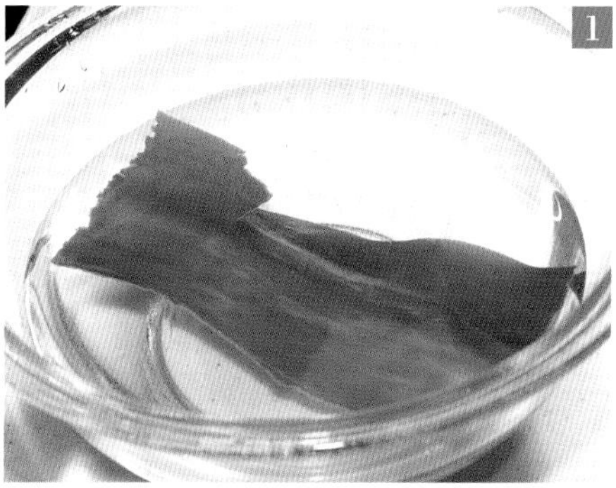

1 用布擦拭昆布，去除灰塵等髒汙。將昆布用水浸泡一晚，直到恢復原本的形狀。

2 昆布連水一同放進鍋裡，以中火煮沸後取出昆布。

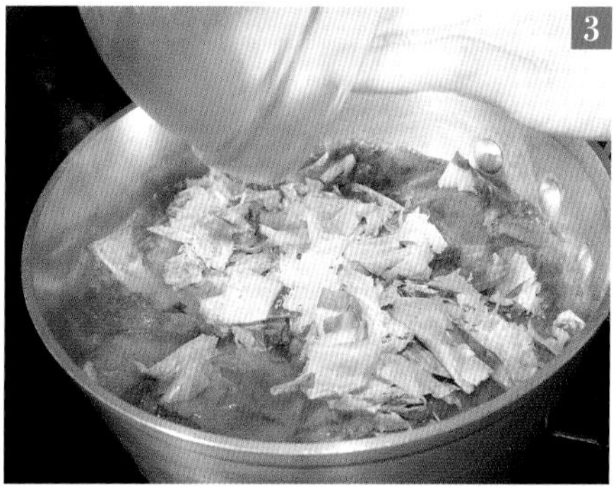

3 隨即加鰹魚片，在沸騰前將火轉小，以免高湯出現酸味或變得混濁。

4 去除浮沫後關火。將湯勺裡的浮沫吹掉後，湯汁要再放回鍋裡。

5 等鰹魚片沉到底部，輕輕用棉布過濾。若是動作太大，可能會使高湯變得混濁。

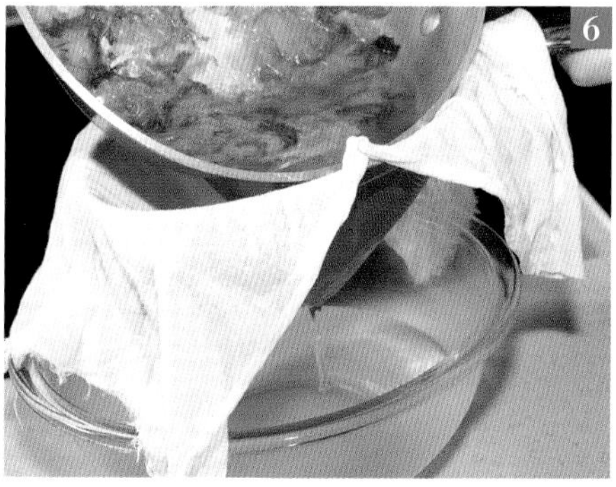

6 可以用2取出的昆布與殘留在鍋裡的鰹魚片煮二次高湯，所以不要丟棄。

魚乾高湯

調理前如果魚乾含有濕氣，高湯就會變得腥臭，保存時要特別防潮。

材料

水…1L

魚乾…15g

酒…1大匙

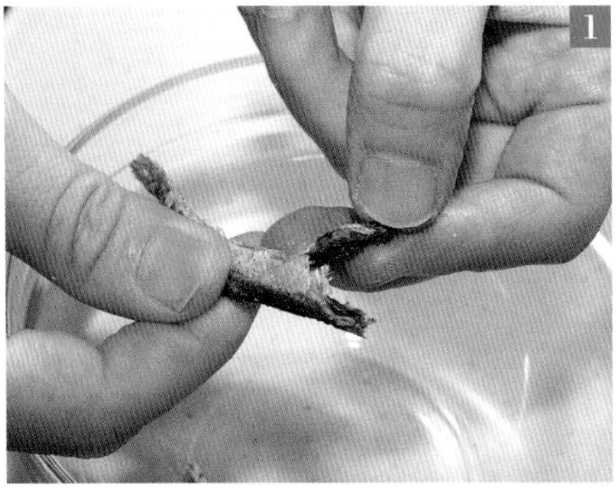

1 用手指去除魚乾的頭與內臟，輕輕清洗後用水浸泡一晚。天氣炎熱時要冷藏。

2 1連水一同放進鍋裡，加酒以中火煮沸，維持稍微沸騰的程度，並去除浮沫。

3 再煮10分鐘後關火，煮出味道後靜置3分鐘，輕輕用棉布過濾。

二次高湯

在煮過一次高湯的昆布與鰹魚片中再加新的鰹魚片，新的鰹魚片稱為「追加鰹魚」。

材料

水…1L

鰹魚片…7.5g

煮過一次高湯的昆布與鰹魚片…適量

1 煮過一次高湯的昆布與鰹魚片放進鍋裡，加水以大火煮沸後轉小火，再煮5～6分鐘。

2 水減少一成後加新的鰹魚片，以中火煮沸後去除浮沫。

3 關火後靜置3分鐘後以棉布過濾，接著將鰹魚片與昆布放在棉布上，用筷子確實過濾。

素食高湯

由於素食料理不能使用魚、肉，味道會稍微淡一些，可以搭配其他高湯。適合用在湯品或燉煮料理。

材料 水…1L
昆布…4g
乾香菇…5g
胡蘿蔔乾、蓮藕皮…40g
煎大豆…10g

1 水以外的材料全部放進碗裡，材料一定要乾燥，大豆要稍微煎過。

2 水輕輕加碗裡，建議用礦泉水代替自來水。

3 就這樣浸泡一晚，天氣炎熱時要冷藏。可用保鮮膜包起來，避免髒汙混入。

4 連水一同放進鍋裡，以中火煮到快要沸騰的程度。一旦沸騰，就會出現澀味，所以要特別留意。

5 只要四周出現沸騰的泡泡即可關火，去除浮沫。將湯勺裡的浮沫吹掉後，湯汁要再放回鍋裡。

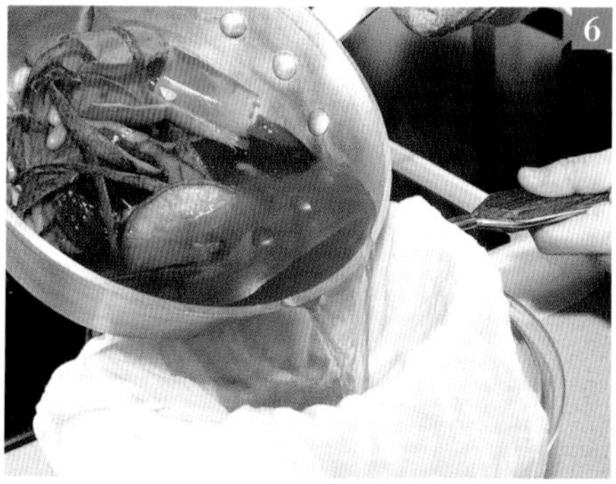

6 慢慢將高湯倒入鋪了棉布的篩子，確實過濾。已經變軟的大豆、香菇可以用在其他料理。

處理蔬菜

蔬菜有澀液[3]，若放著不管就會出現苦味或變色，影響料理的外觀與味道，所以事前一定要先處理好。

浸泡

削過、切過的蔬菜如果不用水或醋水浸泡就會變色，新鮮度也會變差。

用水浸泡

避免變色

澀液會使茄子、蓮藕等白色蔬菜一切就變成茶色，所以一定要用水浸泡。

去除辣味

用水浸泡洋蔥、茗荷等蔬菜，不僅能去除辣味，還可以突顯清脆的口感。

維持新鮮

切絲或削成薄片的蔬菜很快就會乾掉，要用冷水浸泡，突顯清脆的口感。

去除澀液

為了緩和苦味與澀味，澀液較強的蔬菜要用水浸泡一段時間。

用醋水浸泡

突顯顏色

醋有發色的作用，可以突顯生薑與茗荷的紅色，看起來更漂亮。

去除澀液

牛蒡一切就會變成茶色，所以要用醋水浸泡，使用前再用水洗淨。

[3]「澀液」包含帶有澀味、苦味、異味、草味等所有影響美味的成分。

汆燙

用大量的水汆燙蔬菜，可以去除多餘的澀液與黏液。

用米糠汆燙

去除澀液

竹筍等蔬菜可以和米糠一同汆燙，米糠會吸附澀液。

用鹽汆燙

去除澀液

汆燙青菜後，水會呈現綠色。綠色越濃，表示澀液越強。

油菜等澀液較強的青菜汆燙後要用冷水浸泡，待澀味消失後再去除水分。

水菜、小松菜等澀味較弱的蔬菜，汆燙後可以放在竹篩上迅速降溫。

用醋水汆燙

去除澀液

避免變苦或變色。由於牛蒡澀液很強，比起用水汆燙，更適合用醋水汆燙。

用洗米水汆燙

去除澀液

洗米水含有米糠的營養，能夠吸附澀味。

突顯白色

白蘿蔔、蕪菁等白色蔬菜用洗米水汆燙後會變得更白、更漂亮。

去除黏液

去除黏液後，可以用水浸泡或汆燙，去除洗米水的味道。

各種蔬菜的處理方法

水煮竹筍

竹筍的澀味很強，而且會越來越硬，採收後一定要盡快處理。用米糠或洗米水煮竹筍，可以緩和澀味。

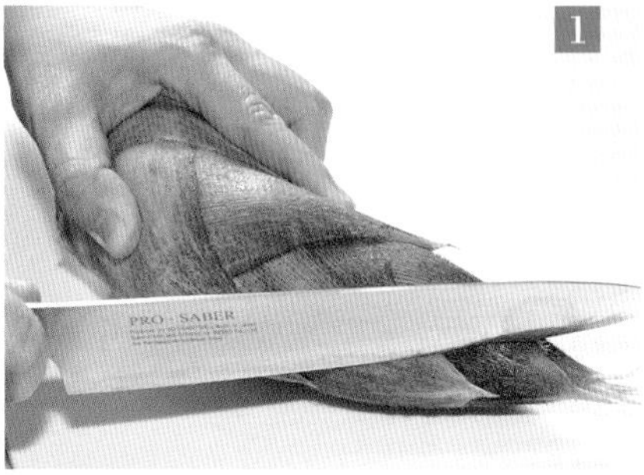

1 準備煮竹筍。用水沖洗竹筍表面的髒汙後斜切，切除前端穗的部份。

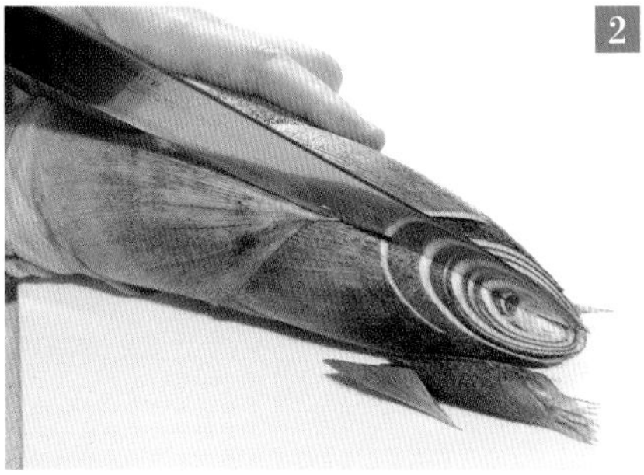

2 為了方便剝皮，在竹筍表面劃一刀，深約1㎝，不要劃太深。

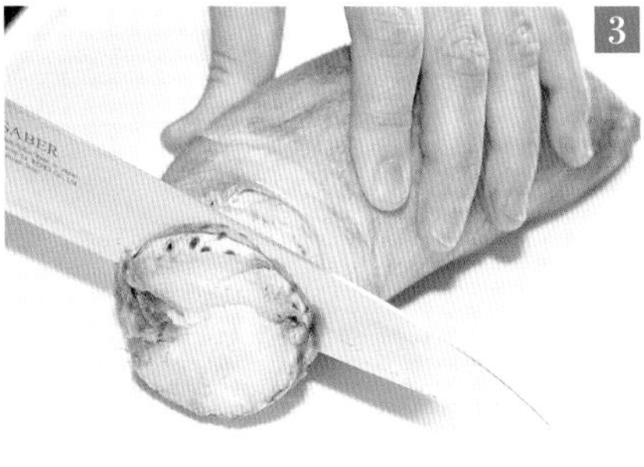

3 切除根部太硬無法食用的部份。切的時候要確實壓好，以免竹筍滾動。

4 使用能完整放進竹筍的鍋子，放進足以完全蓋過竹筍的水。

5 竹筍放進鍋裡，再放1～2根辣椒。辣椒可以緩和竹筍的澀味，所以一定要放。

6 加一把米糠轉大火，蓋上落蓋後煮沸，以水不會溢出的程度繼續加熱。

7 不時轉動竹筍，讓竹筍熟透。蓋上蓋子煮約1小時，直到竹籤可以輕鬆穿透根部。

8 靜置降溫後用水清洗，可連水一同冷藏，記得每天換水。

準備青菜

含有水分的青菜，如果直接用手擰可能會擰不乾，或者因為太用力而裂開。

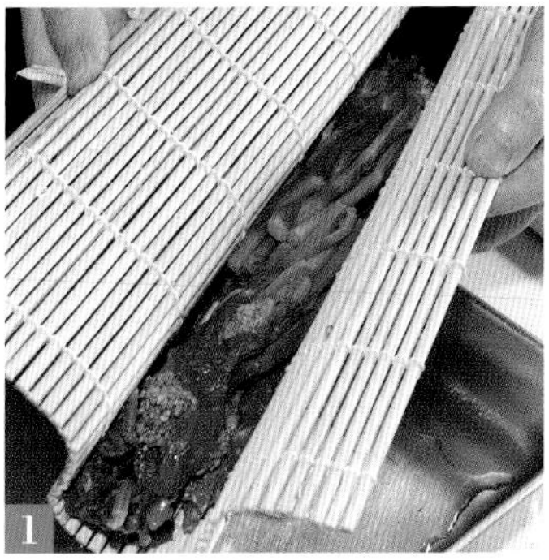

1 冷卻的鹽漬青菜放進壽司簾裡，自左右按壓，輕輕去除水分。

2 用壽司簾將青菜捲起來，由上到下「握」壽司簾。

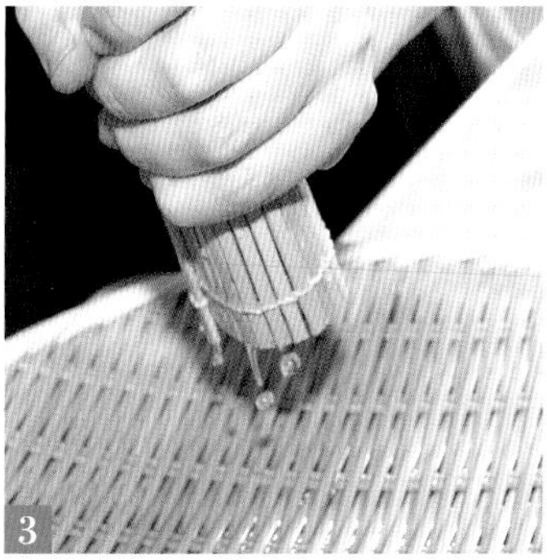

3 確實緊握，讓水滴落。

4 最後切成適當的大小。以捲在壽司簾裡的形狀來切會比較好切。

Mistake!

扭轉壽司簾會使青菜裂開

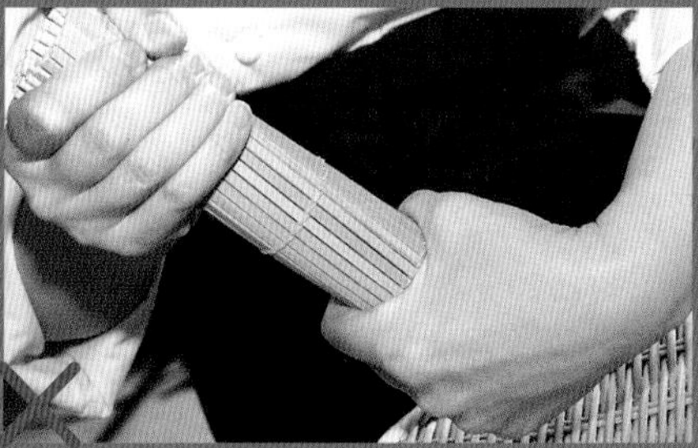

扭轉壽司簾會使裡頭的青菜裂開，壽司簾也會損壞。一定要用「握」的感覺去除水分。

磨小黃瓜

用菜刀刀背刮除表面的突起，在砧板上轉動磨擦。之後只要稍微汆燙，就會呈現漂亮的綠色。

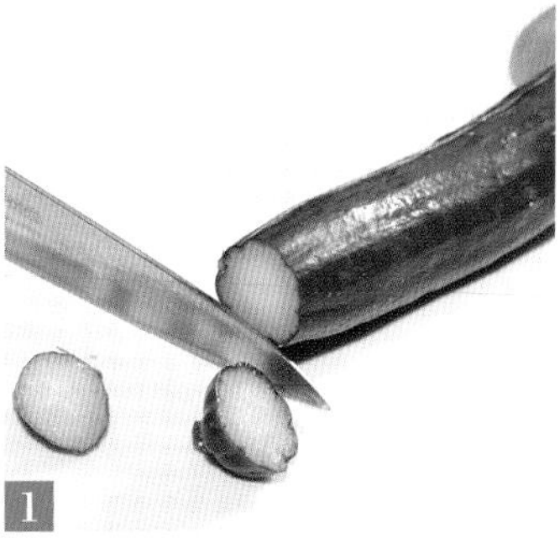

1 小黃瓜靠近莖的部份澀液很強，兩端都要切除。

2 用切除的部份磨擦斷面，用菜刀刀背刮除表面的突起。

3 鹽灑在小黃瓜表面，在砧板轉動磨擦，直到表面的突起消失為止。

切蔬菜

蔬菜有許多種切法，從經常使用的基本切法到使料理看起來美味的切法。
光是切法不同，就能使味道變好，口感也會有所變化。

切絲

將切成薄片的蔬菜疊在一起，沿著纖維生長的方向切絲，適合用來裝飾。

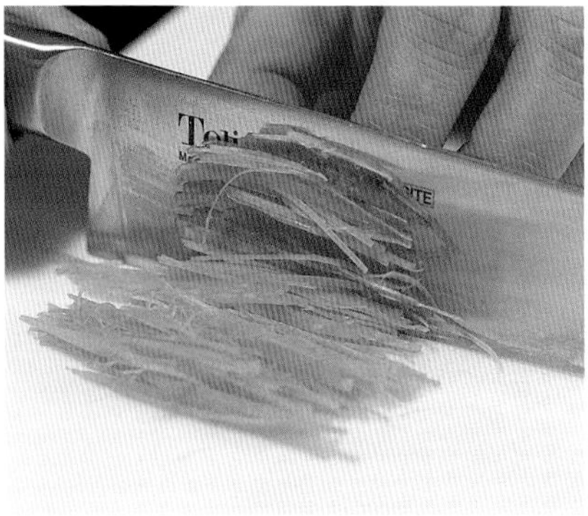

切圓片

維持蔬菜的圓形，切成具有一定厚度的圓片，適合用在切小黃瓜、胡蘿蔔、白蘿蔔時。

切細末

將切絲的蔬菜切碎，若是顆粒比較粗，則稱為「切粗末」。

切半圓

先將圓形的蔬菜對半切，將從頭切成具有一定厚度的半圓。亦可先切圓片再切成半圓。

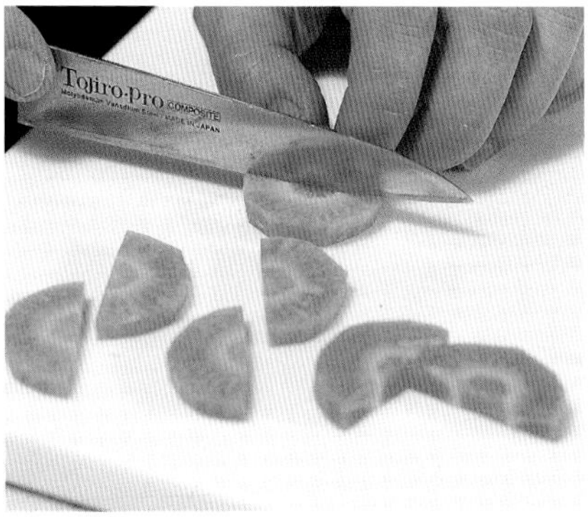

滾刀切

菜刀方向不變，一邊轉動蔬菜一邊切。

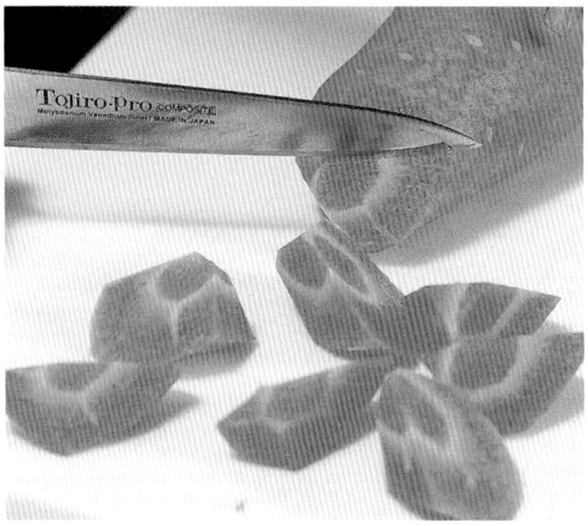

切四分之一圓

將半圓再切成一半，由於形狀與銀杏葉很像，在日本亦稱為「銀杏切」。

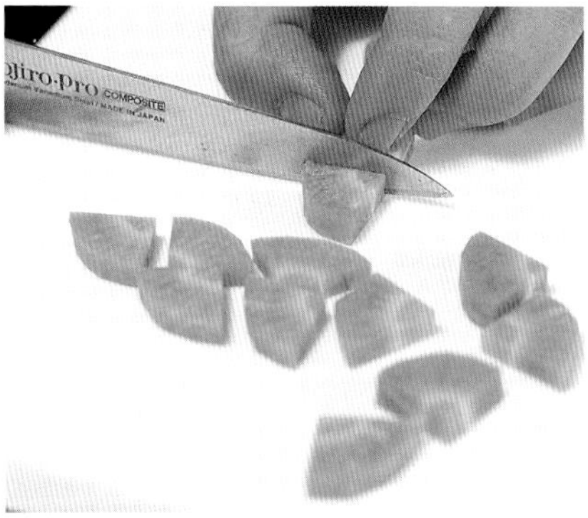

切牛蒡

牛蒡、胡蘿蔔等細長的蔬菜，要像削鉛筆一樣削成薄片，越薄越容易入味。

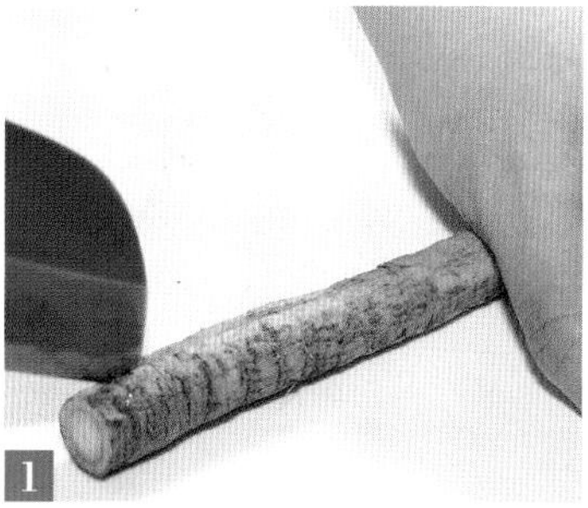

1 用刷子清洗牛蒡，在表面劃幾刀。

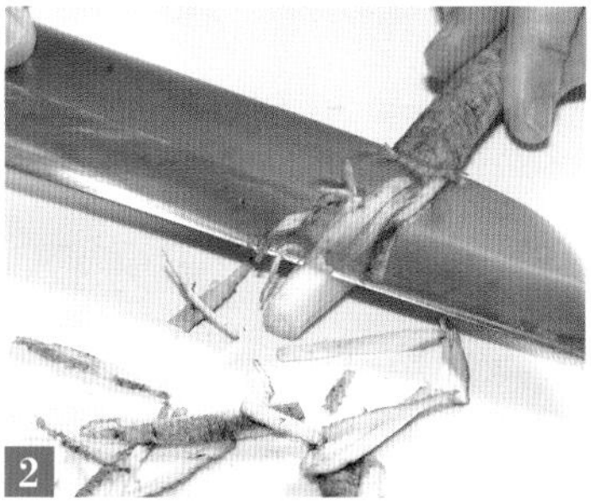

2 一邊轉動牛蒡一邊斜切成薄片，一切下來就要用醋水浸泡。

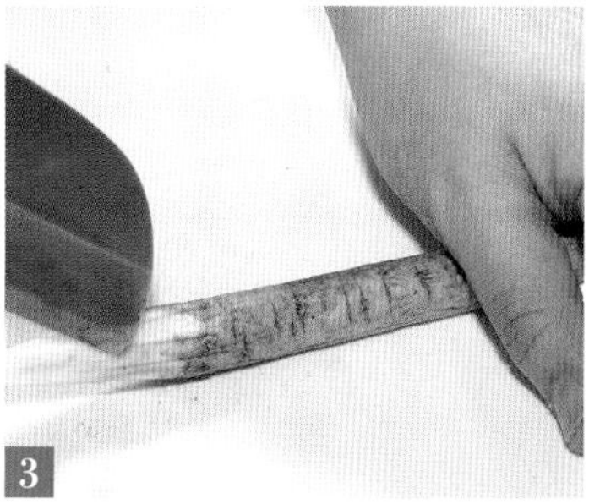

3 1 劃了刀痕的部份切完後，再劃幾刀繼續切薄片，之後不斷重複。

切青紫蘇

青紫蘇很薄，很難切，要捲起來才會比較好切。切的時候要盡可能切細一點。

1 青紫蘇捲成細細的筒狀，如果有好幾片，可以疊起來再捲。

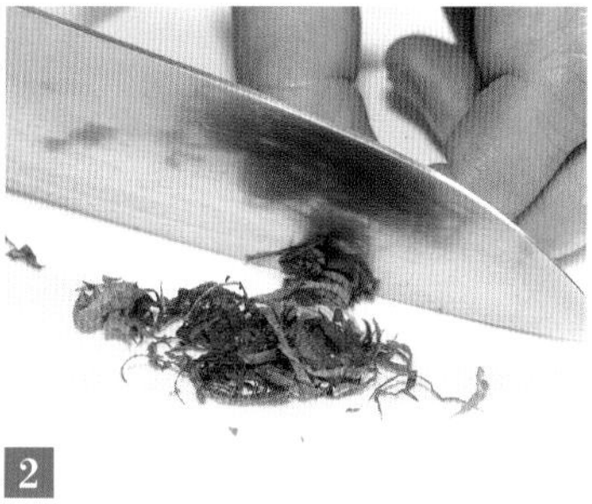

2 用菜刀的刃尖切成寬約 1mm 的絲。

3 切的時候要用手壓好青紫蘇，以免青紫蘇攤開。

白蘿蔔　修邊

燉煮蔬菜時，如果食材的角都很尖，很容易因碰撞而煮糊。

使用菜刀中央為白蘿蔔修邊，看起來會比較漂亮，也不容易煮糊。

白蘿蔔　劃刀

由於很厚，劃刀不僅容易熟透，也會比較入味。劃的時候盡可能不要太明顯。

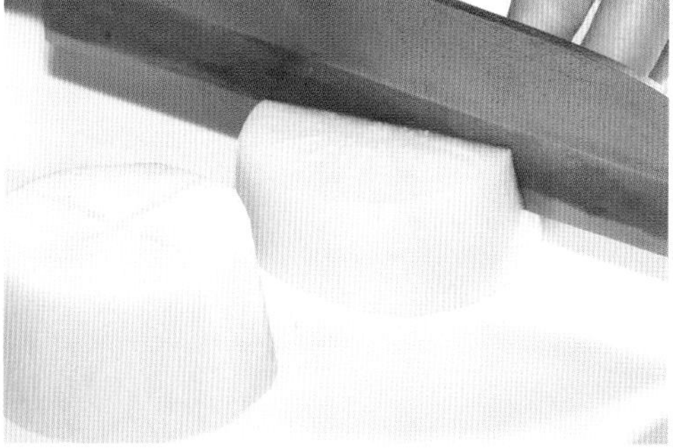

可以在盛裝的背面劃一刀，深約一半，或是用刀斜斜地劃上格子或十字。

多花一些巧思裝飾料理！學習蔬果雕刻

梅花花瓣

讓圓形的蔬菜看起來像梅花花瓣，若是用胡蘿蔔等紅色的蔬菜，看起來會更像梅花，十分可愛。用壓模器就能輕鬆完成。

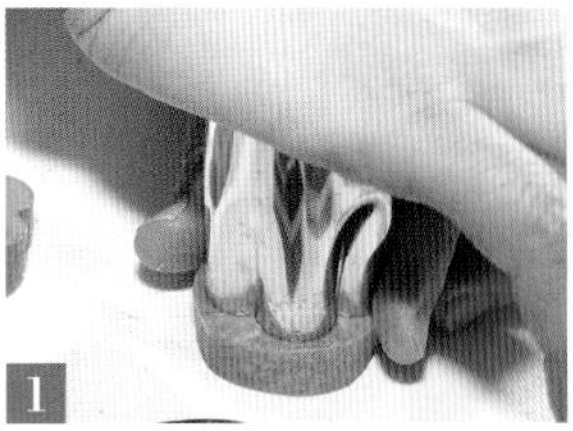

1 胡蘿蔔切圓片，厚約 1cm，以壓模器按壓。

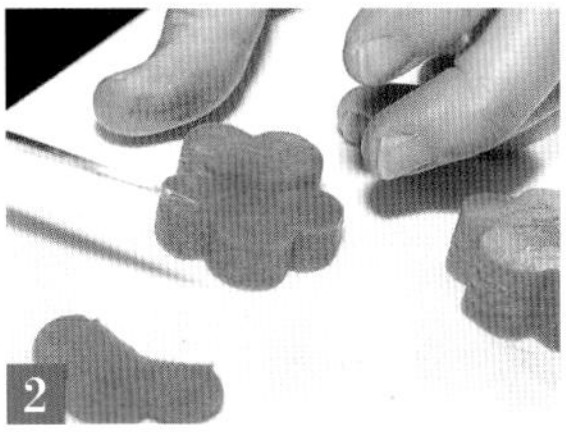

2 壓出 3 片花瓣後，將其中一片花瓣切薄，和其他兩片花瓣有所區隔。

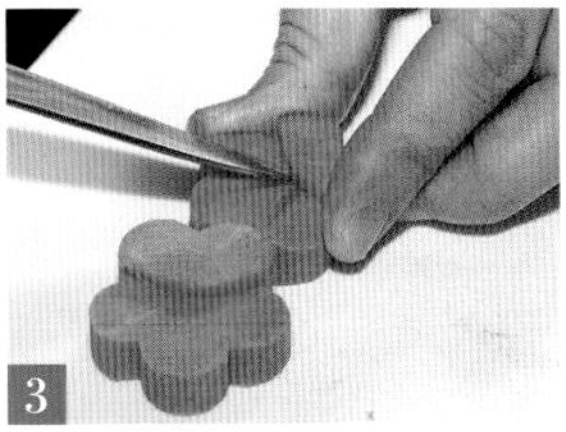

3 在[2]切薄的部份劃兩刀，製造皺摺的感覺。

蘿蔔玫瑰

蔬菜、菜刀稍微有些濕濕的，不僅可以刻得很漂亮，還可以避免乾燥。只要調整蔬菜的大小，就能依照個人喜好製作不同尺寸的玫瑰。

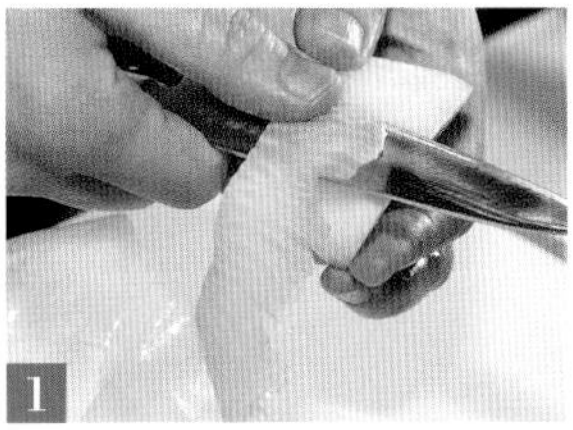

1 切成圓柱的白蘿蔔其中 3/4 削成長長的薄片，上緣可呈波浪狀。

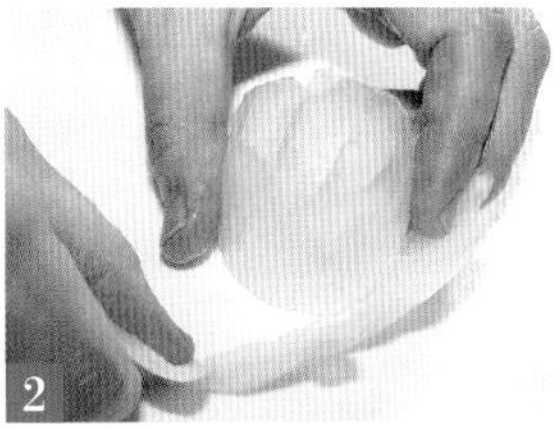

2 切完之後捲起來，做成玫瑰的形狀。

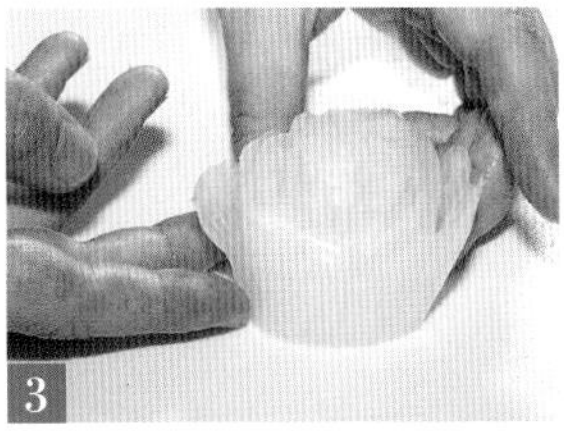

3 最後的部份只要沾水就能固定。

生薑毛筆

將用醋漬生薑前端切成毛筆的形狀。由於是很精細的作業，一開始使用水果刀會比較輕鬆。

1 生薑前端白色部份的3/4切成1～2mm 的薄片。

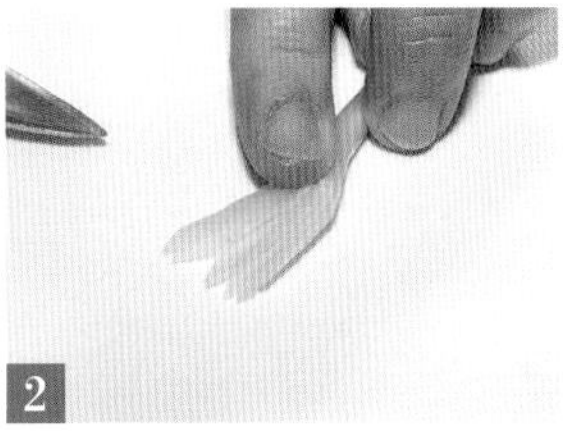

2 切成 4～5 等分，若厚度平均，看起來會更美。

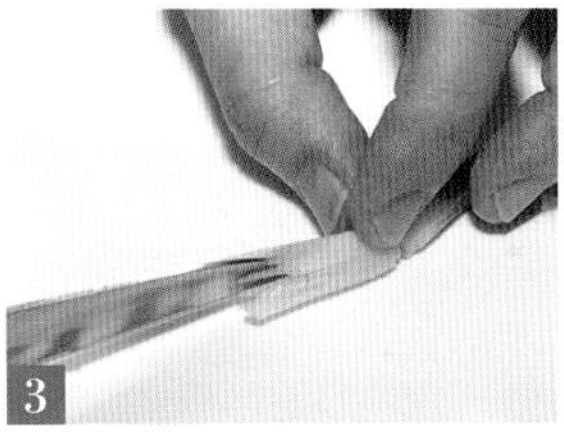

3 這是額外的步驟。在[2]垂直劃幾刀，呈現毛筆的感覺。

日本香柚松葉

在日本香柚皮上劃刀，再折成松葉的形狀，亦可說是「松葉折切」。鮮豔的黃色可以搭配所有料理。

1 輕輕剝下一層日本香柚皮，切成 2×1cm 的長方形。

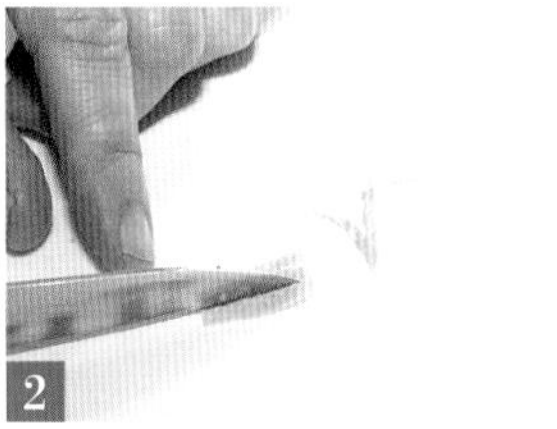

2 自左邊和右邊各劃一刀，留 5mm 不要切斷。

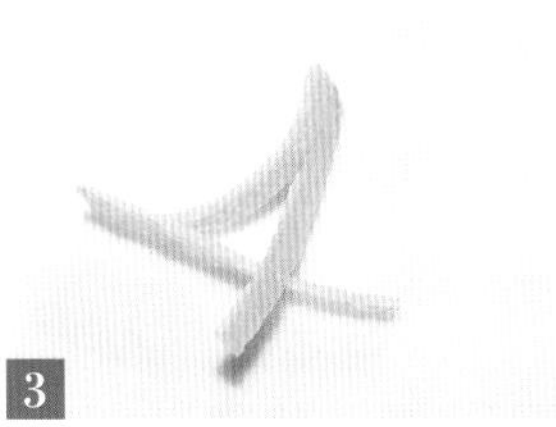

3 讓兩邊交叉。

櫻桃蘿蔔燈籠

櫻桃蘿蔔為漂亮的紅、白兩色，可以刻成燈籠、花或者切圓片來裝飾料理。

1 輕輕清洗小蘿蔔，以菜刀劃V字。

2 在小蘿蔔上以等距劃滿一圈。

3 完成了。要保留一些莖、葉。

挑戰蔬果雕刻！

相生結

將切絲的蔬菜做成日本婚禮用祝賀袋上的相生結。

1
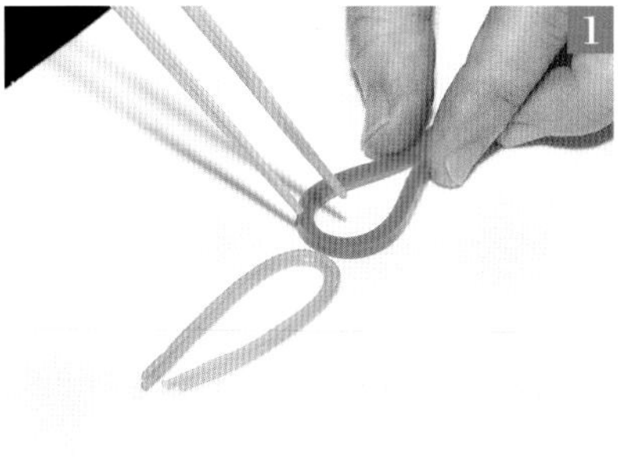
切斷面長寬約2mm×10cm的蔬菜條各2根，以鹽水汆燙。可以選擇不同的蔬菜，讓配色看起來更漂亮。

2
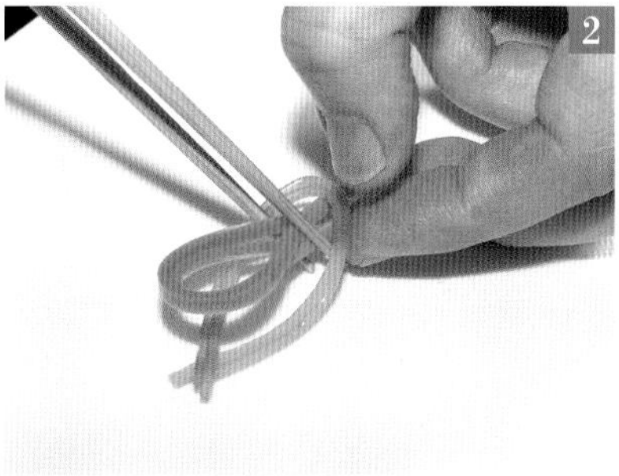
蔬菜彎成U字形後相互重疊，其中一條的前端穿過另一條的圓圈裡。

3
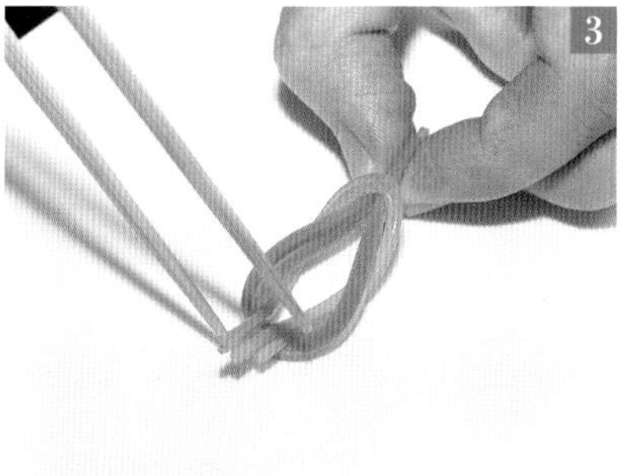
另一邊重複相同的動作後，拉住兩端輕輕拉。要留意兩邊是否均衡。

4
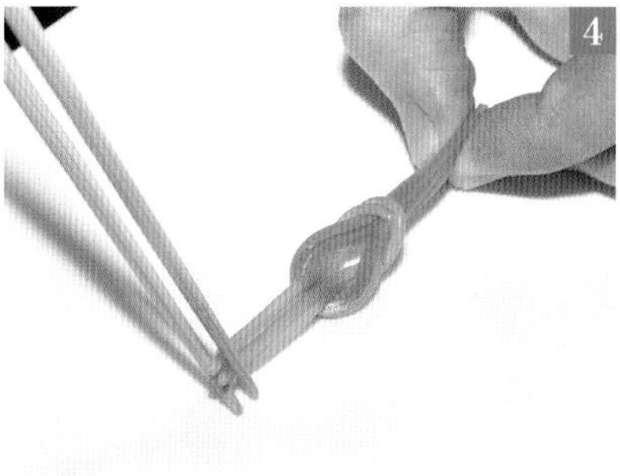
最後拉緊，避免蔬菜分開。如果長度不一，可切除前端太長的部份。

紙軸捲

將醋漬的白蘿蔔、獨活（土當歸）做成紙，用三葉芹綁起來，看起來就像紙軸。

1

白蘿蔔或獨活削皮後，削成5×20cm的薄片，先用鹽水浸泡再用甘醋浸泡。

2
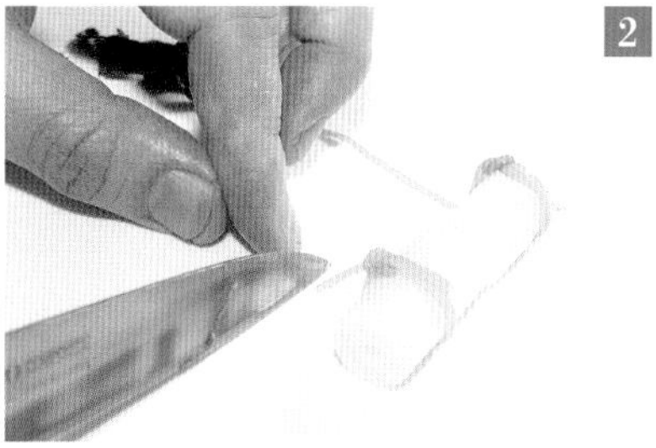
去除1的水分捲成筒狀。用鹽水稍微汆燙後用三葉芹[4]綁起來，切除多餘的部份。

蛇籠黃瓜

做成像放在河邊或池塘裡的竹編蛇籠，可以用石頭或豆子營造氣氛。

1

長3～4cm的大黃瓜削成薄片，用模具開洞。

2

捲起來之後與石頭或豆子一同放在容器上。

[4] 又稱山芹菜、鴨兒芹。

認識魚的部位

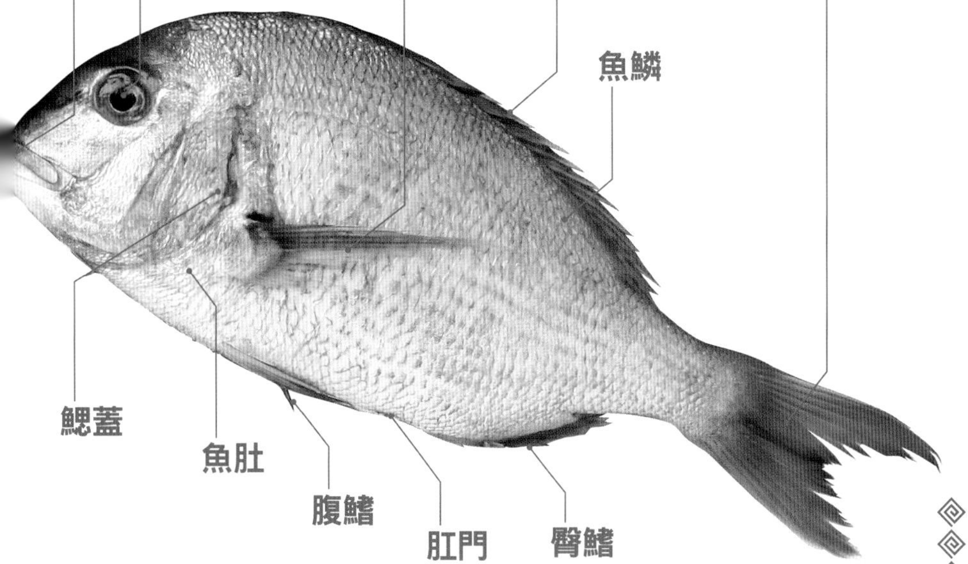

分解魚

分解魚乍看之下好像很難，但其實只要抓到訣竅，分解魚並不是件困難的事。

本章將從比較簡單的沙丁魚和花枝開始介紹，再介紹比較難分解的比目魚與海鰻。

魚分解後……

魚分解後的樣子，自左而右分別是下部、上部、中間，中間就是魚骨[5]的部份。

分解魚需要的器具

只要有製作料理時一定會有的菜刀、砧板、布，就能分解魚。最適合分解魚的是出刃包丁，如果沒有，用主廚刀或是三德刀亦可。

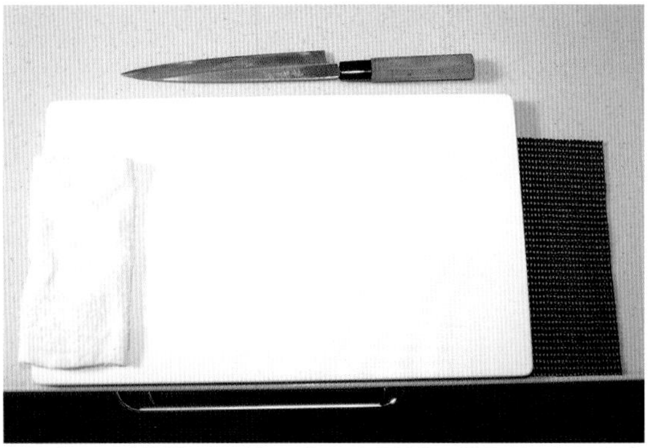

分解魚需要準備菜刀、砧板、布、防滑墊等四樣器具，如果沒有防滑墊，可以改用濕抹布。

[5]「魚骨」分為「骨」「刺」兩個部份，在本書中統一稱「魚骨」。

鯛魚

鯛魚的肉質不會太硬、也不會太軟，是比較好分解的魚，我們要將鯛魚分解成上部、下部與中間三份。

1 用刨鱗器將表面、魚鰓附近的魚鱗刮除乾淨。

2 魚頭、魚鰓的魚鱗附近要一邊沖水一邊用出刃包丁的前端或後端刮除。

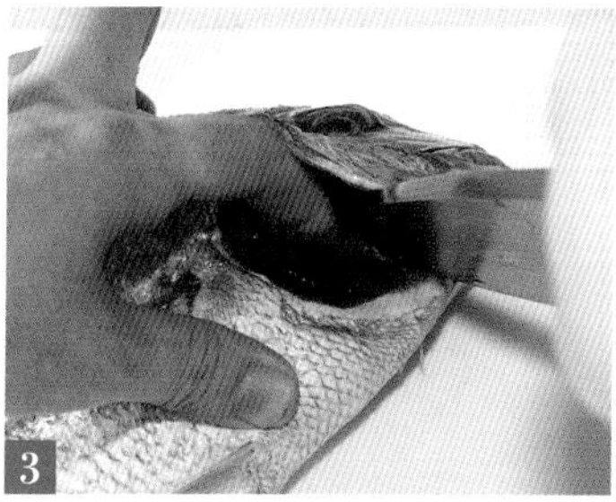

3 打開鰓蓋，將左右兩邊魚鰓的尾端切開。

4 從魚肚入刀，往肛門的方向切，切開魚的腹部。

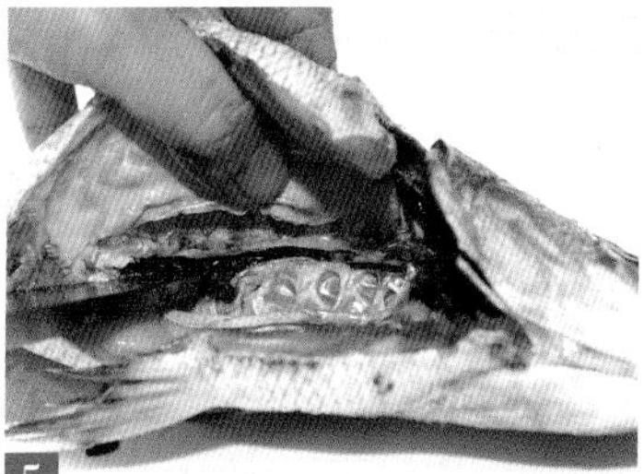

5 取出內臟，用菜刀的前端沿著中間魚骨切開血合[6]的薄膜。

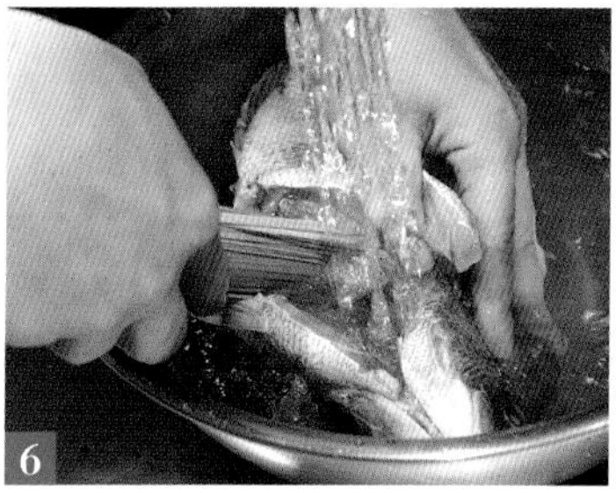

6 用水沖洗魚肚，或使用茶筅清洗魚肚，接著用布將水分擦乾。

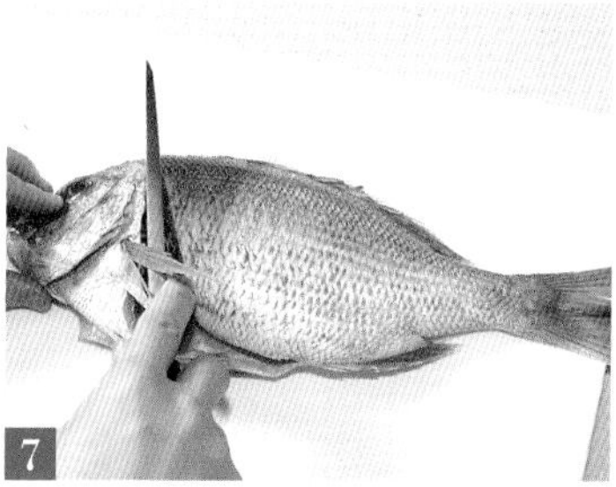

7 沿著魚肚往中間魚骨的方向切下。把魚翻面做同樣的動作，將整個魚頭切斷。

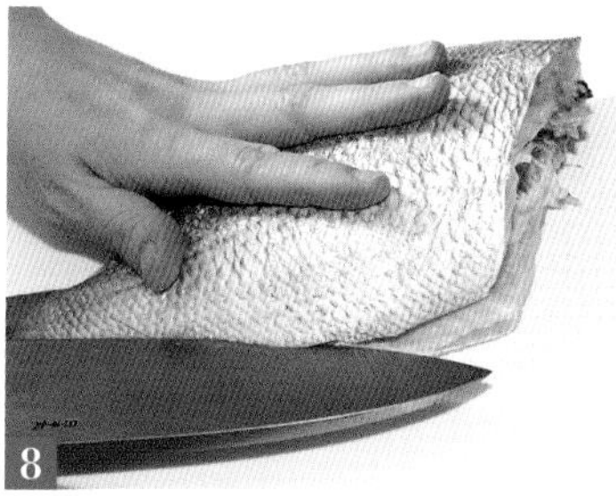

8 魚頭朝右、魚腹面對自己，讓整片刀刃貼著魚身，自魚頭向魚尾切。

9 菜刀沿著中間魚骨移動，讓菜刀緊貼著中間魚骨切開。

10 另一面亦沿著背鰭入刀，和[9]一樣沿著中間魚骨使骨、肉分開。

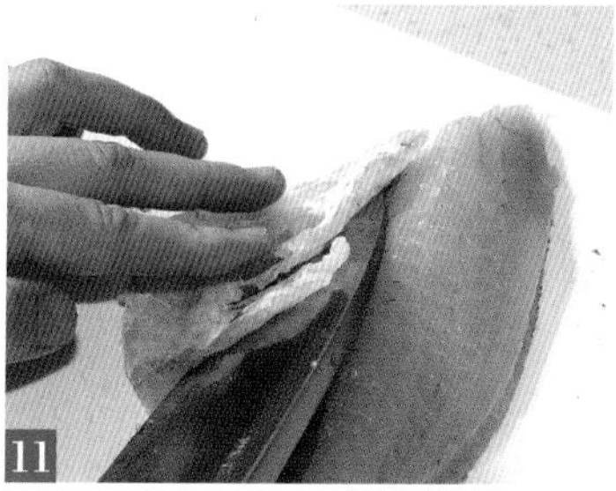

11 分開腹部的魚骨和薄膜。用手觸摸，確認魚骨是否清除乾淨。

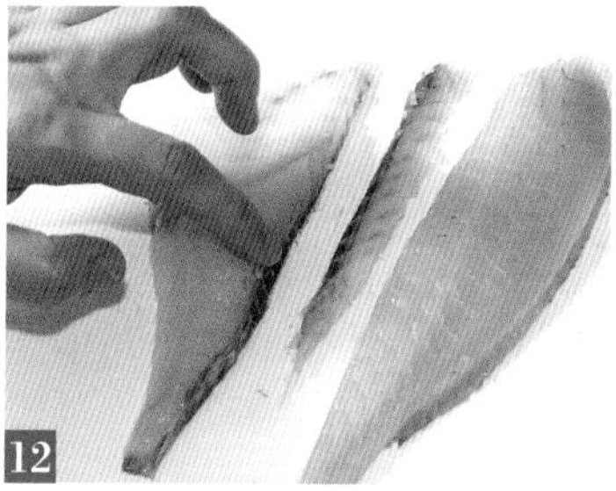

12 去除中間的血合肉與骨，沿著魚骨清除即可。

[6]「血合」為魚肉呈現暗紅甚至是黑色的部份。

鰹魚

利用魚本身的重量，以「下剖分解」處理。手把鰹魚抓起來後，切的時候讓魚維持在直立的狀態。

1 用菜刀清除魚頭周圍比較硬的皮、魚鰭與魚鱗。

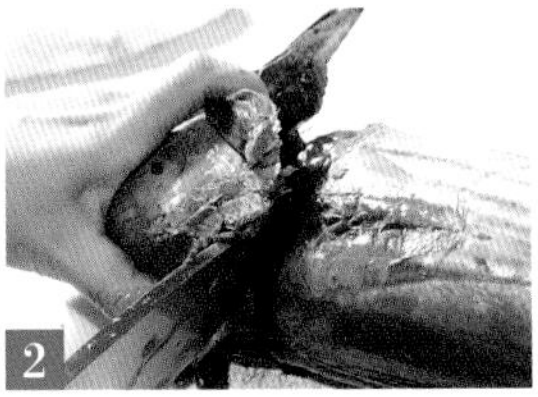
2 沿魚肚往中間魚骨切。翻面重複相同動作，接著切斷魚頭。

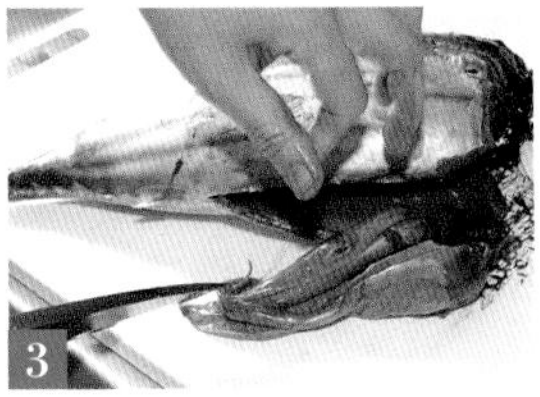
3 切開腹部到肛門，取出內臟。

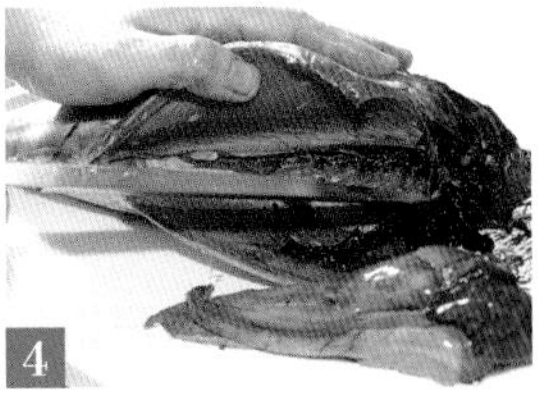
4 沿著中間魚骨刺破血袋，用菜刀前端刮除魚血。

5 用水沖洗魚肚，或使用茶筅清洗魚肚。將血合沖洗。

6 從魚背往下切，深及魚骨。

7 用手抓住魚尾巴，把整條魚提起來，沿著魚骨一口氣往下切。

8 用手固定魚，切開尾巴和身體。

9 上部也用「下剖分解」處理，分解成上部、中間和下部3片。

10 用菜刀勾起魚骨的前端，挑除上部和下部的腹部魚骨。

11 如果魚很新鮮，表面可能會有寄生蟲。食用前要用竹籤挑除。

12 魚肉對半切，去除血合附近的肉與骨。

青花魚

分解前有一定重量，且肉質很軟，若中間提起魚可能會使魚肉裂開。

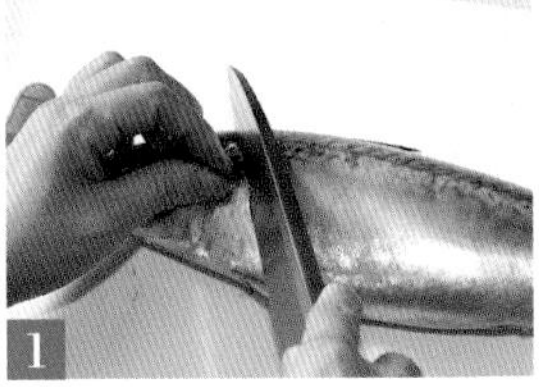
1 去除魚鱗，沿著魚肚兩側入刀，切除魚頭。

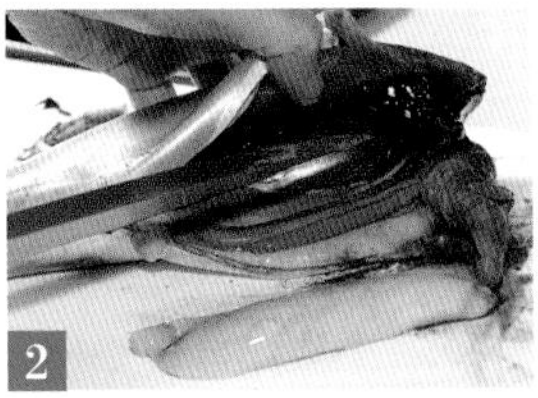
2 切開腹部到肛門，取出內臟、刺破血袋。

3 由於青花魚肉質軟，欠用茶筅清洗，改用筷子或用手輕清洗。

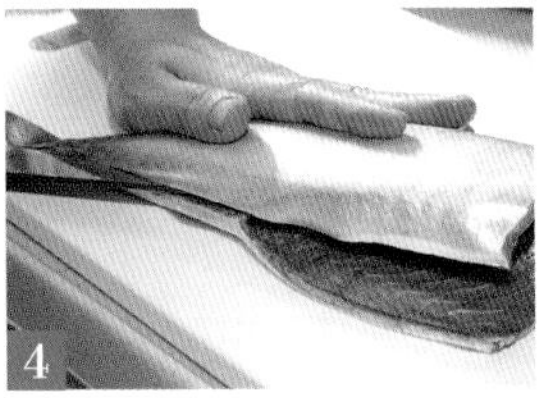
4 水分擦乾，放進砧板上，從腹部切到魚尾根部。

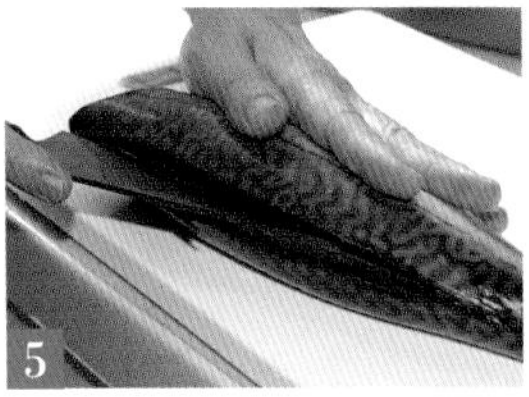
5 魚轉向，從魚背入刀，沿著中間魚骨切開。

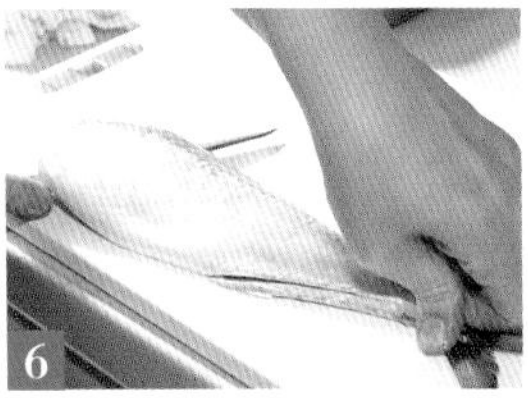
6 魚翻面，重複相同動作，沿著中間魚骨切開。

7 分解成中間、上部、下部三片。

8 去除上部和下部的腹部魚骨。去除時，菜刀從上方入刀，挑除魚骨。

比目魚

比目魚的魚身薄且平坦，身體面積較大。要切成上部兩片、下部兩片、中間，總共五個部份的「五片分解法」。

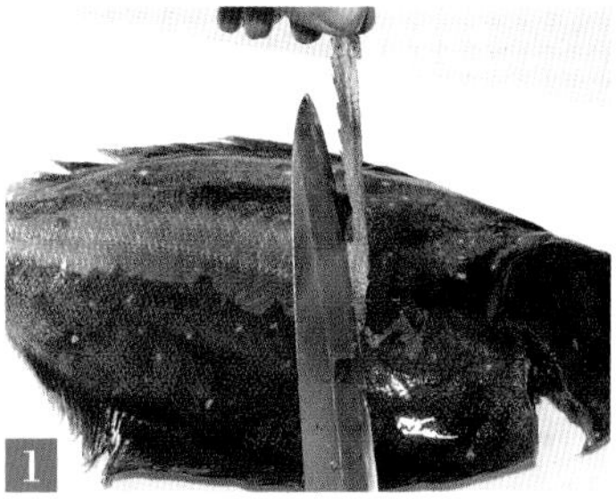

1 淋濕魚皮，從魚鱗和身體之間入刀，沿著身體去除整條魚的魚鱗。

2 清除所有黑色的魚鱗。翻面後重複相同動作，直到看見白色的部份。

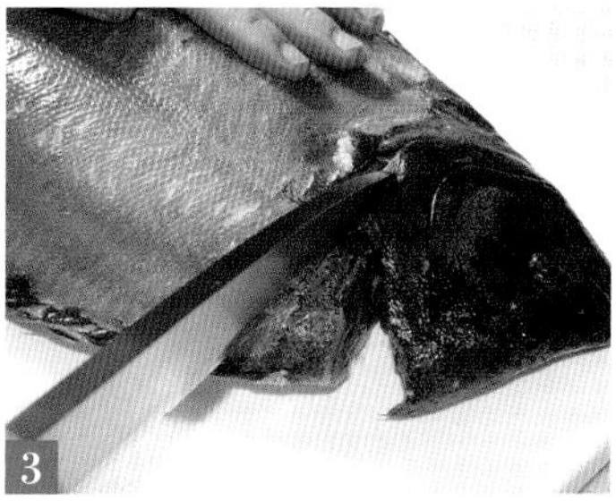

3 沿著魚肚往中間魚骨切出V字。

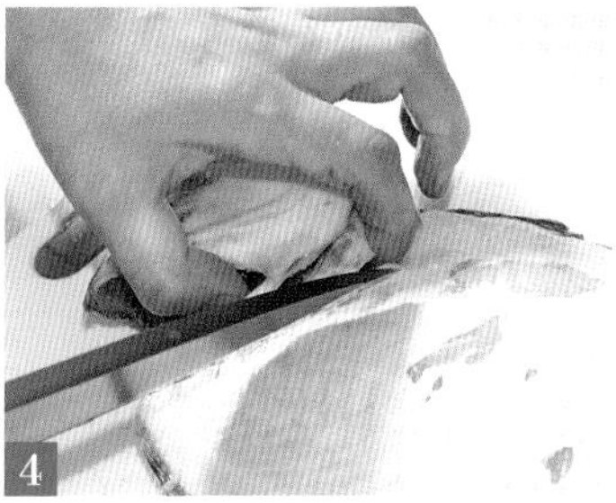

4 另一面重複3的動作，保留胸鰭，切斷魚頭。

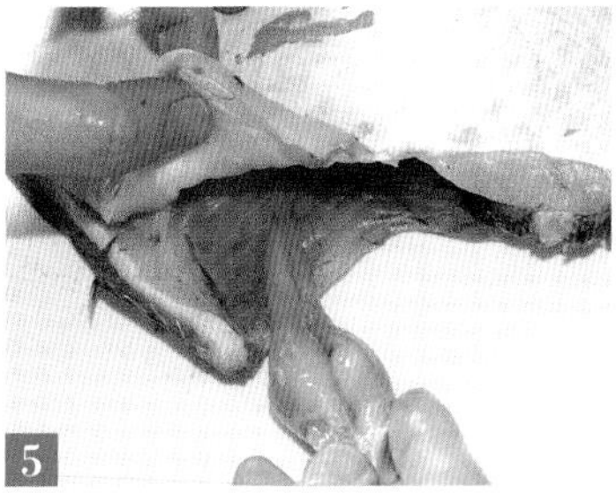

5 刮除內臟和魚卵，將血合洗淨後，用布將水分擦乾。

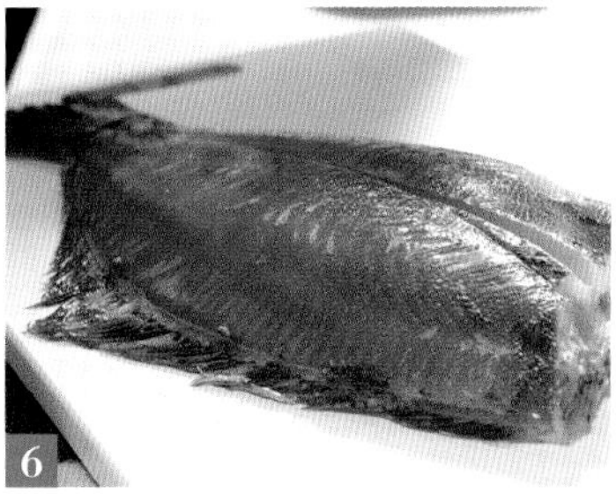

6 從兩邊背鰭的根部（担鰭骨）和魚身中間入刀，深及魚骨。

7 從中間的缺口沿著魚骨往外切。

8 沿著背鰭切斷魚肉。另一面重複相同動作使骨、肉分開。這些步驟要在魚肉還沒回溫前盡早完成。

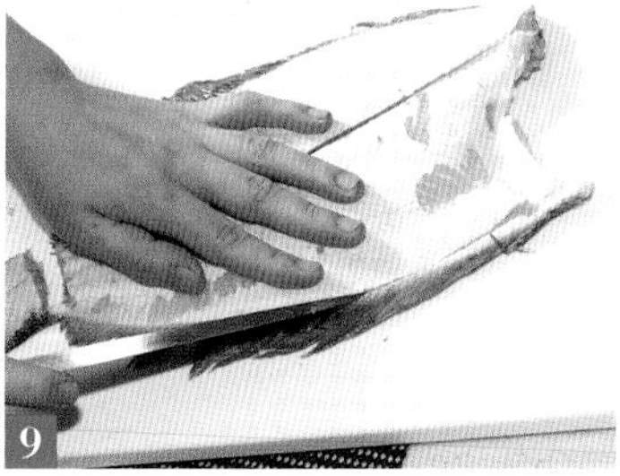

9 魚翻面後重複相同動作，自兩邊背鰭的根部（担鰭骨）和魚身中間入刀。

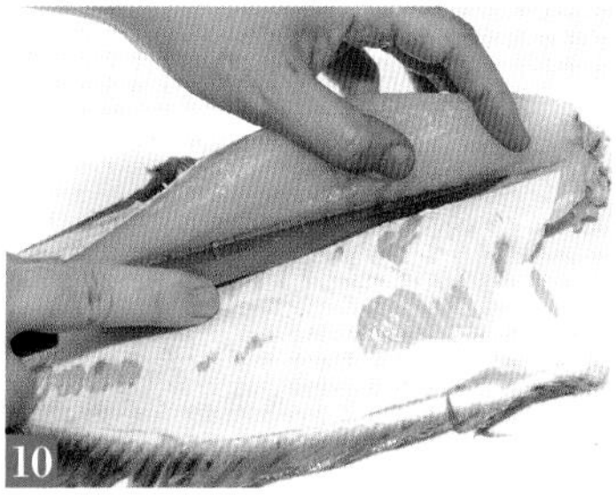

10 菜刀斜擺，從中間的缺口沿著魚骨往外切。

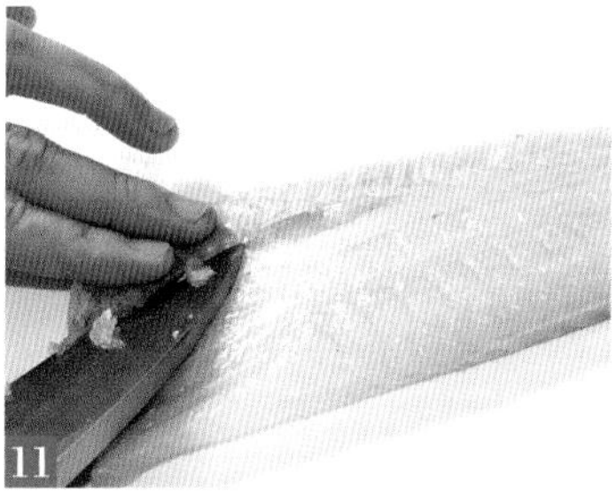

11 取出腹部魚骨。用手觸摸魚身，取出魚骨，直到全部清除。

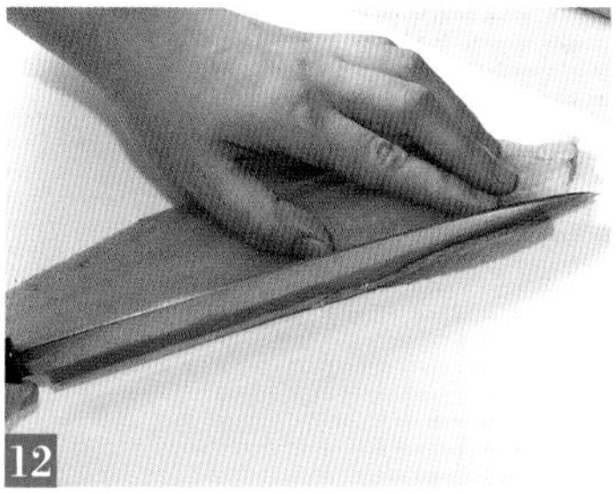

12 去除中央的血合骨，用手確認沒有魚骨殘留。

沙丁魚

沙丁魚的分解方法有兩種，一種是使用菜刀的「大名切」，另一種是不使用菜刀的「手開法」。

1 使用大名切。從魚胸和腹鰭的後面入刀，切斷魚頭。

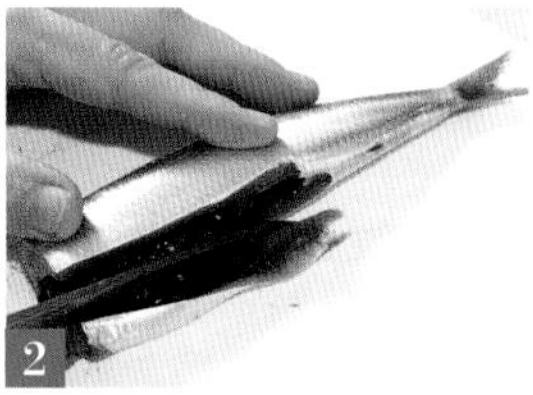

2 切開魚腹，取出內臟。接著切除血合，在水裡洗淨。

3 沿著魚骨輕拉菜刀，使中間的骨、肉分開。

4 另一面重複相同動作，自邊緣入刀，使中間的骨、肉分開。

5 魚肉從魚骨上拔起。這些步驟要在魚肉還沒回溫前盡早完成。

6 這是魚分解成上部、下部和中間 3 片的狀態。

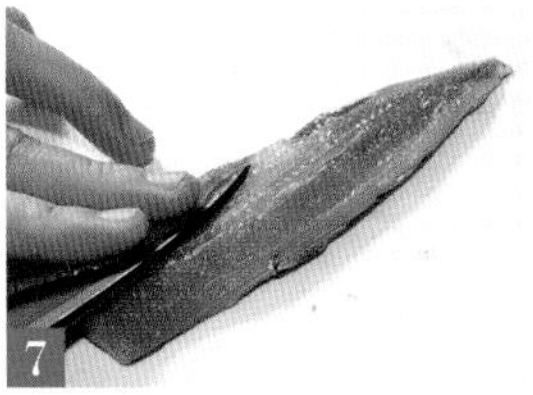

7 去除魚身上下腹部魚骨。用手摸魚肉，確認魚骨清除乾淨。

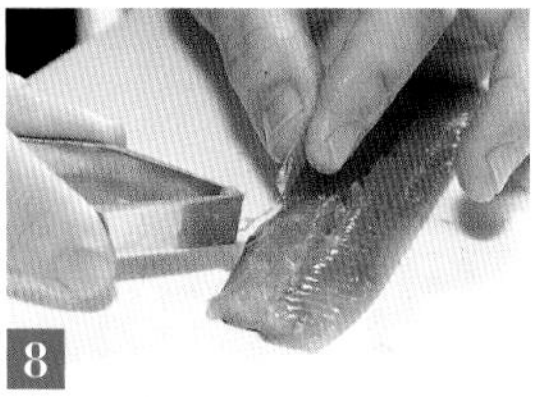

8 用魚骨夾去除細骨。將較長的顯眼魚骨清除乾淨。

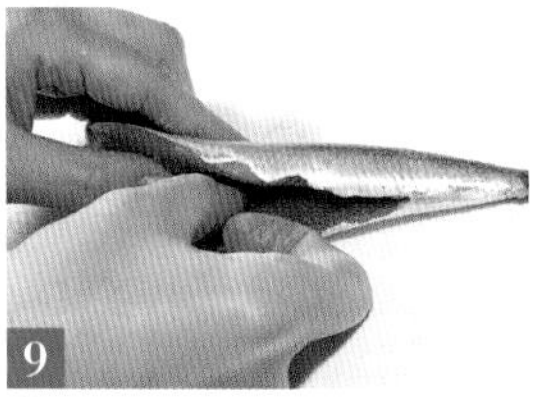

9 使用手開法。去除魚頭和內臟後，以大拇指沿著中間魚骨分開魚肉。

10 用手指拉出中間的魚骨，再用魚骨夾去除細骨。

11 使用手開法後的樣子。分成魚肉和魚骨。

12 魚肉對半切，用魚骨夾去除長的魚骨，背鰭也要去除。

竹筴魚

竹筴魚的表面有稱為「稜鱗」的堅硬鱗片，要清除乾淨。

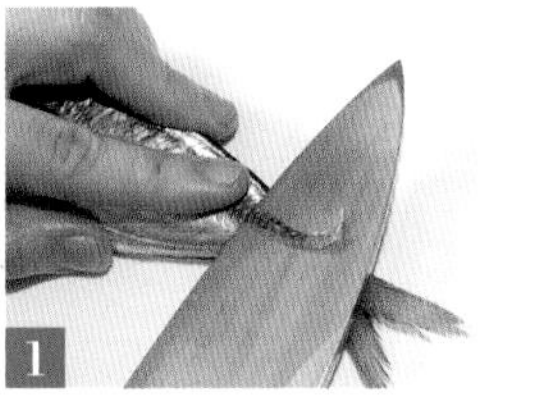

1 用菜刀從魚尾往魚頭的方向刮除稜鱗。

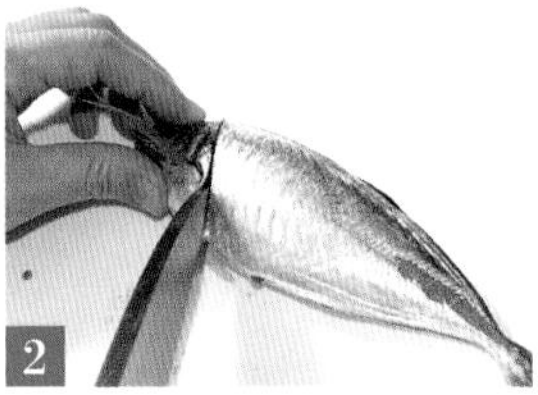

2 用菜刀斜切胸鰭後方，保留背部的魚肉切除魚頭。

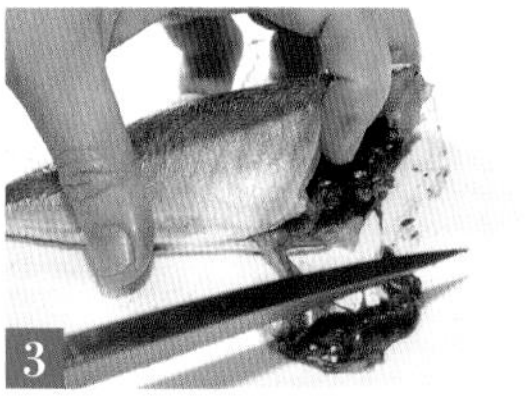

3 切開魚腹，用菜刀取出內臟、刺破血袋，用水沖洗。

4 魚腹朝向自己，沿著中間魚骨自魚腹往尾巴切。

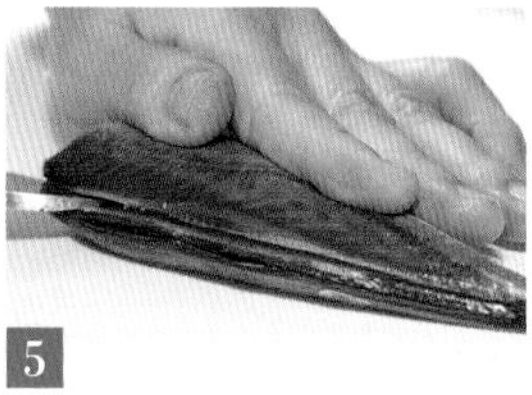

5 再把魚背朝向自己，沿著中間魚骨自尾巴往魚頭切。

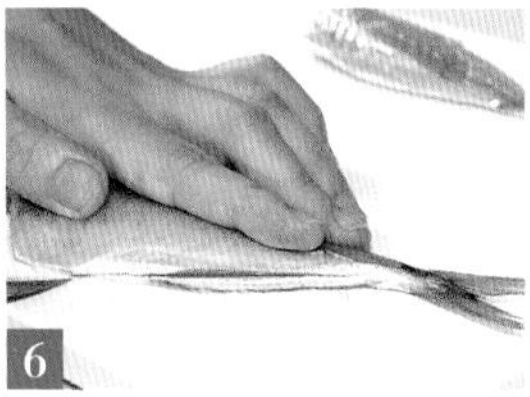

6 切開尾巴與身體，讓一邊的魚肉脫落。另一面重複相同動作。

7 魚分解成中間、下部、上部的樣子。

8 去除上部和下部的腹骨。用手觸摸確認魚骨是否清除乾淨。

花枝

因為食用時花枝的皮會殘留在口中，所以要記得用布清乾淨。

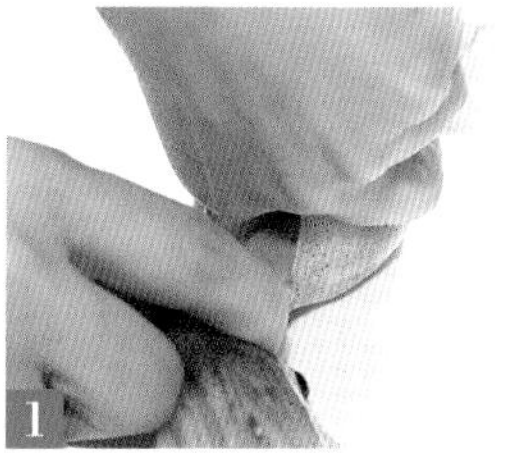

1 張開花枝的身體，手指伸進花枝體內，用大拇指和食指分開連結身體和內臟的筋。

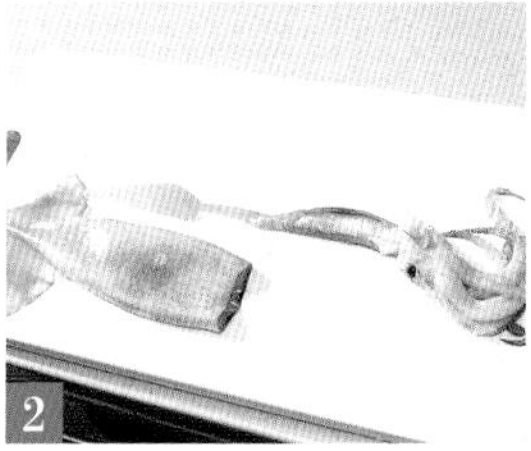

2 握住花枝的腳向外拉，連同內臟一同去除。

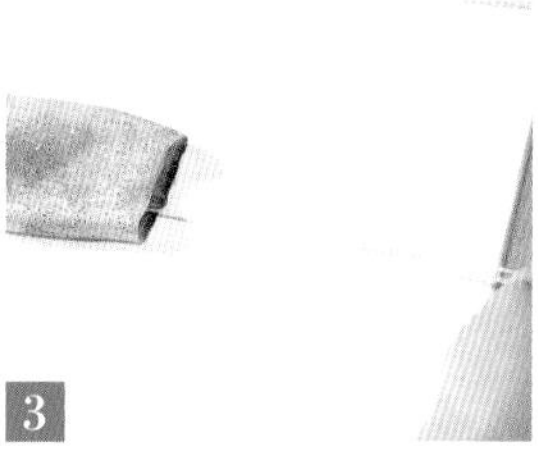

3 用手指取出花枝體內的軟骨。

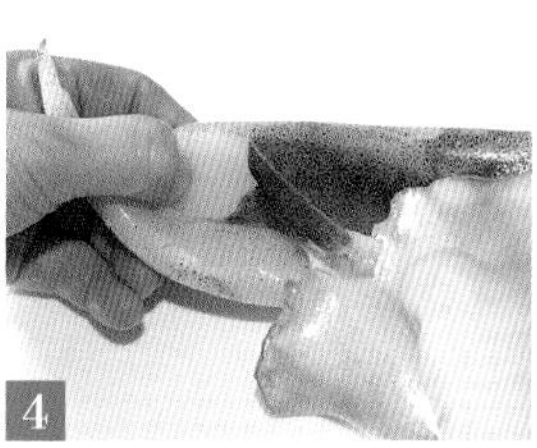

4 手伸進花枝頭部和身體間，用力往外拉，使頭部與身體分開，去除花枝的皮。

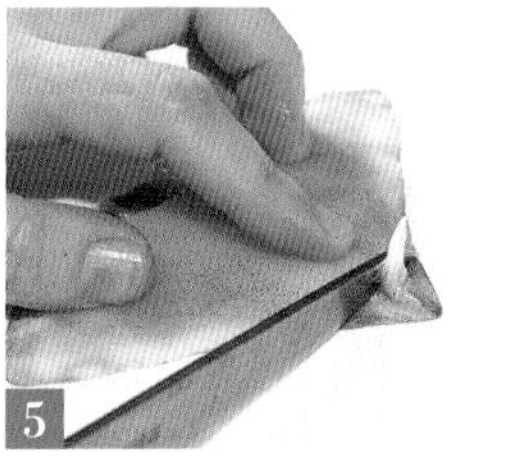

5 沿著頭部的軟骨垂直入刀，劃一刀只留下一層皮。

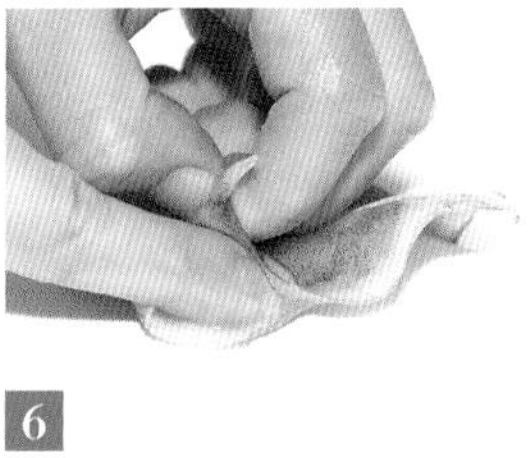

6 握住劃刀的部份，手指伸進身體和皮連接處，剝除頭部的薄皮。

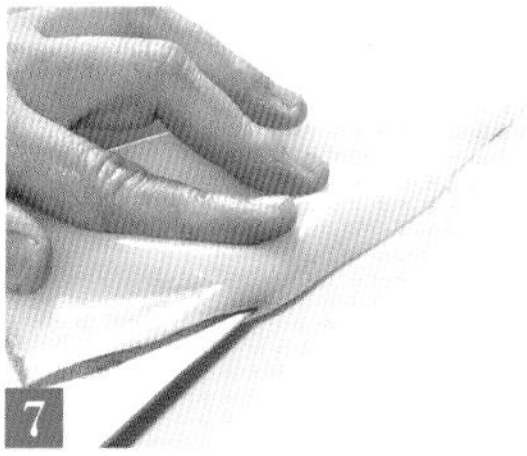

7 用水輕輕沖洗花枝的身體，去除水分。切開以軟骨連接的部份。

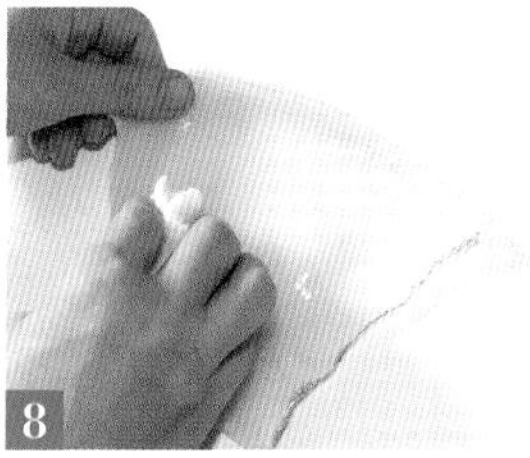

8 用刀切除多餘的部份後，輕刮表面以去除薄皮。如果有較硬的部份（爪），也要去除。

海鰻

切海鰻時，最重要的是用鑿子固定魚身。如果沒有鑿子，可改用鐵籤。

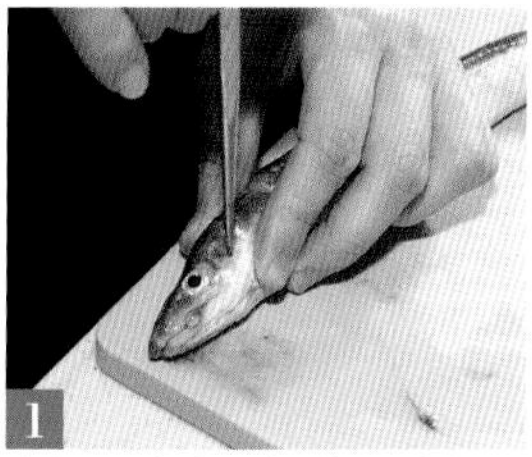

1 海鰻固定在砧板離身體較近處。魚背朝向自己，將鑿子插入魚的臉頰，固定魚身。

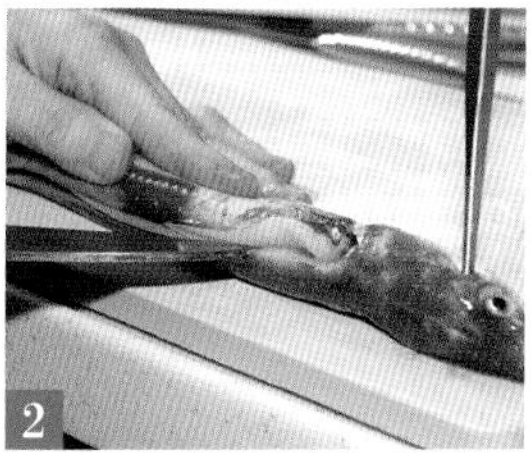

2 從背鰭上方入刀，沿著中間魚骨切，保留魚腹的皮，一直切到魚尾。

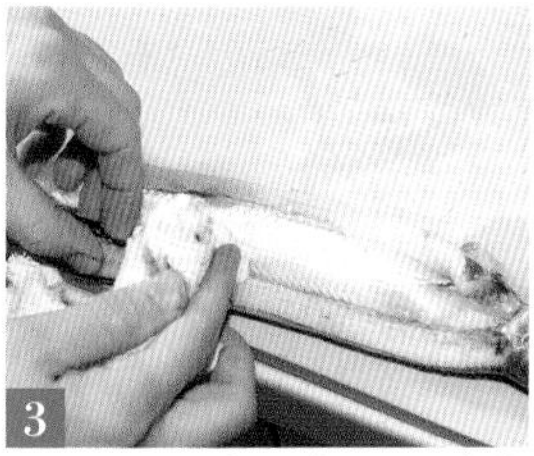

3 張開魚身取出內臟。用毛巾擦拭殘留的內臟或魚血。

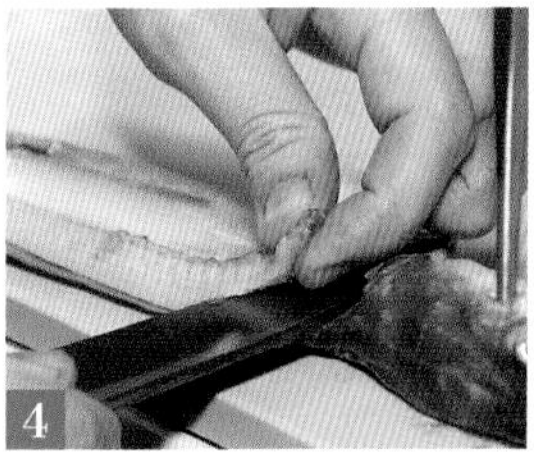

4 提起中間的魚骨，沿著魚肉與魚骨中間切，使骨、肉分開。

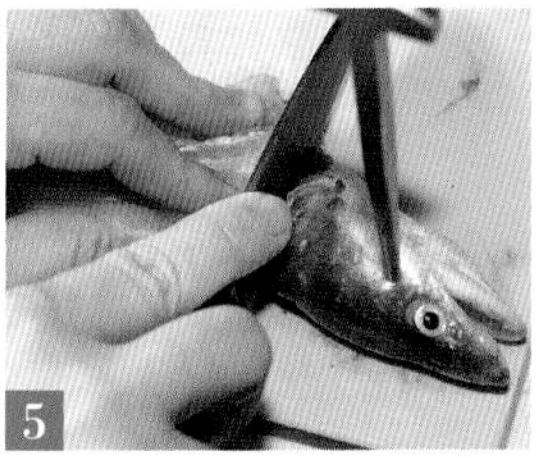

5 可先切除魚頭，若處理時想要以魚頭來固定魚身，可以處理完再切除。

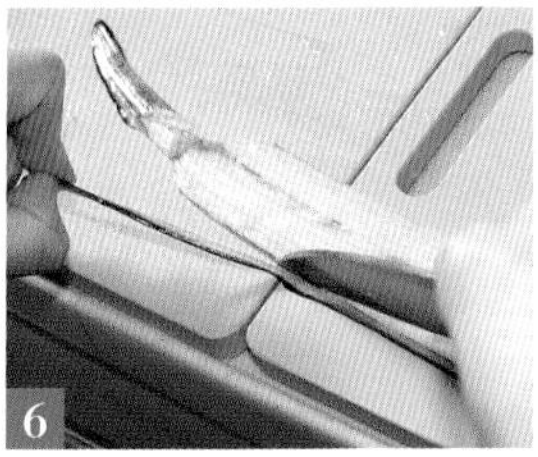

6 靠近自己的背鰭往左拉，用菜刀刃尖輕輕切下，使兩者分開。

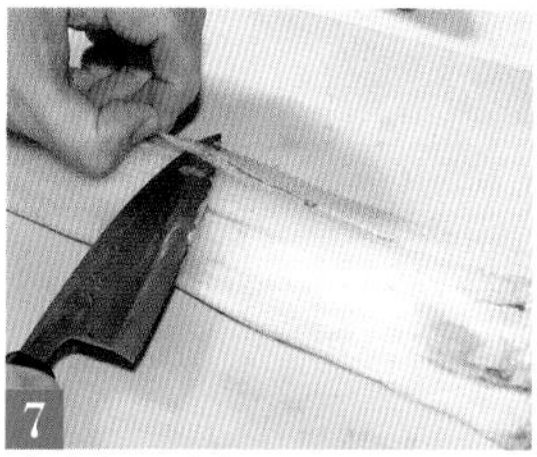

7 清除表面的血合骨，用水沖洗髒汙和殘留的內臟後去除水分。

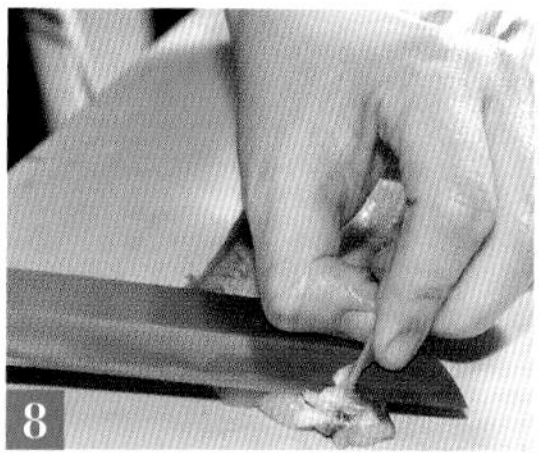

8 清除殘留的魚鰭、魚骨、魚血、魚皮等。若5時沒有切除魚頭，記得切除魚頭。

使用調味料

加入料理中的調味料各自具有不同的效果與作用。請記得依照調理方法與食材，正確地使用調味料。

調味料的測量方法

量匙

1 大匙等於 15cc、1 小匙等於 5cc。正確測量分量是製作美味料理的捷徑。

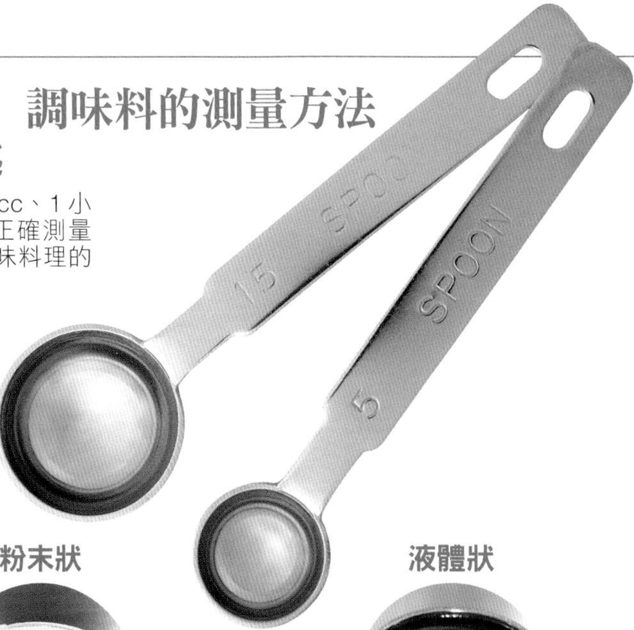

粉末狀

無論大匙或小匙都要先裝成山形再刮平。

液體狀

無論大匙或小匙都要裝到滿但不會溢出的程度。

若是 1/2 匙，則要先裝滿 1 匙，接著在中間劃線後倒掉一半。

若是 1/4 匙，則要從 1/2 匙的分量再倒掉一半。

若是 1/2 匙，要裝到量匙的 2/3 滿。

若是 1/4 匙，要裝到量匙的 1/2 滿。

醬油

效果／作用

醬油不只能調味，用來淋或沾的醬油還可以增添料理的香氣與鮮味。

大豆[7]醬油

具有濃醇感與獨特的香氣，可少量使用以突顯風味與光澤，適合用來讓食材入味或沾生魚片。

薄口醬油

鹽分為 20%。為了要讓顏色看起來比較淡，使用含鐵較少的水。適合用來突顯食材本身的味道與顏色。

濃口醬油

一般提到醬油就是指濃口醬油，顏色濃郁，香氣四溢。濃口醬油的鹽分為 18%，較薄口醬油低。

[7] 又稱溜醬油。

砂糖

效果・作用

砂糖具有維持水分的效果，加進壽司飯可抑制澱粉老化，就算冷了也很美味。

上白糖

一般提到砂糖就是指上白糖。糖度高，甜味強烈。帶有些許濕氣，很容易溶解。

三溫糖

特徵為褐色並具有強烈甜味與鮮味，用來燉煮食物可突顯濃醇感。

水飴

由澱粉製成。具有黏性，加進料理可製造光澤與閃閃動人的感覺。

鹽

效果・作用

具有各式各樣的效果，包括調味、讓食材緊實、去除食材水分、防腐等，是最基本的調味料。

食鹽

主要用於調理、調味。由於是乾燥的粉末，感覺很清爽，鹽味也很明顯。

並鹽

含有些許水分，感覺濕濕的鹽。帶有淡淡的甜味，用來醃漬或處理蔬菜等食材。

粗鹽

含有豐富礦物質，用來汆燙蔬菜或燉煮料理，更能增添風味。

味醂

效果・作用

軟化食材，增添甜味與光澤。和酒一樣，若不先使酒精揮發再使用，料理會殘留明顯的異味。

醋

效果・作用

具有殺菌、防腐的作用，可以避免蔬菜水果變色，提高食物的保存性。此外，還可以軟化魚骨、除臭。

酒

效果・作用

為料理增添風味與濃醇感，亦具有殺菌、長期保存的效果。建議要使酒精揮發，散發香氣。

本味醂

混合燒酒、米麴發酵而成。若是幾乎不含酒精、只帶有味醂風味的調味料，味道會比較差。

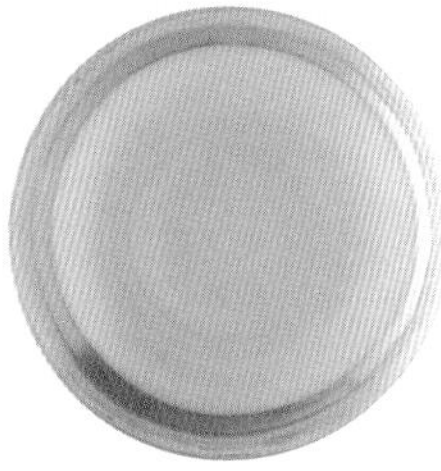

穀物醋

主原料為玉米、小麥等穀物，與含有食品添加物的合成醋相比，加熱後香氣也不會消失。

米醋

以米為主原料釀造而成的醋，若只以米釀造稱為「純米醋」，具有圓潤的酸味與濃醇感。

清酒

只用米、米麴、水發酵而成。若是含有食品添加物的合成清酒，味道會比較差。

選擇容器

容器足以改變和食呈現出來的感覺，具有突顯料理的作用。讓我們配合料理選擇適合的容器，在餐桌上營造華麗的氣氛。

選擇適合的容器讓料理看起來更美味

正因為每天使用，才更要選擇好用、讓料理看起來美味的容器。購買容器時一定要詳加思考。如果只重視外觀，可能會造成盛裝不下或收納空間不足的問題。

此外，選擇容器時還要考慮到整體的均衡感。不同大小、顏色與材質的容器適合不同的料理，因此選擇容器時，要考慮料理與容器的配色、盛裝的分量與形狀等。若是感覺很不均衡，好不容易完成的料理也會毀於一旦，所以要特別留意。

— 裝主菜的容器

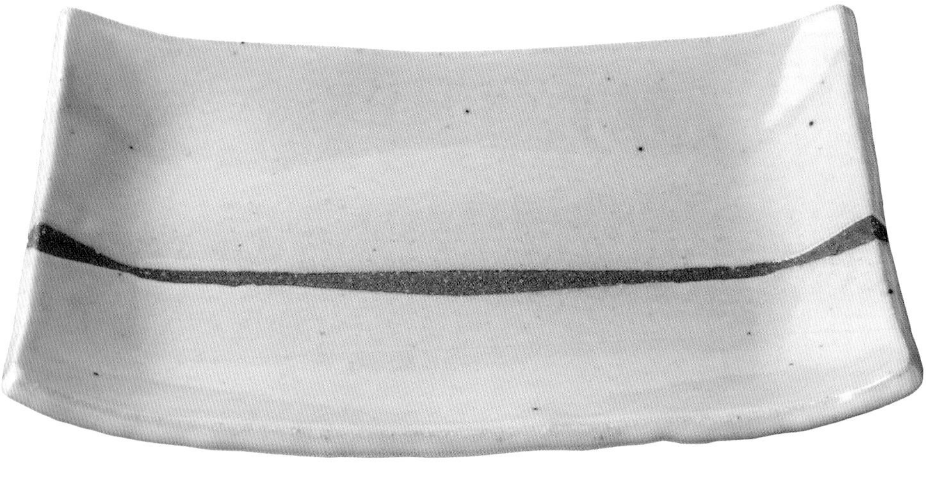

材質

陶器容易吸水，也會吸附料理的氣味，不要直接裝魚。瓷器較輕，也不易吸水。

顏色・圖案

若使用懷紙（參考P50）與裝飾（參考P52），就能代替圖案。要盡可能避免使用與食材同色系的容器。

形狀

若容器很深，可以利用高度突顯立體感；若容器很淺，可以利用間隔來營造均衡感。

大小

如果容器很大、料理卻很少，感覺會很寂寥，選擇容器時一定要考慮盛裝的分量。

商品提供：和の器 田窯（P36～39、174 聯絡方式參照 P12）

盛裝時要考慮容器與食材配色

用顏色較深、較厚的厚重容器盛裝白色或淡色的料理，不僅感覺比較均衡，也能突顯料理。

選擇圖案充滿季節感的容器

春季選擇櫻花或梅花的圖案，冬季選擇雪景的圖案，就算沒有使用當季食材，也能營造出季節感。

盛裝適合容器性質的料理

瓷器不易吸水，適合盛裝水分較多的料理。為了避免食材浸在水裡，可以鋪一層裝飾用的配菜或有洞的透明底盤。

收集好用的容器

淡色、沒有圖案的容器能搭配各式各樣的料理，一年四季都可以使用。

和食容器的使用方法

新買的陶器、漆器要用熱水浸泡

燒製而成的陶器容易吸附湯汁與油脂，購買後、使用前要用熱水清洗，並用熱水浸泡約1小時。每次清洗後都要確實晾乾。

漆器是很難保養的纖細容器

湯碗等漆器，購買後要放在陰涼處。只要使用前一天用熱水浸泡，就能去除獨特的氣味。此外，漆器清洗後一定要立刻用柔軟的布將水分擦乾。

要特別留意容器的收納方法

為了避免碰撞造成的破裂與損傷，每個容器都要用餐巾紙隔開。此外，燒製而成的容器與漆器，若是長時間不使用，要用布包起來收進箱子裡，放在陰涼處。

裝副菜、小菜的容器

顏色・圖案

用顏色較深的容器盛裝使用白色食材的料理，考慮整體搭配來選擇容器。
此外，冬季使用顏色較深的容器，也能營造季節感。

材質

若是湯品等需要喝的料理，就要選擇觸感好的容器，也要避免表面粗糙的容器。玻璃、木製與竹製容器可以營造夏季的涼爽氣氛。

大小

配合食材的量來選擇容器。量多時強調高度會比較美，可以選擇深一點的容器。此外還要考慮擺放在餐桌上的均衡感。

形狀

華麗的料理選擇簡單的容器；樸素的料理選擇特殊的容器。蒸品選擇有蓋的容器，配合料理選擇容器。

有液體的料理要選擇有凹口的容器

有湯汁、調味料的料理適合有凹口的容器，將液體倒入其他容器時十分方便。

用有蓋的容器盛裝料理不容易變涼

蒸品等要趁熱享用的料理適合有蓋的容器，可以長時間維持剛做好的狀態，熱熱地端上餐桌。

不擅長裝盤可活用容器的圖案與顏色

小菜不一定都要裝在有深度的容器裡，可以擺一點點在比較大的容器裡，看起來也很美。

宴客時稍微改變用途

木製漆器通常是用來盛裝配茶的點心，若用來盛裝料理，能營造出豪華的氣氛。

裝飯的容器

小木桶

由於是木製品，吸水性佳。將剛煮好的飯放進小木桶裡，就算經過一段時間還是很美味。

碗

依照性別、年齡選擇合手的尺寸，比如說男性用碗、女性用碗、兒童用碗等。

木便當盒

通常用來盛裝炊飯等蒸品，能吸收適度的水分，也可直接當做便當盒使用。

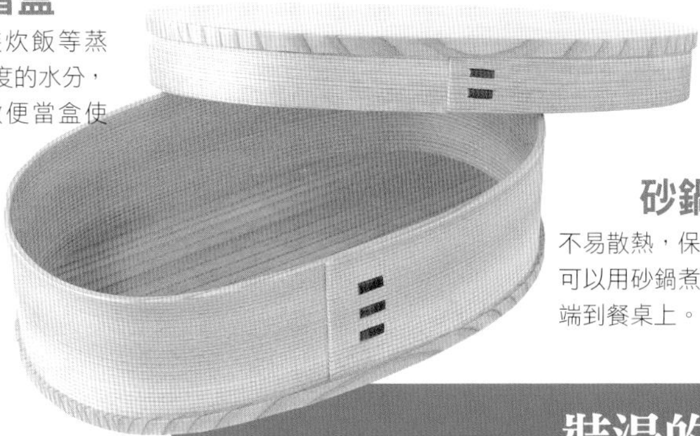

砂鍋

不易散熱，保溫性佳。可以用砂鍋煮飯，直接端到餐桌上。

裝湯的容器

湯碗

有木製、塑膠製等各種材質，上漆的湯碗比較耐用。

陶器湯碗

陶器會吸熱，建議不要使用於熱湯，以冷湯或果菜泥為宜。使用前可以先冰鎮。

土瓶

用來製作土瓶蒸的容器，金屬製的可直接加熱。陶瓷器可以用來製作蒸品。

有蓋的湯碗

為了讓料理在上桌前不要變涼，選擇有蓋的湯碗。平時可準備一套客人用的湯碗。

設計菜單

每天設計菜單很費心思，但只要掌握重點，就能輕鬆設計出均衡的菜單。
讓我們遵守這些原則，設計出讓用餐者開心的菜單。

決定菜單的秘訣在於「均衡感」

決定菜單時最重要的是要為對方著想——配合對方的年齡、飲食喜好來決定菜單。比如說為年長者設計的菜單中如果都是油炸料理，就稱不上理想的菜單。

此外，菜單也要符合被稱為「五行」的五個元素。設計出味道、顏色、調理方法都很均衡的菜單，就不會讓人覺得膩。如果主菜是燒烤料理，副菜、小菜可以是清爽的燉煮料理或醋漬料理等，進行妥善的搭配。以辣味、酸味等不同味道的料理來變化，也是很好的做法。

味道	顏色	調理方法
酸  用醋調味等帶有酸味的食物	**綠**  葉菜類蔬菜等綠色的食材	**燉**  煮物等將食材煮軟的料理
苦  春季山菜等帶有少許苦味的食材	**紅**  胡蘿蔔等蔬菜及肉等紅色的食材	**烤**  烤魚等以高溫加熱的料理，香氣十足
甜  新鮮蔬菜、砂糖等帶有甜味的食物	**黃** 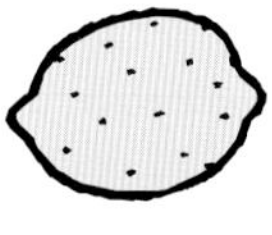 玉米等蔬菜及水果、雞蛋等食材	**生**  生魚片等魚料理。
辣  蔥、山葵等帶有獨特辣味的食材	**白**  米、豆腐、白蘿蔔、蕪菁等蔬菜	**炸**  天婦羅、日式炸雞等油炸料理
鹹  醬油、鹽等帶有鹹味的調味料	**黑**  海藻、黑芝麻、黑豆等顏色較深的食材	**蒸**  茶碗蒸、炊飯等用蒸氣鎖住美味的料理

第2章 主菜

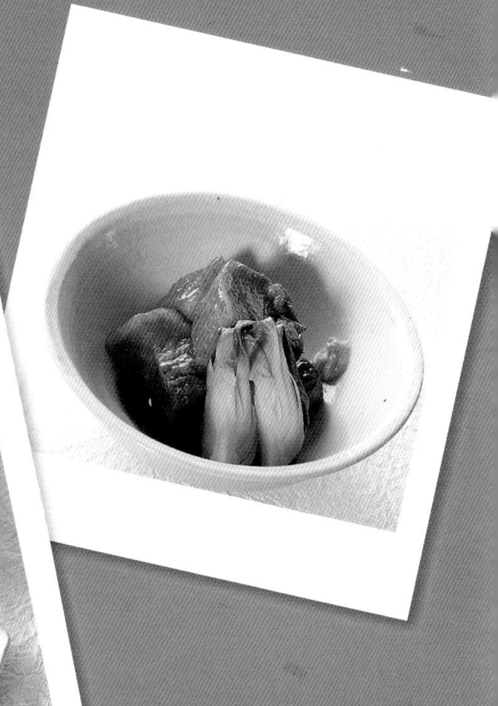

季節蔬菜一覽

製作和食一定要使用當季食材

讓我們藉由料理在餐桌上感受到季節的變化

設計和食菜單時最重要的是——營造出季節感。日本四季分明，料理當然也要四季分明。除了使用當季食材，還可以使用容器來呈現春夏秋冬的感覺。當季蔬菜的味道、香氣與口感都是最好的，而且量多，所以價格也會下降，採買起來十分輕鬆。

提到和食使用的蔬菜，春季就是山菜、夏季就是夏季蔬菜、秋季就是松茸等，讓餐桌顯得五彩繽紛。使用這些蔬菜時，一定要做好事前處理，因為當季就等於澀液特別活躍。此外，使用適當的調理方法也很重要。讓我們用最好的調理方法，享用當季食材。

夏　春　冬　秋

茄子

90% 以上是水，非常健康。有圓茄、米茄等各種的種類。適合用在拌炒料理或燉煮料理。

竹筍

首重新鮮度。最好在購買當天調理。適合用在湯品、燉煮料理與燒烤料理。

南瓜

色彩鮮豔，可讓料理看來更華麗。具厚度，口感好。適合用在燉煮料理或天婦羅。

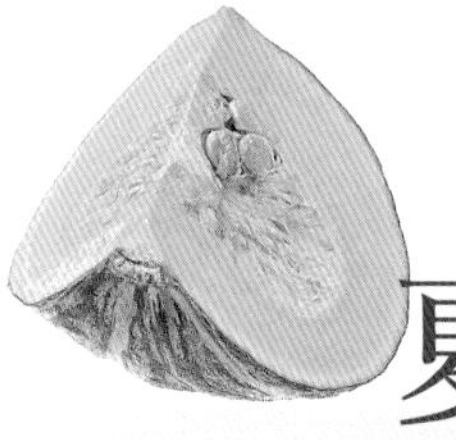

碗豆

只要去老梗就能輕鬆使用，是非常方便的食材。適合用在燉煮料理或裝飾。

牛蒡

口感扎實，不容易煮糊，適合用在燉煮料理或拌炒料理。不要削皮，用刷子清洗後即可使用。

芋頭

芋頭、山藥、地瓜等根莖類屬於秋季的美味。適合用在燉煮料理或油炸料理。

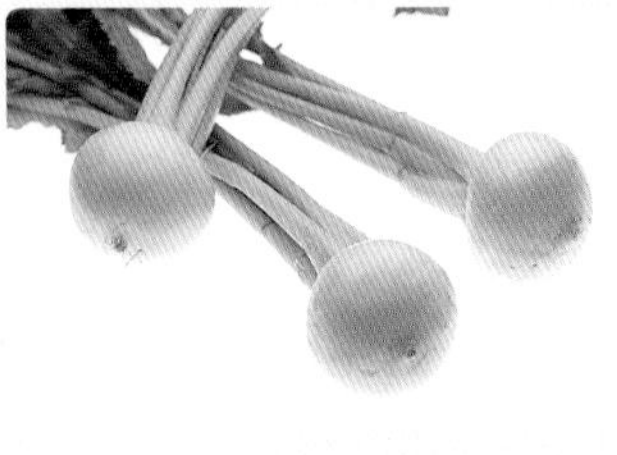

蕪菁

日本七草[1]之一。春季時可以食用，冬季時味道更為濃郁。適合用在燉煮料理或湯品。

菇類

鴻禧菇、舞菇等適合用來煮飯或汆燙。富含食物纖維與維生素。

[1] 七草指水芹（セリ）、薺菜（ナズナ）、鼠麴草（ゴギョウ）、繁縷（ハコベラ）、稻槎菜（ホトケノザ）、蕪菁（スズナ）、蘿蔔（スズシロ）。

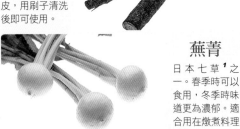

Tenpura

天婦羅

只要留意溫度，就能炸
出外鬆內軟的料理。

天婦羅

材料（2人份）

帶頭蝦…4 尾（40g）、海鰻…1 尾（100g）

山菜（莢果蕨、土筆、蕨菜、玉簪、片栗花、獨活、帶花蜂斗菜、刺椒芽）…適量

油炸用油…適量

千層天婦羅材料

銀魚…50g、三葉芹…3 根（3g）、山椒芽…適量

麵包粉…1/2 匙

天婦羅麵衣材料

雞蛋…1 個、低筋麵粉…1 杯（100g）、冷水…150cc

天婦羅醬汁材料

濃口醬油…2 又 1/3 大匙

味醂…2 大匙、鰹魚片…2g

高湯…3/5 杯（120cc）、藥材袋…1 個

佐料材料（依照個人喜好搭配）

昆布鹽、白蘿蔔泥、生薑…適量

Point

依照食材調整油炸溫度

所要時間
45 分鐘

01 製作天婦羅醬汁。將味醂放進鍋裡煮，加濃口醬油。(準) 將鰹魚片放進藥材袋裡。

02 煮沸後，加放了鰹魚片的藥材袋。再次沸騰後去除浮沫，關火降溫備用。

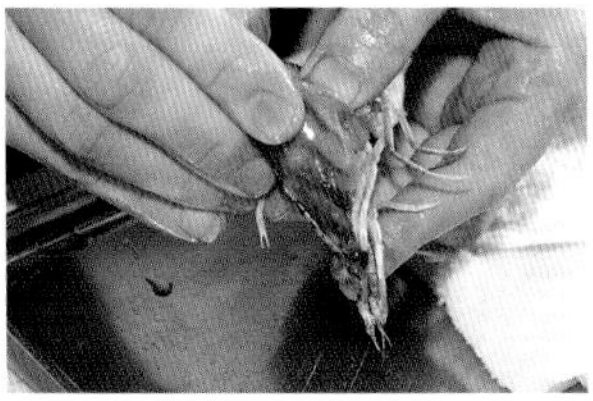

03 一邊去除背殼一邊打開蝦頭，去除眼珠等比較硬的部份與蝦醬。

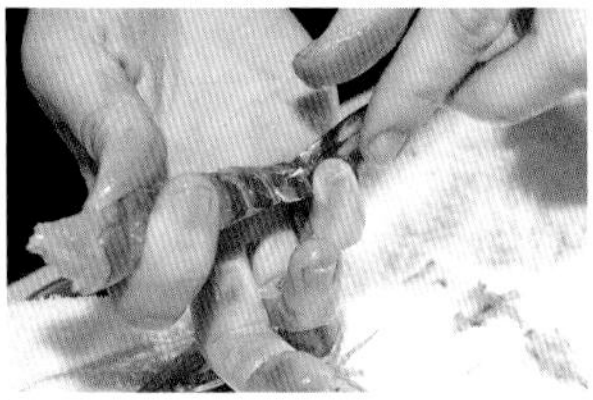

04 剝除蝦殼。(重) 用小指壓住蝦尾，讓蝦子變直就會比較好剝。清洗蝦頭，去除水分。

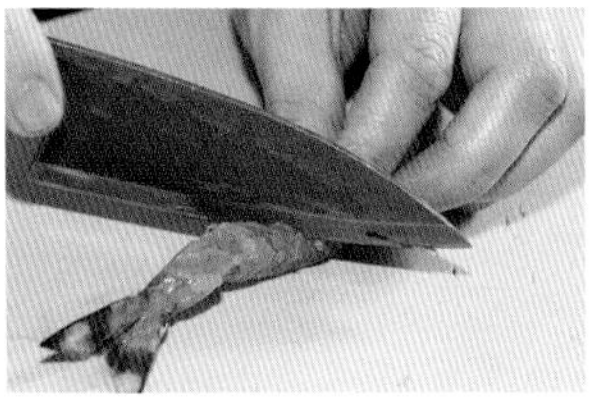

05 在蝦子的腹部斜斜地劃幾刀，讓蝦子變直。(重) 讓蝦子的背部貼在砧板上，用兩根手指壓住，會比較好切。

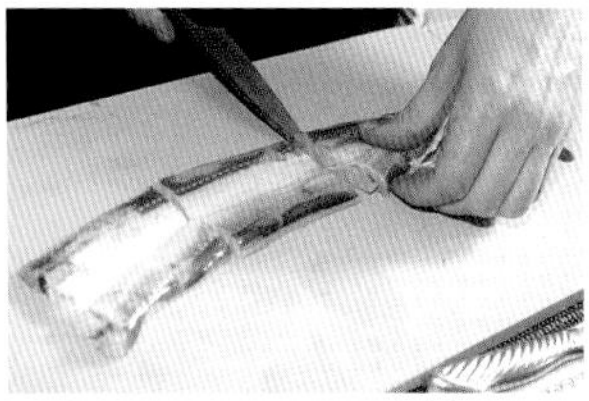

06 參考 P33 分解海鰻。去鰭後用刀背刮除表皮再用水清洗，去除黏液。用布將水分擦乾，切成 4 等分。

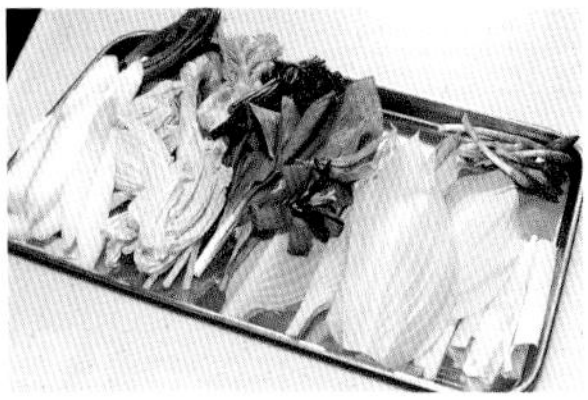

07 參考 P46 處理莢果蕨、土筆、蕨菜。(重) 使用前要冷藏，突顯清脆的口感。

08 玉簪、片栗花一根一根分開，切成長 7 ～ 8cm 的段。

09 獨活削皮後滾刀切，用適量醋水浸泡後去除澀液。

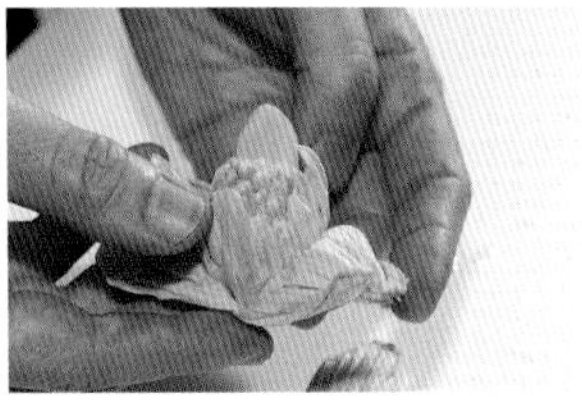

10 剝開帶花蜂斗菜黑色的表皮，一片一片打開花瓣。(準) 用水沖洗刺椒芽。

11 製作千層天婦羅。銀魚用鹽水浸泡後去除腥味，洗淨並去除水分。準將三葉芹切成長 3 ～ 4cm 的小段。

12 銀魚、三葉芹、撕碎的山椒芽、麵包粉放進碗裡攪拌。重大致拌勻即可。

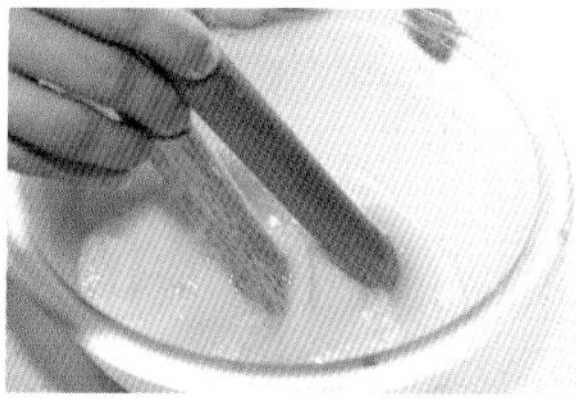

13 在冰鎮過的碗裡放進雞蛋與冷水，用兩根較粗的棒子或打蛋器拌勻。重材料、器具都要冰鎮過，在油炸前製作麵衣。

14 加低筋麵粉，大致拌勻（留一點低筋麵粉）重麵衣最好有一些泡泡。

15 讓材料沾滿低筋麵粉。重比較薄的玉簪與片栗花，可以用刷子刷。

16 14 裹上麵衣。重比較薄的食材，油炸時間不長，麵衣要裹少一點。

17 玉簪與片栗花用 170 度油炸，等出現的泡泡變小，或是開始出水即可取出。

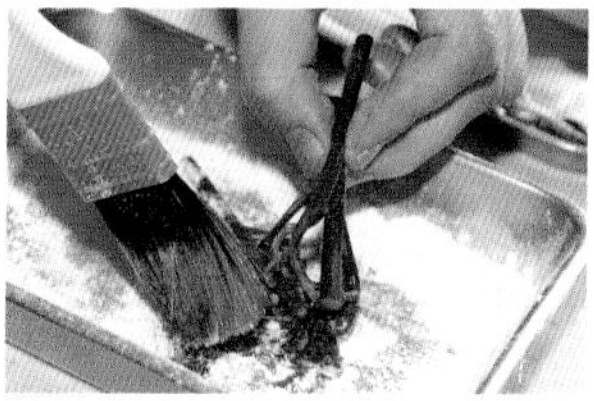

18 油溫提高到 180 度，準備炸海鰻、12 的千層天婦羅與其餘的山菜。重只要用刷子刷上低筋麵粉，材料就能確實裹上麵衣。

19 帶花蜂斗菜要在開花的狀態下沾低筋麵粉、裹麵衣。其他山菜也要裹麵衣，炸 2 ～ 3 分鐘。

20 海鰻沾上低筋麵粉後充分裹上麵衣。重利用碗的邊緣刮除海鰻皮上的麵衣，就能炸出脆脆的海鰻皮。

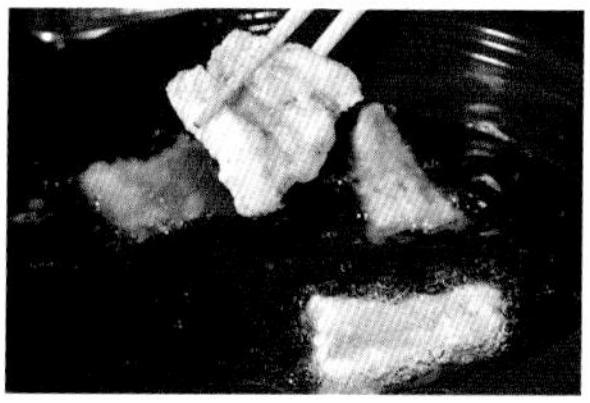

21 海鰻比較厚，炸 3 ～ 5 分鐘才會熟透。只要炸到呈現金黃色即可。

22 重千層天婦羅的麵衣可以另外加一些水，讓麵衣稀一點。

23 22 放在湯勺上，接著放進油裡炸，貼著鍋緣炸 2 ～ 3 分鐘，炸到呈現金黃色即可。自油鍋取出時要比放進時更輕。

24 用 180 度油炸蝦頭。炸蝦頭時不需要裹麵衣，直接炸 2 ～ 3 分鐘，炸到酥脆。

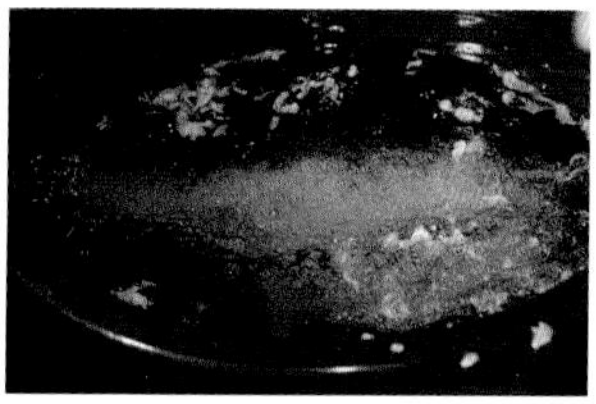

25 油溫提高到 200 度，炸蝦子的身體。抓住尾巴裹上麵衣後迅速直直地放進油裡炸，炸 30 秒～ 1 分鐘即可。

和食的秘訣與重點 ❶

事前處理山菜的方法

事前處理讓春季美味「山菜」更為美味

土筆

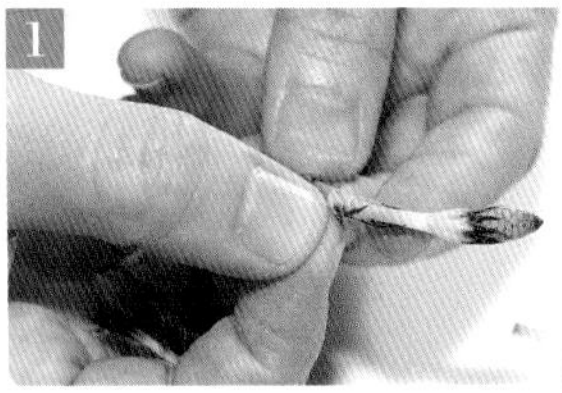

切除根部，清除附著在莖上面的皺摺（苞葉）。清除時可先用大拇指劃道缺口，會比較好清除。

用 1：1 的鹽與小蘇打磨擦，靜置一段時間後洗淨，記得不要太用力。

用熱水浸泡一段時間，不僅能去除澀味，還會變得比較軟。如果不煮直接食用，就要用大量熱水浸泡。

莢果蕨

切除根部 1 ～ 2cm。這個部份既硬又苦，不能食用，所以一定要切除。

依照料理切成容易食用的長度。先切好會比較容易進行③的作業。

前端黑色的部份含有強烈的澀液與苦味，要清除乾淨。若是汆燙，可用鹽水汆燙。

蕨菜

用小蘇打確實磨擦蕨菜，如果不夠，澀液就會殘留，要特別留意。

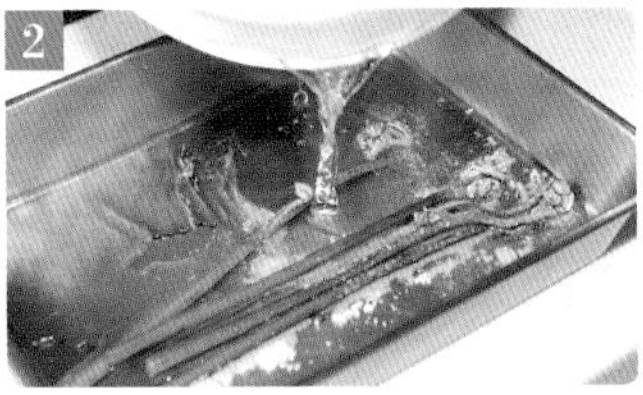

排在淺盆上淋熱水，靜置降溫，期間不能攪拌與觸摸。

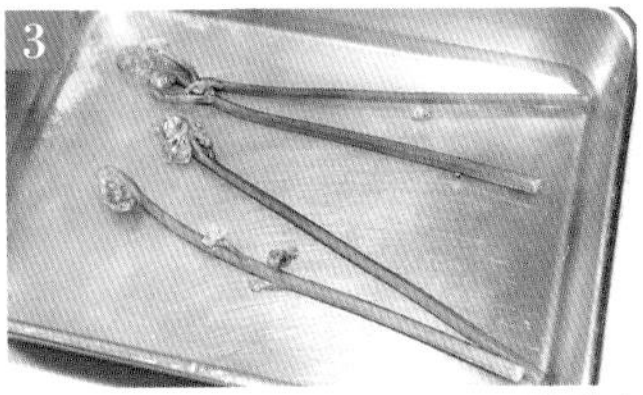

降到常溫後用水浸泡一段時間，接著洗淨並去除水分。

如果不確實去除澀液會使好不容易完成的料理毀於一旦

到了春季，店家就會開始販售帶花蜂斗菜、蕨菜、土筆、刺椒芽等山菜。可以用天婦羅、汆燙料理、炊飯來享用這些春季美味。

山菜含有帶苦味、澀味的澀液，有些甚至強烈到沒有經過處理就無法食用。確實去除澀液，就能品嘗到山菜原本的美味。此外處理之後，原本比較硬的山菜也會變軟。

去除澀液有許多方法，包括用水浸泡、用小蘇打磨擦、醋漬等。有沒有經過處理，會使味道出現很大的差異。讓我們以適合的方法處理、調理山菜，在餐桌上營造季節感吧。

Kawariage

新奇油炸料理

享受不同以往的
外觀與美味

芋頭裹花生

炸蠶豆

芝麻扇貝

新奇油炸料理

材料（2人份）

蠶豆…12 粒（60g）
糯米粉[2]…2 大匙
蛋白…1/2 杯（100cc）
低筋麵粉…1 大匙
芋頭…小的 4 個（80g）
A ┌ 高湯…1 杯（200cc）
A │ 砂糖…1 大匙
A └ 薄口醬油…1 大匙
開心果…2 大匙
杏仁粒…2 大匙
扇貝的貝柱…4 個（120g）
白芝麻…1 大匙
黑芝麻仙貝…3 片
鹽…1 小匙
檸檬…1/4 個（25g）
油炸用油…適量

Point

要依照食材
選擇麵衣

所要時間
45 分鐘

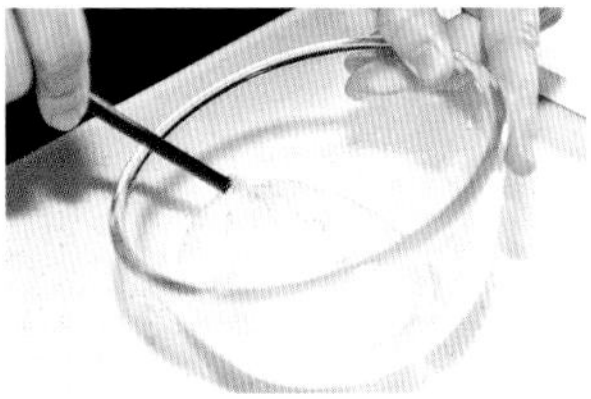

01 用筷子或打蛋器將蛋白打散。

02 準 低筋麵粉過篩。

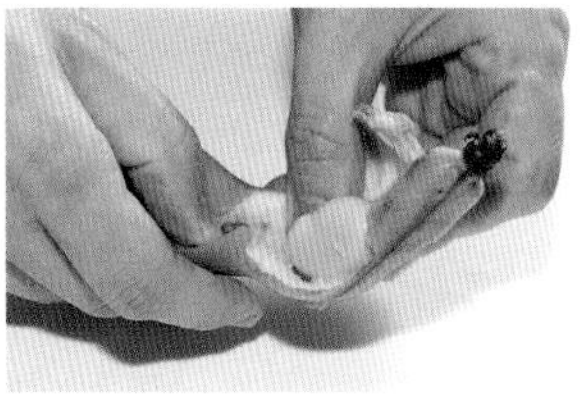

03 自豆莢裡取出蠶豆。重 選擇豆莢嫩綠的蠶豆，若變黃表示不新鮮。

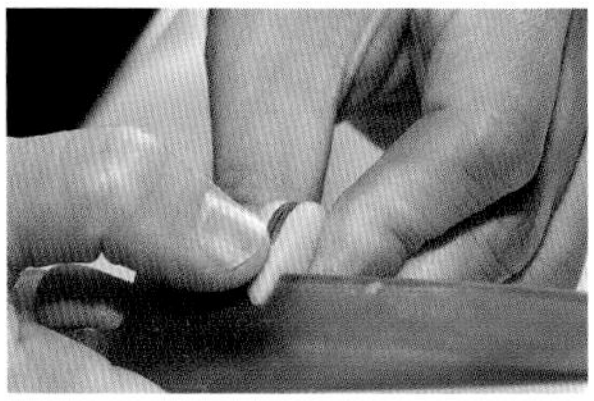

04 重 以菜刀切除前端，用手指壓出蠶豆，去除薄皮。

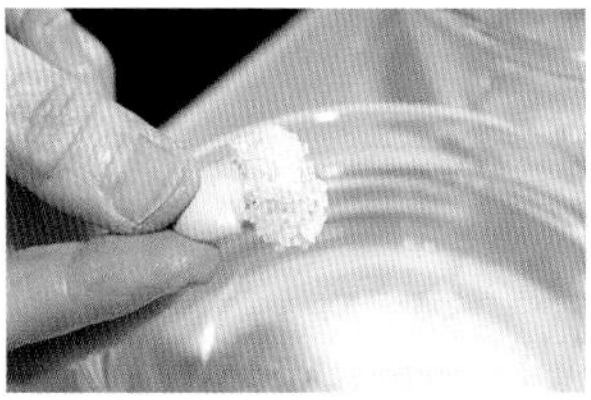

05 蠶豆的前端沾上低筋麵粉、蛋白與糯米粉。重 若全部都沾，炸了以後會看不見蠶豆的綠色。

06 芋頭削皮，切成數個半月形。重 芋頭濕濕的容易滑動，清洗後擦乾再使用。

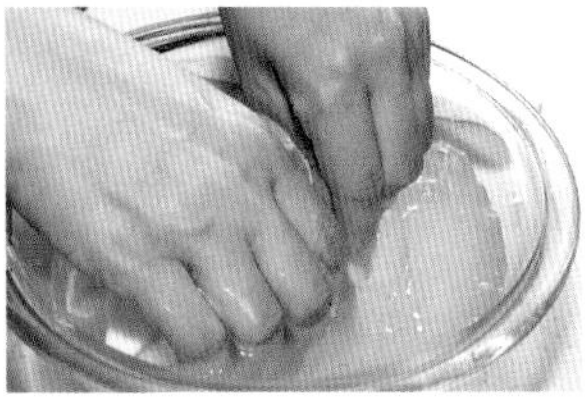

07 切好的芋頭用水浸泡後輕輕去除髒汙與殘留的皮，再浸泡一段時間去除澀液。

08 A 放進鍋裡，煮沸。

09 加芋頭煮到竹籤可以輕鬆穿透。重 入味後再炸更美味。

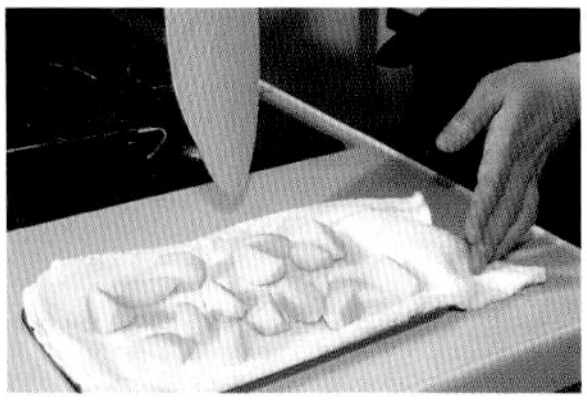

10 用布將水分擦乾。重 若有水分，油炸時油會亂噴，沾粉時也會黏黏的。

11 芋頭的背部以刷子刷上低筋麵粉，再沾蛋白。

[2] 本書中使用的是「道明寺粉」，「道明寺粉」是種糯米粉，起源於日本大阪府藤井寺市的道明寺。

12 開心果切粗粒。重使用用來做點心的生開心果，亦可用南瓜子、核桃或花生代替。

13 一半的芋頭裹上開心果。重亦可只裹沾有低筋麵粉、蛋白的背部。

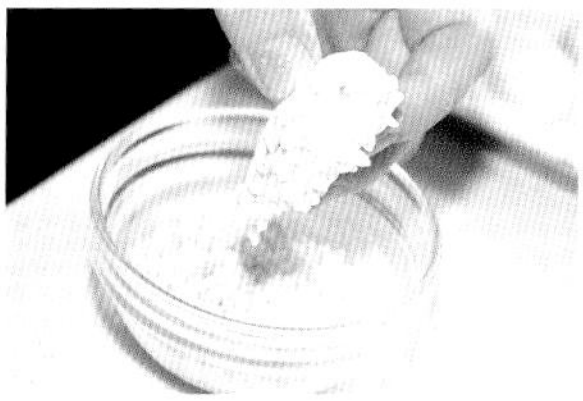

14 另外一半裹上杏仁粒。重和 13 一樣，可以只裹背部。

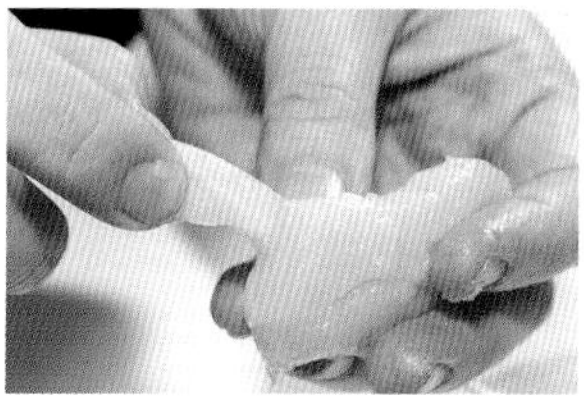

15 貝柱去筋。重貝柱的筋經過加熱會變硬，影響口感，所以要確實去除。

16 用適量的鹽水浸泡入味，輕輕清洗，去除髒汙。重浸泡太久會很鹹。

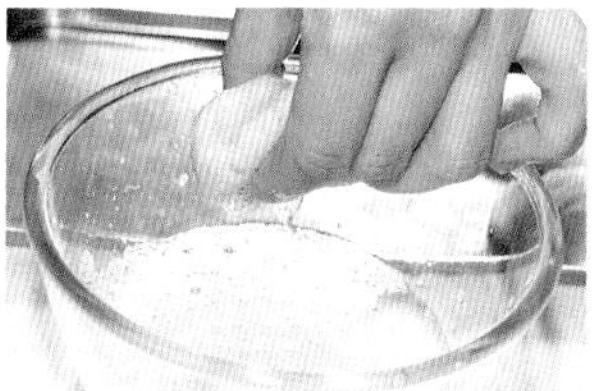

17 水分擦乾，用貝柱沾低筋麵粉與蛋白。

18 一半的貝柱整個裹上白芝麻。

19 黑芝麻仙貝放進塑膠袋裡，用研磨棒等器具敲碎。

20 另一半貝柱整個裹上黑芝麻仙貝的碎屑。

21 用 170 度油炸蠶豆。

22 炸到糯米粉開始膨脹、呈現鮮豔的綠色即可。油炸時間以 2 分鐘為宜。

23 稍微提高油溫，用 175 度油炸芋頭，炸到堅果類變成茶色、芋頭也稍微變色即可。

24 再提高油溫，用 185 度油炸貝柱。貝柱受熱過度會出水，導致肉質變硬，所以炸 1 分鐘即可。

25 貝柱放在鋪了網子的淺盆裡，灑上鹽。

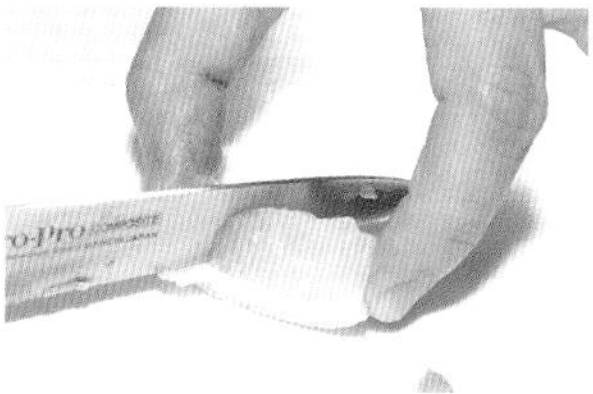

26 檸檬切成半月形後去芯。在果肉上斜斜地劃幾刀，裝飾這道油炸料理。

和食的秘訣與重點 ❷

各式各樣襯托料理的「裝飾葉片」

装盤時的小巧思會讓料理更漂亮！

裝飾葉片

紅色的楓葉是秋季最具代表性的裝飾葉片，在春季即將入夏時，亦常使用綠色的楓葉。

竹葉具有防腐的作用，可延長食物的保存期限。有山白竹、小竹等種類。

南天竺具有殺菌、防腐的作用。表面光滑，可放在容器裡或是插在料理上做為裝飾。

塑膠葉片

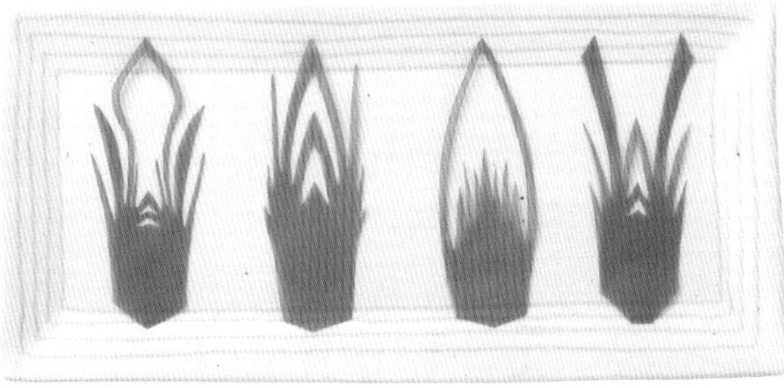

依照真實葉片製作的塑膠葉片。因為真實葉片的水分容易蒸發，亦容易破損，有時會用塑膠葉片代替。

懷紙的摺法

可以墊在容器底部吸收炸天婦羅等料理的多餘油脂。懷紙的摺法有一定的方法，現在就讓我們來了解如何正確摺懷紙吧。

1

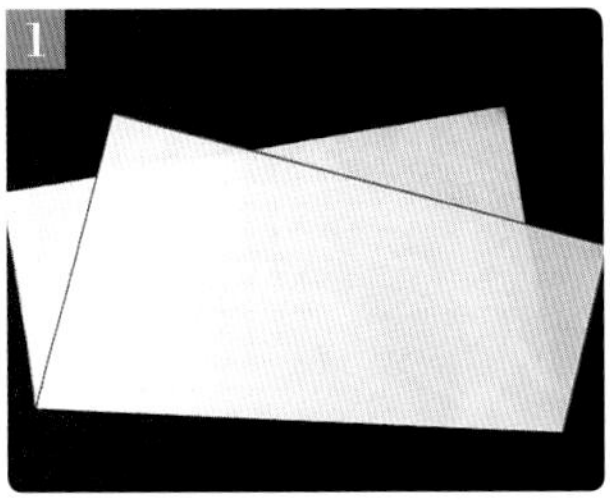

若是值得慶祝的場合，要把懷紙上方往右下摺；而法會、喪事等場合，則要反過來將下方往右上摺。

2

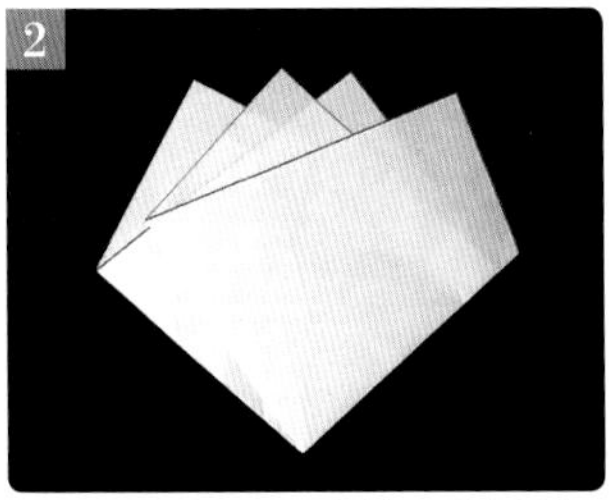

一般用餐時，可配合料理或容器的大小再對半摺，做出更漂亮的形狀。

自由自在地使用裝飾享受裝盤的樂趣

和食有以眼睛享受料理的概念，所以不只注重料理的內容，也很強調容器、裝盤與裝飾。其中最常被使用的就是「裝飾葉片」。利用當季的葉片來營造季節感，或是為簡單的容器突顯立體感、增添色彩等。

一般會使用容易取得的葉片來裝飾，但最近有庭院的住家減少，大多都是向店家購買。也有人會使用方便的塑膠葉片來代替真實葉片。

製作油炸料理時使用懷紙，就能去除多餘的油脂，使料理不會過於油膩。懷紙還有許多使用方法，像是代替容器做為接取食物的器皿、用來遮掩不要的部份等。懷紙的材質、顏色都相當豐富，可以好好活用。

Otsukuri

擺盤料理

擺盤方法決定料理的精緻度

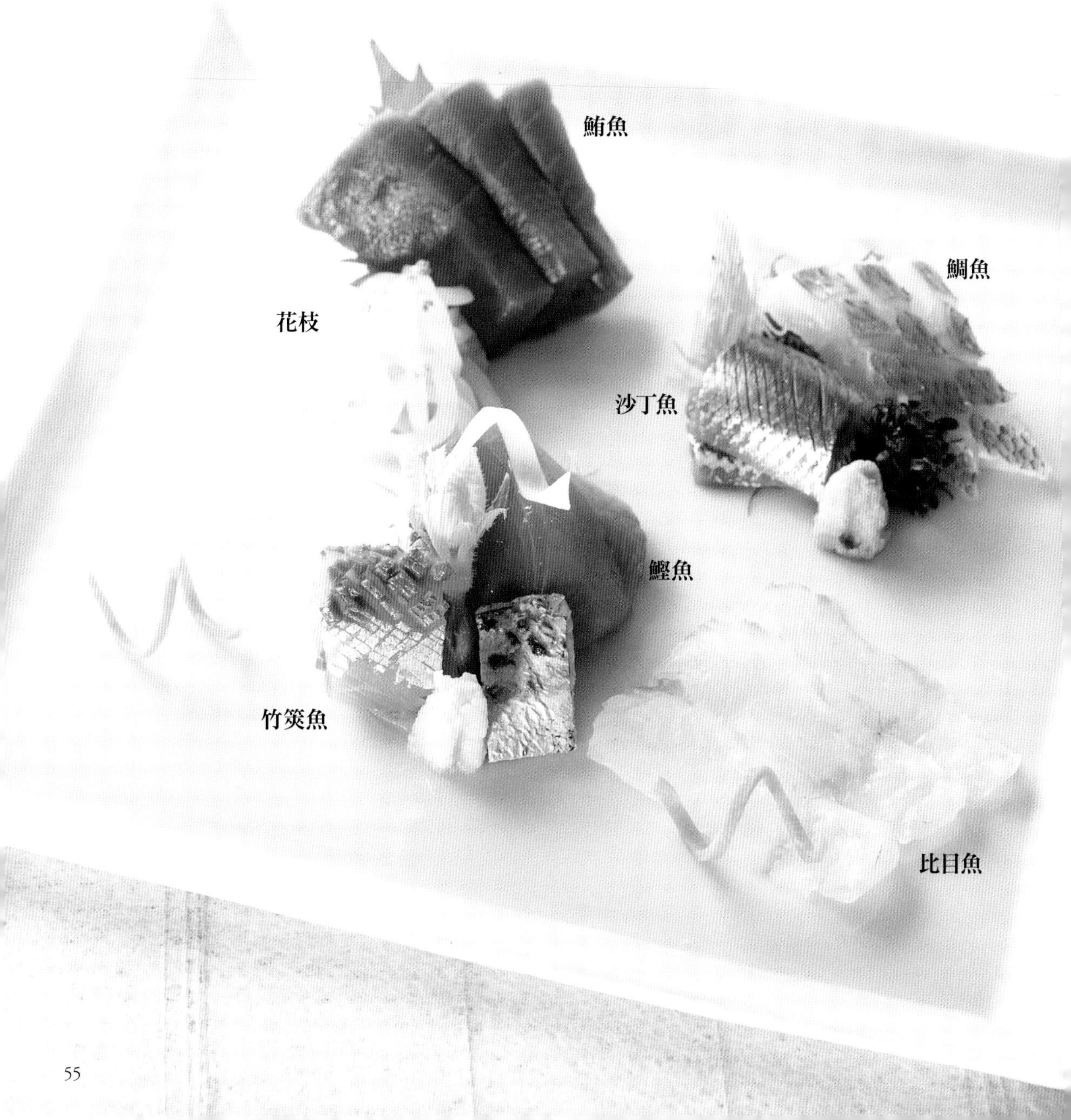

擺盤料理

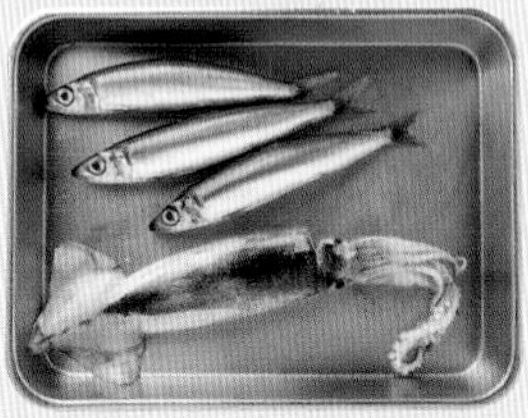

材料

鯛魚、鰹魚、鮪魚（肉塊）、比目魚、沙丁魚、花枝、竹筴魚

裝飾材料

白蘿蔔、茗荷、南瓜（參考 P55）
獨活、胡蘿蔔（參考 P55）
黃瓜嫩花、紅蓼、青紫蘇、青紫蘇絲（參考 P25）
帶穗紫蘇、生薑泥、山葵泥

Point

留意下刀的方向

所要時間 60 分鐘

鯛魚

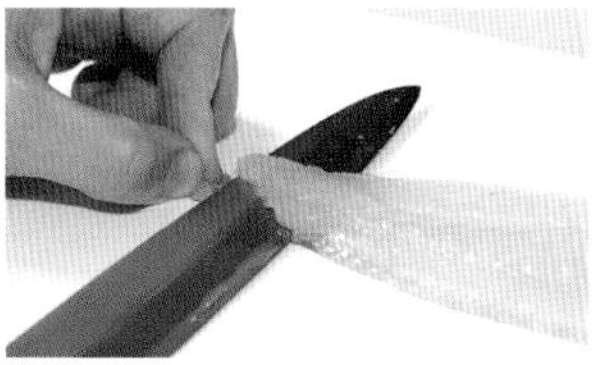

01 參考 P29 將魚分解成三片，去除魚皮。從距離尾端約 1cm 處入刀，再從魚肉和魚皮中間切。

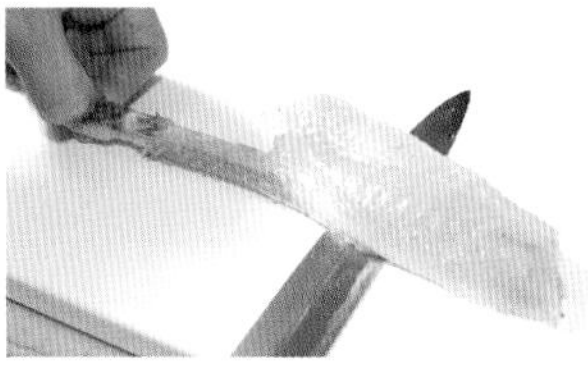

02 左手抓住尾端的皮，往左拉刀，菜刀前後移動，拔除魚皮。

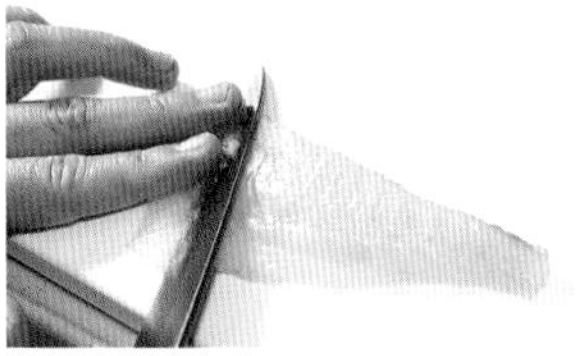

03 切成薄片。魚肉較厚的部份擺在內側，魚皮朝下。用左手壓住魚肉，刀身平擺，菜刀大幅度移動地切。

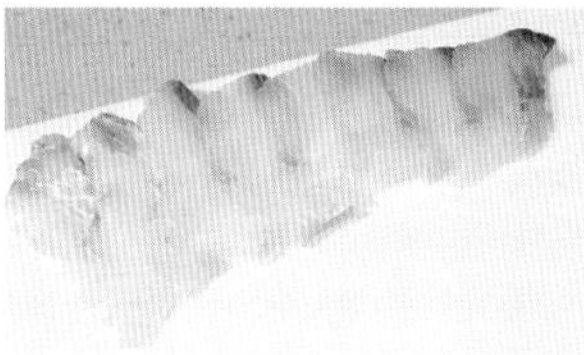

04 重 鯛魚的肉質富有彈性，要切成 2～3mm 的薄片。薄片從左到右疊放成一排。

05 切成帶皮的魚片。分解成三片的鯛魚排在砧板上，魚皮朝上，微微傾斜砧板。

06 布蓋在魚肉上，淋 80 度的熱水。重 如果水溫高達 100 度，會使魚皮緊縮、魚肉熟透；但如果水溫太低，無法去除腥味。

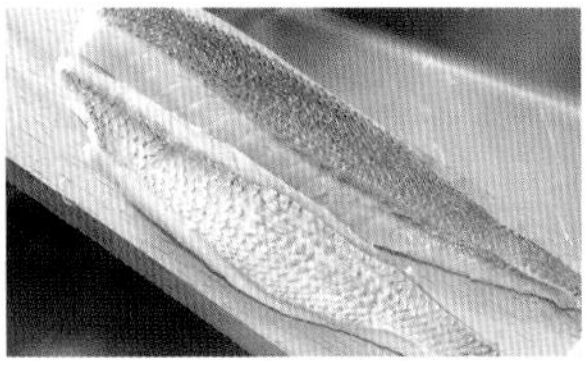

07 淋熱水直到魚肉變白、魚皮彎曲。在碗內裝好冷水備用。

08 立刻用大量的冷水浸泡，再用布將水分擦乾。重 如果不立刻用冷水浸泡，裡面的魚肉就會熟透。

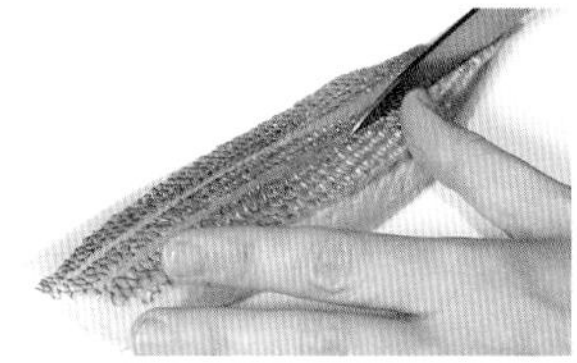

09 為了讓捲曲起來的魚肉恢復原狀，在魚皮上垂直的輕輕劃三刀。重 如果太用力劃到肉，肉會容易散開。

10 切成片。魚皮朝上，魚肉較薄的部份面對自己。菜刀垂直，刀刃緊貼著魚肉，刀身微微向左傾斜，切下厚約 1～1.5cm 的魚肉。

鮪魚

01 準備鮪魚塊，如果魚皮還在，先去除魚皮。重魚皮和魚肉中間的筋很硬，可以切厚一點。

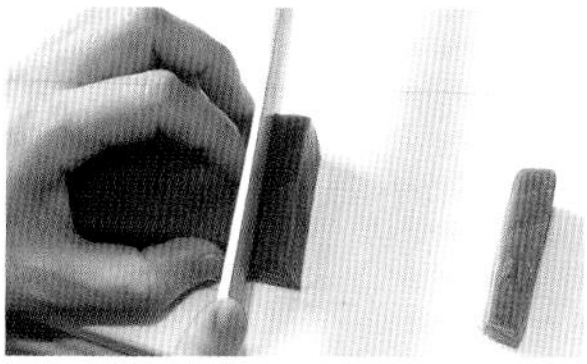

02 切成片。鮪魚的肉質柔軟，切的時候動作要快。

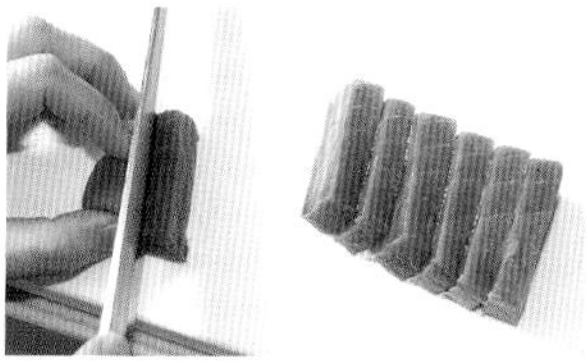

03 切下來的魚肉會黏在刀背上。此時先讓菜刀微微向左傾斜再往右拉，將魚肉整齊地排列在右邊。

04 切成塊。先將魚肉切成寬 1.5cm 的棒狀。切的時後，要大幅度移動菜刀。

05 魚肉切成正方形，切的時候要從刀尾下刀，再往前方移動。

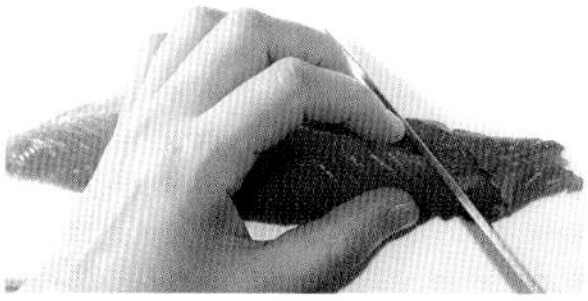

06 魚肉切成片。魚尾朝右、原本有皮的那面朝下。菜刀斜切，每片厚約 1～1.5cm。

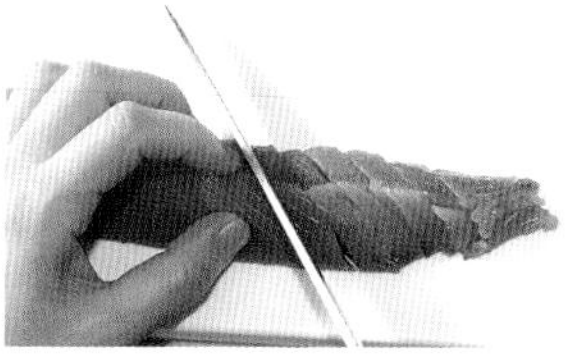

07 菜刀以畫弧形的感覺切。重分解時記得不時用濕布擦拭菜刀。

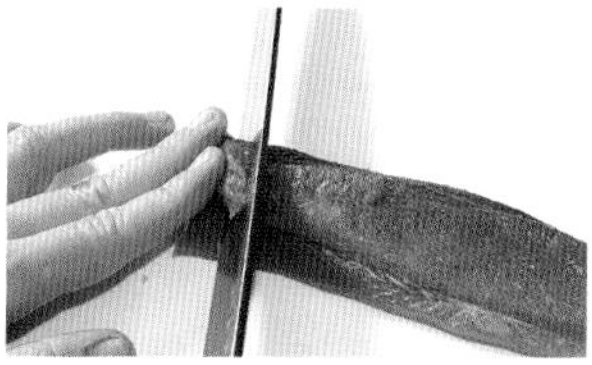

08 切成帶皮的魚片。用左手輕輕壓住魚肉，菜刀微微的向右傾斜，自刀尾入刀。

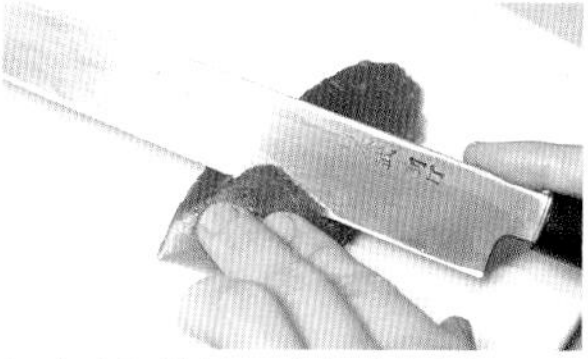

09 切的時候將菜刀往身體方向拉，輕輕滑動。

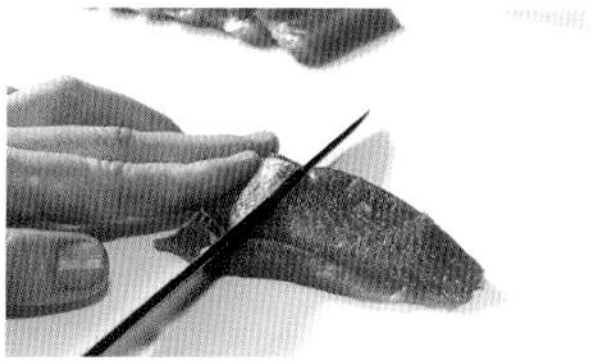

10 重因為鰹魚的肉質柔軟，每片寬約 1.5cm，用左手移到左上方。

鰹魚

01 參考 P30 將魚分解成三片，往內拉魚皮。魚皮朝下，從魚尾前端入刀。

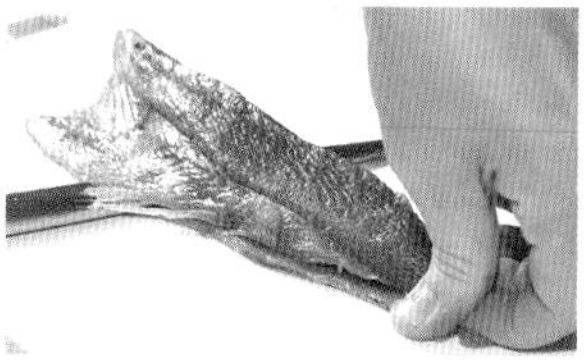

02 壓住魚皮，菜刀沿著砧板滑切過去。重因為鰹魚肉質很軟，如果太過用力，魚肉會碎掉，所以要輕輕處理。

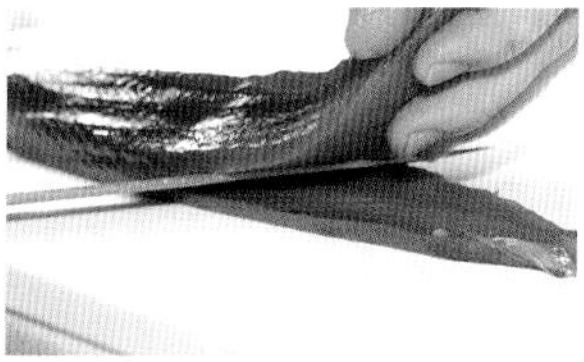

03 讓魚皮殘留厚約 7mm 的魚肉，切開魚皮。因為魚皮烤過後也可食用，所以魚皮要保留一定厚度的魚肉。

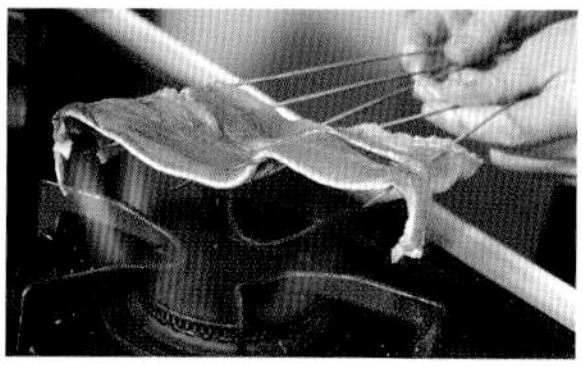

04 串起魚皮，灑上適量的鹽，降溫後切片，厚約 1～2cm。

05 為魚肉修邊，看魚肉看起來更漂亮。

花枝

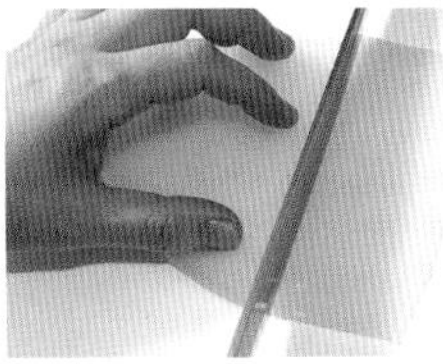

01 切成條。參考 P33，自花枝身體的尾端往上切，切片，寬約 5cm。

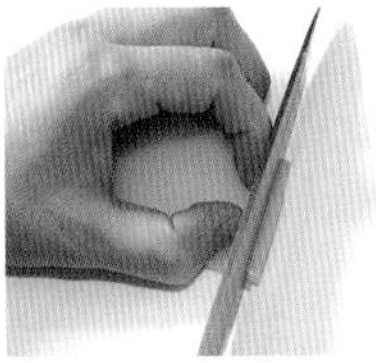

02 菜刀直擺，自刃尖下刀，拉向自己的方向，每條寬 2mm。重花枝的肉質較硬，切細會比較容易食用。

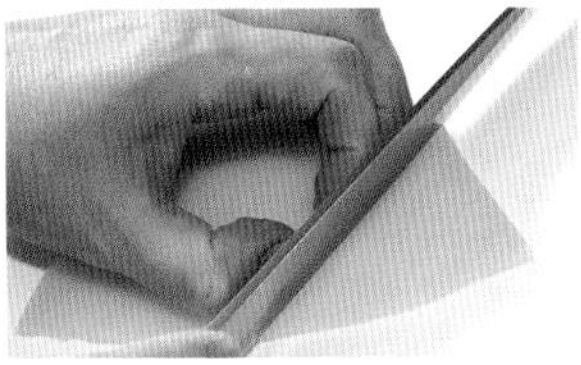

03 切薄片。因為皮很硬，為了容易食用，要斜斜地劃。

04 花枝轉 180 度，與 3 交叉劃格紋。

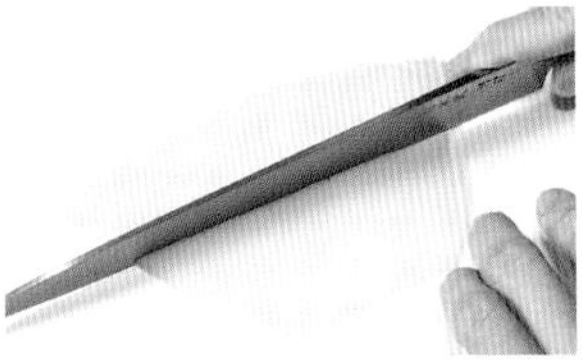

05 花枝的身體切片，寬約 4～5cm。

沙丁魚

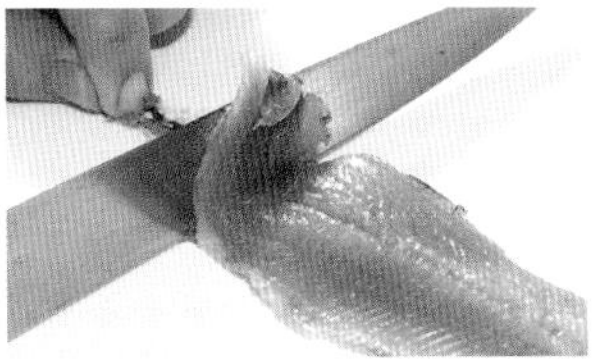

01 切成片。參考 P32 將魚分解成三片，去皮。從魚尾前端入刀，沿著魚肉和魚皮的中間切過去。

02 刀鋒朝上，立起菜刀。用左手壓著魚皮，用刀背向右刮，使魚皮、魚肉分開。重魚皮很薄，所以要用刀背刮。

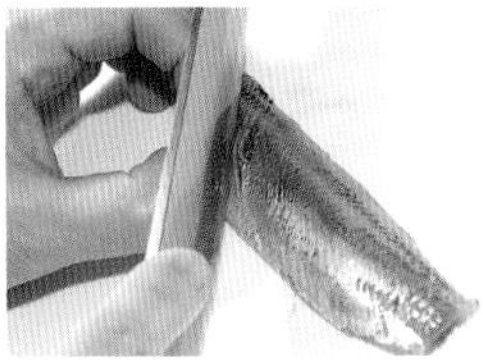

03 菜刀斜擺後劃格紋。這樣不僅容易食用，看起來也漂亮。

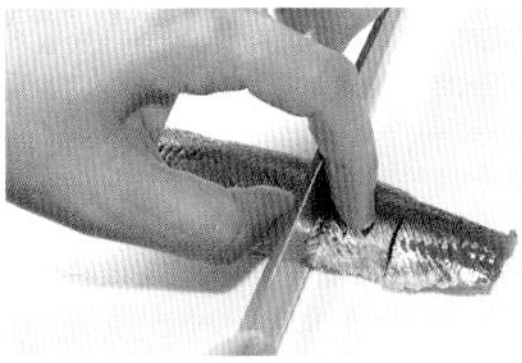

04 魚皮朝上，魚尾朝右。如圖片所示，用大拇指和食指輕壓魚肉，菜刀從上往下滑切過去。

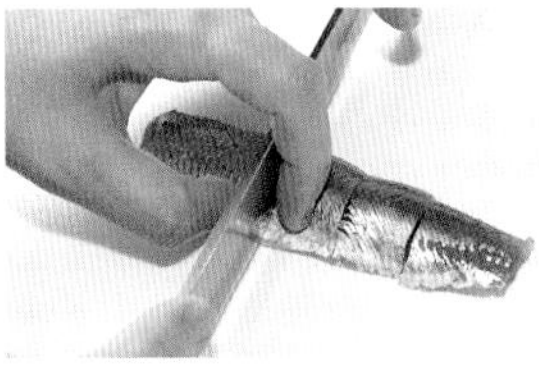

05 從正上方滑切，切片，寬約 2cm。

比目魚

01 參考 P31 將魚分解成五片，去皮。從魚尾前端入刀。

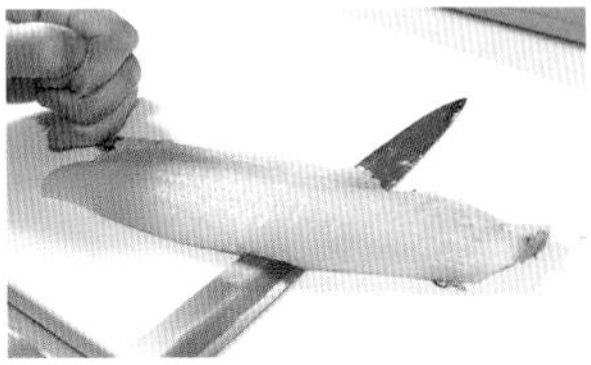

02 一邊用左手上下晃動拉開魚皮，一邊用菜刀上下滑動，沿著魚皮切過去。重保留連接魚肉和担鰭骨的部份，使魚皮、魚肉分開。

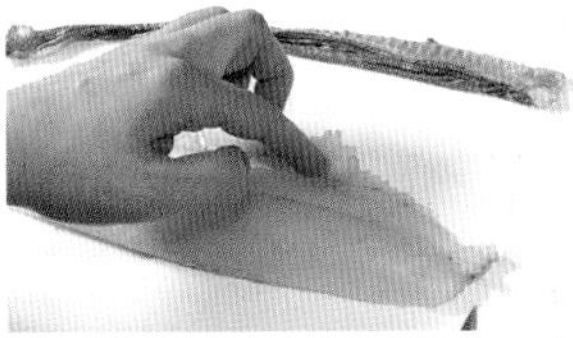

03 用手指將担鰭骨離開魚肉。重往上提，輕輕拔開。

04 魚鰭尾端切成寬約 2cm 的大小。

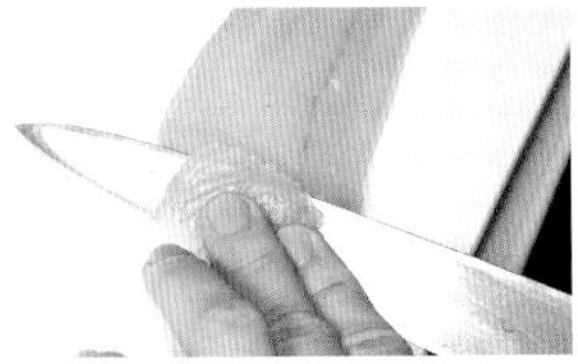

05 切成 5mm 的薄片。魚皮朝下，刀身平擺後入刀。重在快要切到尾端時，將菜刀稍微立起再切。

Let's Try

擺盤裝飾

澎大海

澎大海用冷水或溫水浸泡約 5 ～ 10 分鐘。

澎大海會慢慢膨脹，靜置到澎大海完全膨脹為止。

當澎大海完全膨脹，用大拇指和食指剝開去籽。用筷子和手指輕輕分解果肉。

用手去除澎大海的水分，過篩。塑形後用來裝飾料理。

蘿蔔絲

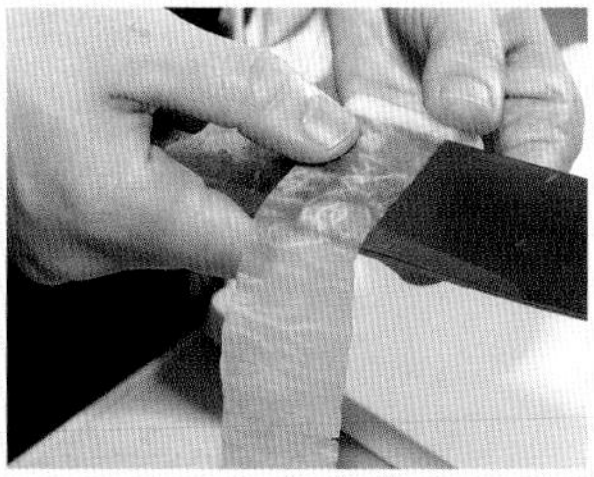

將長約 5 ～ 6cm 的蘿蔔去皮後削成薄片，再把薄片疊在一起。

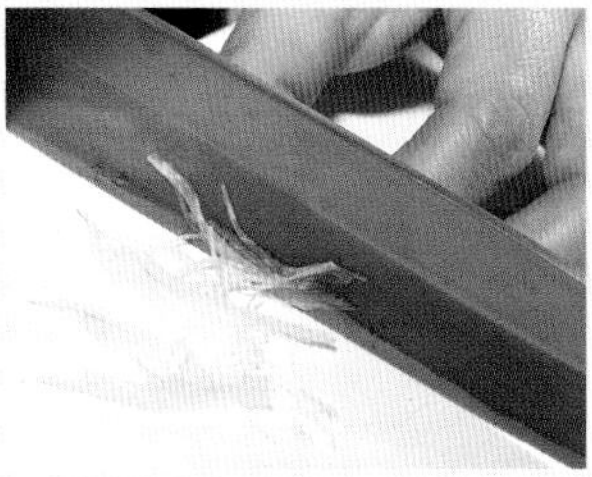

沿著纖維的方向切絲。用水去除澀味後，放在竹篩上去除水分。

雕花獨活

將 10cm 的獨活削片，削厚一點。攤平後斜切，下刀間距為 0.5 ～ 1cm。

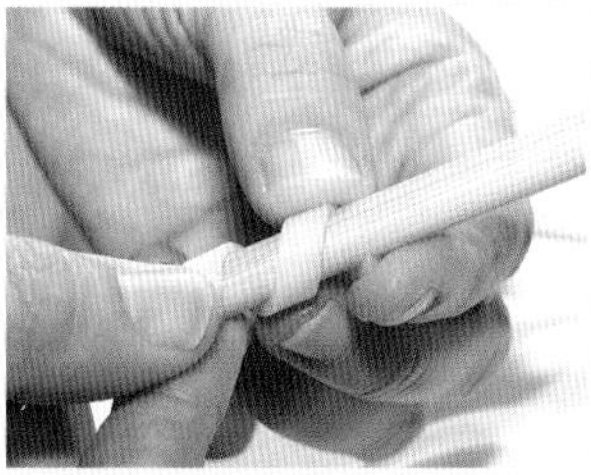

沿著纖維以螺旋狀把獨活捲在筷子上，靜置數秒後放進冷水，使其成形。

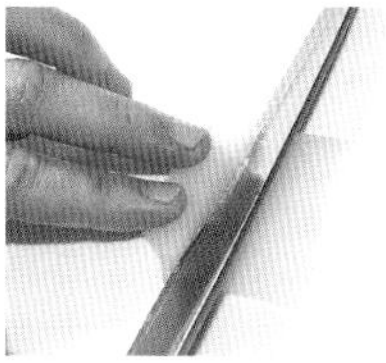

06 左手壓住花枝的身體，菜刀平擺後入刀。重切的時候，自刀尾開始移動菜刀。

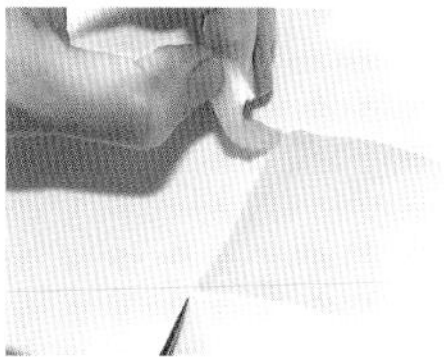

07 切的時候，菜刀往自己的方向移動，切成 5mm 的薄片。薄片疊放在砧板左方。

竹筴魚

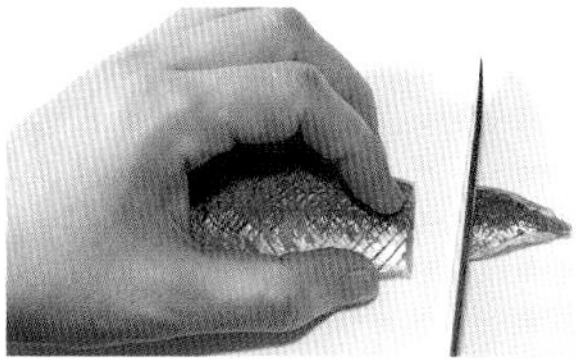

01 切成片。參考 P32 將魚分解成 3 片。和沙丁魚一樣去除魚皮後劃格紋。

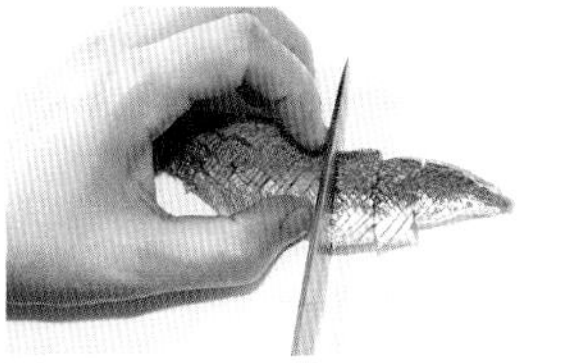

02 魚皮朝上、魚尾朝右。左手固定魚身，從正上方切。

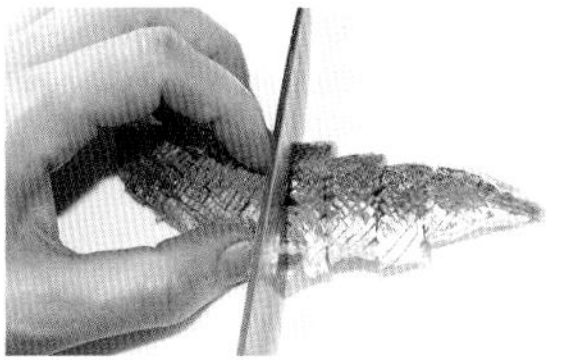

03 切的時候，菜刀的動作要大，切片，寬約 1 ～ 2cm。

和食的秘訣與重點 ❸

成為擺盤高手

只要了解擺盤原則，一切輕而易舉

只擺一種魚

只擺一種魚，看起來就很特別。就算盤中只有一道料理，也別忘了後高前低的原則。

後高前低

重點是前後的高度要有些差距，後方擺較厚、較大的食物，前方擺較薄的食物，看起來就會漂亮許多。

堆出高度

若是用比較深的容器盛裝，要用蔬菜絲堆出一座小山當底放上食材。記得維持平衡，不要垮下來。

左高右低

日本人大多使用右手，左高右低的擺盤是方便使用右手拿筷子的人夾取食物。

薄片的魚並排在盤子上

將魚肉偏白的魚切成薄片後，以放射狀的感覺盛裝在圓盤上。要切成容易食用的薄度。

擺盤料理 要遵守原則用心處理

乍看之下，各位可能會覺得擺盤料理非常困難，但不需要太過刻意。只要記住最基本的原則，自由自在地擺盤就會很漂亮。

首先，擺盤料理最好是擺3、5、7等奇數的種類。最基本的擺盤就是擺得像水從山上流下來般──後高前低的「山水擺盤」。比較柔軟的鮪魚、鰹魚要切成厚片擺在後方，而比較堅硬的河豚、鯛魚等白肉魚，則要切成薄片擺在前方。若要使用切絲的食材或裝飾時，記得先決定生魚片的位置，再適當地點綴。

擺盤料理使用的容器，以瓷器、玻璃等感覺比較清涼的容器為宜。若要使用陶器，記得先用水沾濕再使用，以免容器吸收魚的水分，或使魚黏在容器上。

Tataki

魚料理2種

重點是力道、次數等
剁魚的方法

碎末竹筴魚

炙燒鰹魚

炙燒鰹魚

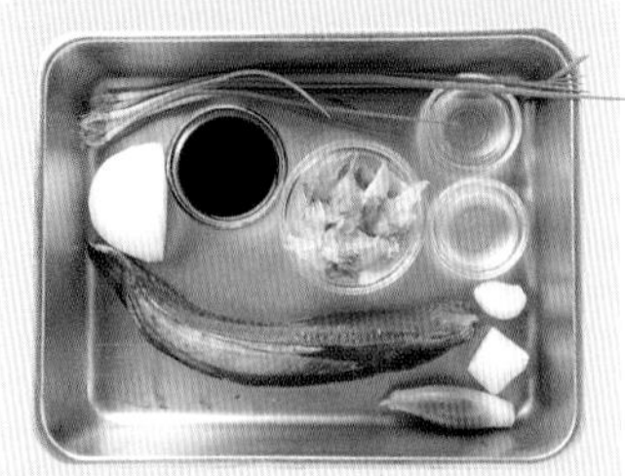

材料（2人份）

鰹魚…1 節（300g）
洋蔥…1/4 個（80g）
茗荷…1 個（20g）
蒜頭…1 個（10g）
生薑…1 個（10g）
蝦夷蔥…5 根（20g）
A ┌濃口醬油…3 大匙
　│搾好的醋橘汁…1 又 1/3 大匙
　│高湯…1 大匙
　└鰹魚片…3g

Point

烤到鰹魚的皮呈現金黃色

所要時間 60 分鐘

※ 魚肉淋果醋後要靜置一晚

01 (準)製作果醋。A 拌勻後冷藏一晚，再用棉布過濾。(準)布要先冰鎮備用。

02 沿著纖維將洋蔥切片、茗荷、蒜頭、生薑切細末、蝦夷蔥切細後用水浸泡。

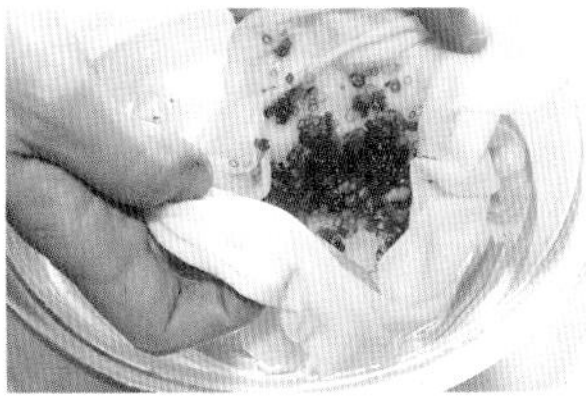

03 用棉布包住蝦夷蔥、茗荷、蒜頭、生薑搓揉清洗，接著去除水分。

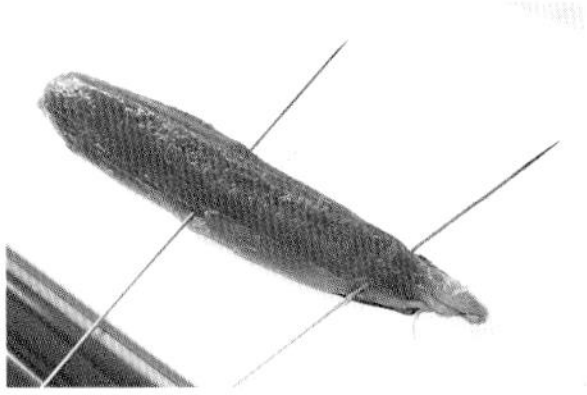

04 用鐵籤以扇形串起鰹魚。為避免魚肉在烤的時候裂開，魚皮要朝下。

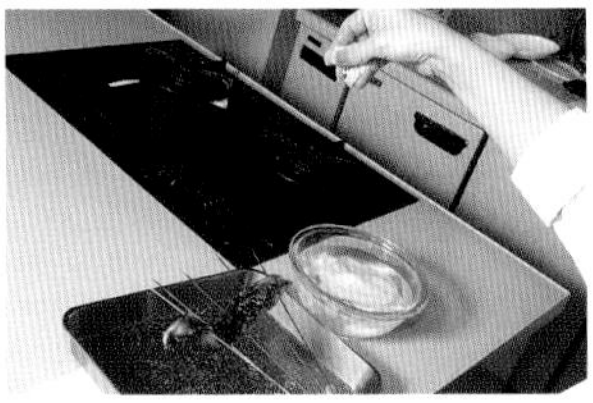

05 從距離 30cm 的高處將鹽灑在魚皮上。(重)用手抓一把鹽，讓鹽從指縫間滑落，一邊移動位置一邊灑鹽，使其均勻分布。

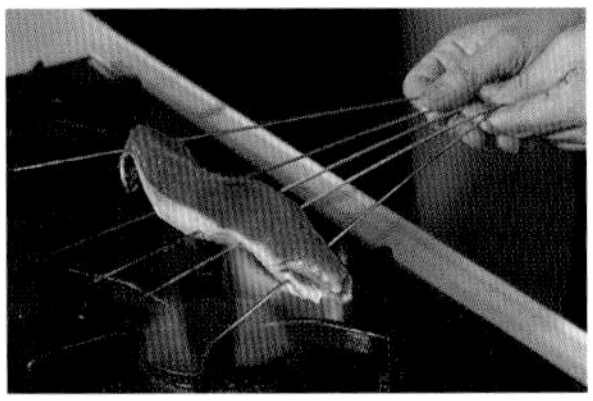

06 魚在距離爐火約 10cm 的高度以大火烤，烤到魚皮呈現金黃色即可。(重)魚尾的皮比魚頭的硬，要烤比較久。

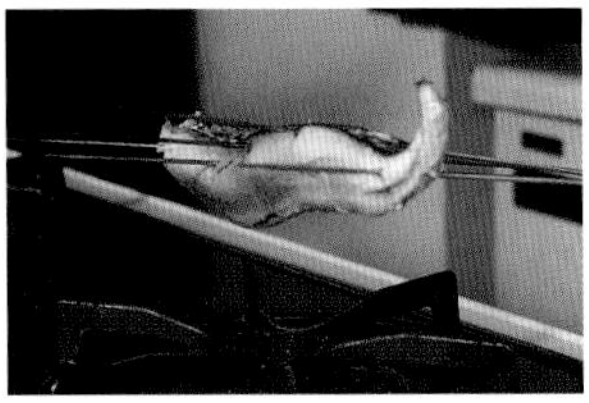

07 魚肉那一側烤約 10 秒，烤到顏色稍微變白即可。

08 烤好的魚放在冰鎮過的布上，慢慢取下鐵籤，用布包起來使其冷卻，並去除魚皮上的鹽。

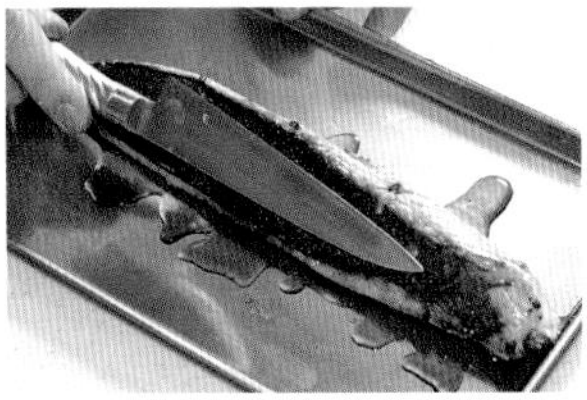

09 一邊翻轉鰹魚一邊淋果醋。(重)用刀子輕拍魚肉，使果醋入味，接著冷藏 30 分鐘。

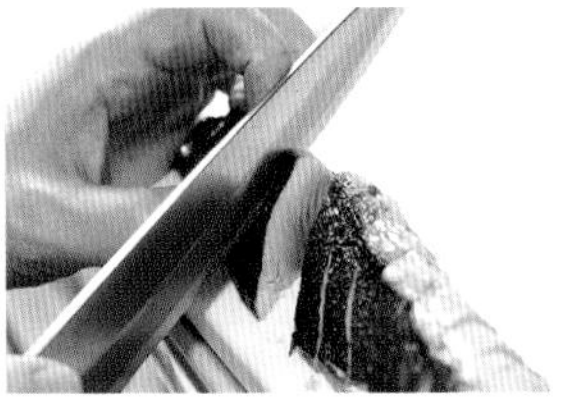

10 劃刀後切片。先在每 7 ～ 8mm 處劃刀再切片，每片厚 1.5cm。(重)劃刀處會使魚肉更入味。

11 生薑、蒜頭、蝦夷蔥、茗荷拌勻後擺在魚皮上。去除洋蔥的水分，堆疊在容器裡，裝盤。

碎末竹筴魚

材料（2人份）

生薑…1個（5g）
蔥…1/5根（20g）
洋蔥…1/4個（80g）
青紫蘇…2片
竹筴魚…2條（160g）
味噌…1大匙

Point

輕剁魚肉能使其降溫，但不能剁得太細

所要時間 30分鐘

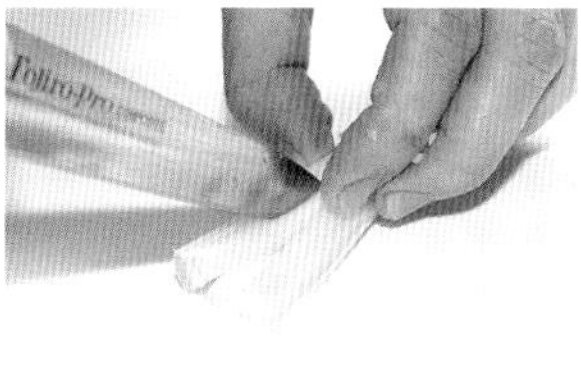

01 蔥切細末。重 一邊旋轉一邊垂直地劃刀，就會比較好切。

02 蔥橫放，切細末。

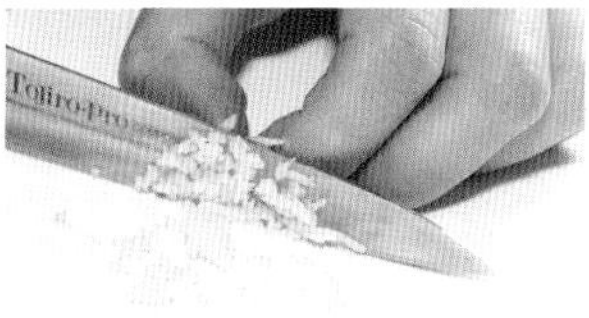

03 生薑也切細末備用。

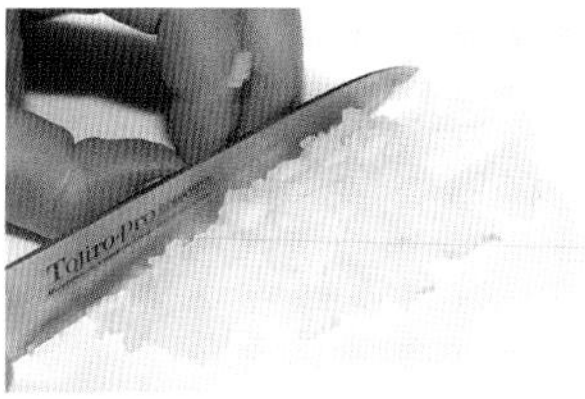

04 洋蔥切粗末。重 若洋蔥很嗆，可將洋蔥用水浸泡一段時間，再去除水分。

05 參考P25，將一片青紫蘇切細末，用水浸泡後去除水分。

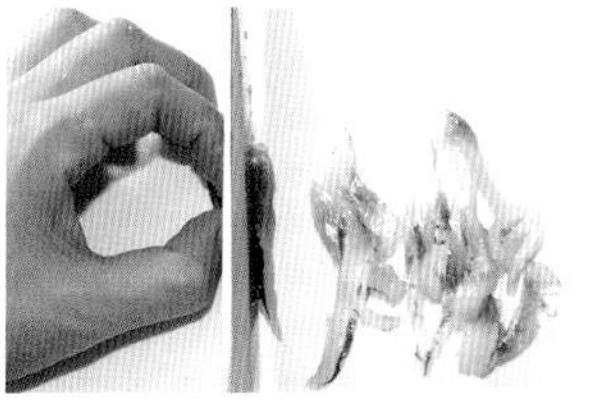

06 參考P32分解竹筴魚，再將去皮的竹筴魚切成寬約5mm的條狀。重 使用刃尖，並且往自己的方向拉會比較好切。

07 橫放切成條的竹筴魚，切成塊。

08 在砧板上放上切塊的竹筴魚，並放上蔥、生薑、青紫蘇、洋蔥和味噌。

09 一次使用兩把菜刀來剁食材。食材的大小可以依照個人喜好調整。重 翻動食材使材料均勻混合。

10 使全部材料均勻混合。重 菜刀要一邊移動一邊剁，使材料均勻混合，但不要剁得太細。食材降溫後，放在另一片青紫蘇上。

Mistake!

太細讓料理看起來一點都不美味

剁太久或剁太細，會讓竹筴魚看起來一點都不美味。保留一點形狀，比較有口感，看起來也比較美味。

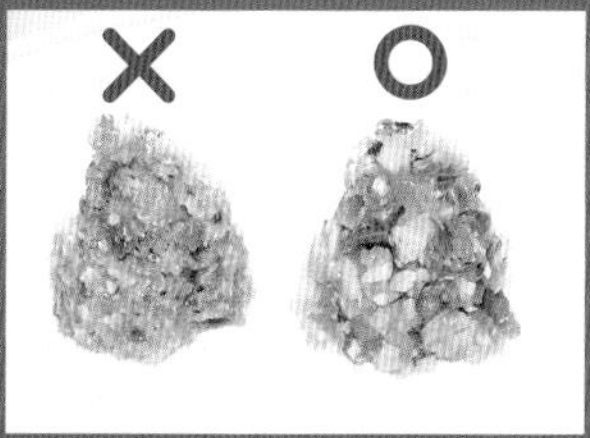

上圖左邊的一樣看不出形狀，食材就有點切過頭了。稍微保留一點食材的形狀比較好。

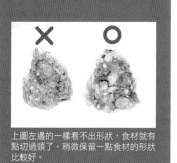

和食的秘訣與重點 ❹

平常就要勤於保養菜刀

刀鋒不利的菜刀要盡快處理

磨刀之前……

準備磨刀石、防滑墊（濕布）、菜刀。磨刀石用水浸泡30分鐘以上，接著放在距離桌邊約一個半拳頭的位置。

1 刀刃朝向自己，傾斜45～60度。讓刀刃和磨刀石貼合，右手拿刀柄、左手扶著刀身，將菜刀往前推。

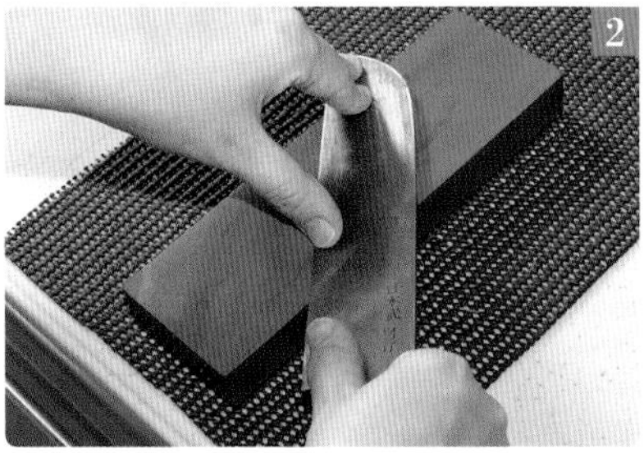

2 維持菜刀的位置、角度後往前推。要感覺刀刃和磨刀石貼合，慢慢滑動。

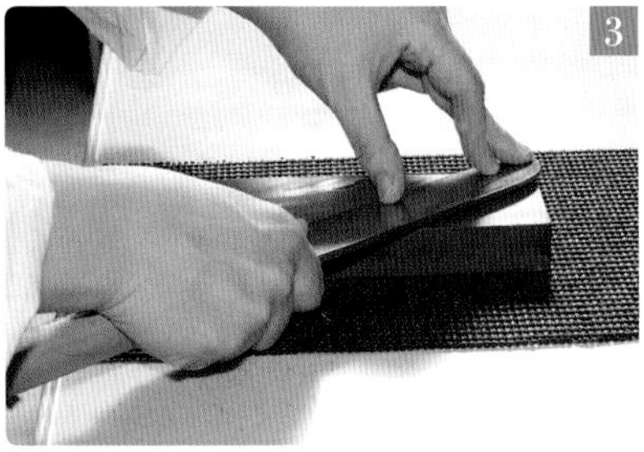

3 讓刀背和磨刀石之間距離大約一枚十圓硬幣的高度，從上方穩穩的壓住菜刀後移動。只有手移動，菜刀要維持向前傾斜。

4 和2反方向，慢慢將力量收回，菜刀往自己方向拉回到原本的位置。重複相同的動作數次，直到刃尖出現輕微彎曲。

5 用刷子和清潔劑清洗菜刀。若菜刀潮濕容易生鏽，記得用布將水分擦乾。

磨刀的時間點很重要

只要覺得菜刀切起來的手感不好，就該磨刀了。就像餐廳每天都會磨刀一樣，菜刀的保養是非常重要的。一般家庭就算不每天磨刀，一個禮拜至少要磨一次刀。如果菜刀疏於保養，不僅不好切，食物的澀液還會附著鋼上，破壞料理的味道。

有人說製作和食的菜刀最好每天磨，靜置一晚。因為和食有許多生食，調理途中磨刀會使食材帶有鐵的味道。但法式料理大多使用不鏽鋼的菜刀，所以調理途中也會磨刀。

最重要的是磨刀後一定要用水沖洗，清除石屑與刀屑後將水分擦乾。

Kaki no dotenabe

牡蠣土手鍋

抹在砂鍋鍋壁上的味噌讓火鍋更美味

牡蠣土手鍋

材料（2人份）

牡蠣肉…180g
金針菇…1/2 盒（50g）
香菇…2 個（50g）
胡蘿蔔…1/6 根（30g）
牛蒡…1/4 根（40g）
蔥…1/2 根（50g）
白蘿蔔…1/6 根（150g）
白菜…2 片（150g）
山茼蒿…1/3 把（60g）
烤豆腐…1/4 塊（80g）
紅味噌…4 大匙
白味噌…2 又 2/3 大匙
砂糖…3 大匙
酒…3 又 1/3 大匙
昆布高湯…2 又 1/2 杯（500cc）
昆布（5cm 的方形）…1 片
日本香柚皮…2 片（2g）
藥材袋…1 個

Point

調整味噌的硬度

所要時間
60 分鐘

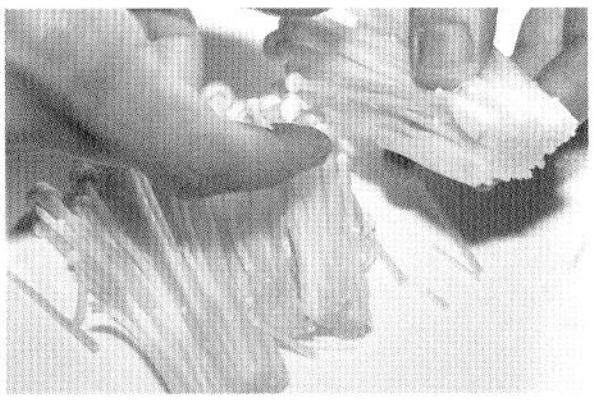

01 切除金針菇的尾端，用手把葉子稍微鬆開。【重】不要讓葉子完全散開比較容易從鍋裡取出。

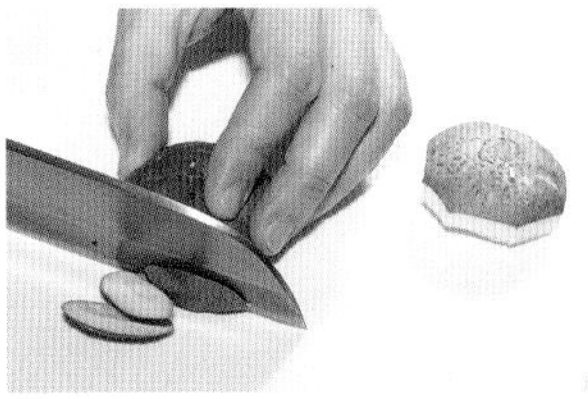

02 切除香菇頭，用手刮除表面有黑黑硬硬的部份，將香菇切成六角形（龜殼切）。

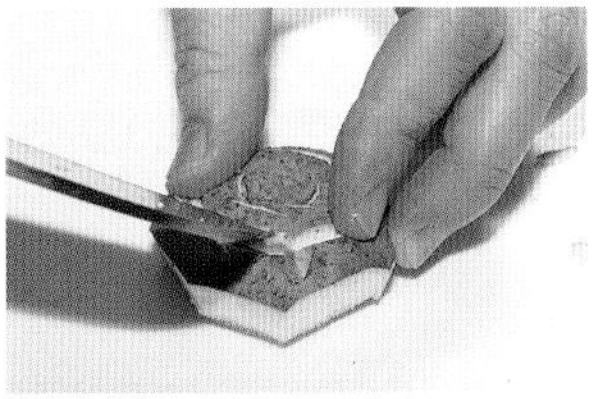

03 在香菇的表面劃幾刀，做出圖案，看起來會更漂亮。

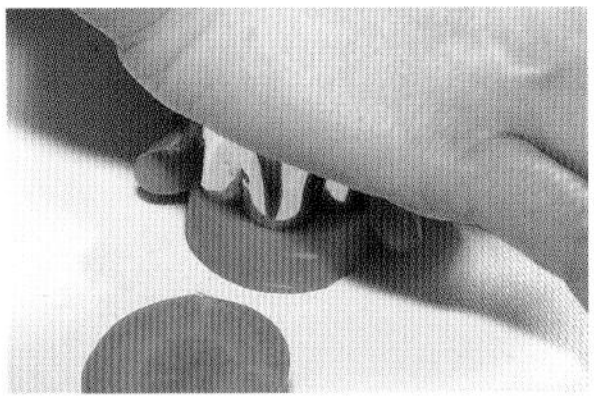

04 胡蘿蔔切成厚 1cm 的圓片，用壓模器壓出花瓣。【重】如果用壓模器時手會痛，可以用布墊著。

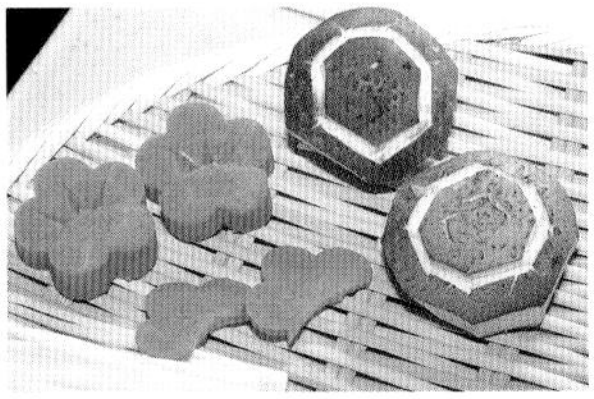

05 參考 P26，胡蘿蔔刻成梅花花瓣。

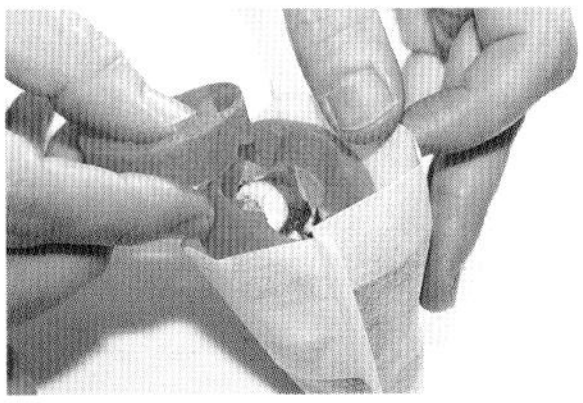

06 【準】將切下來的部份和胡蘿蔔裝在藥材包內，熬成高湯。【重】切下來的部份與香菇頭都不要丟掉。

07 參考 P25，牛蒡切成薄片，用適量醋水浸泡後，接著用水浸泡。

08 在蔥的表面輕輕劃幾刀。【重】劃刀會讓食材更入味、更容易食用。

09 用磨菜板磨蘿蔔泥。【重】蘿蔔泥用來洗牡蠣，不削皮也無妨。

10 一半的蘿蔔泥放進碗，再放進牡蠣肉仔細清洗。【重】如果蘿蔔泥變黑，就換其餘的蘿蔔泥再清洗一次。

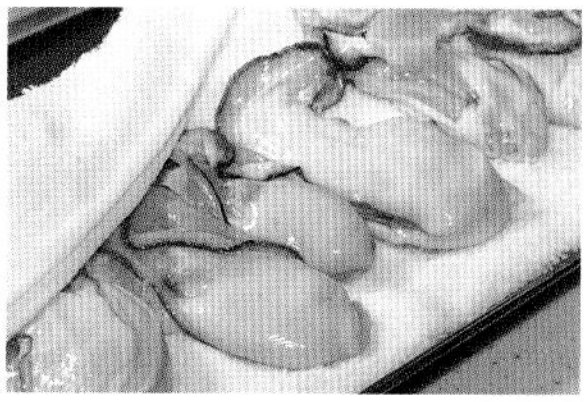

11 沖洗後用布擦拭牡蠣。重 如果太用力牡蠣會被壓壞，動作記得要輕柔。

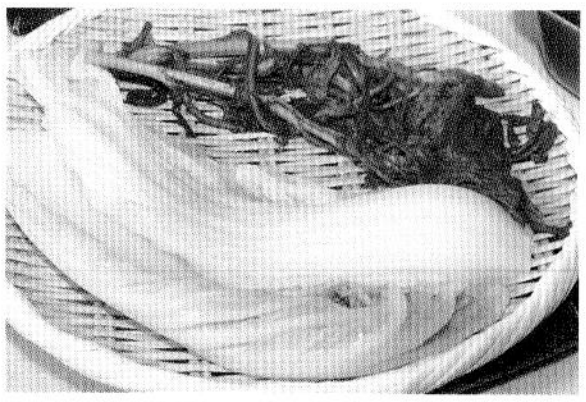

12 製作白菜捲。在沸水裡加適量粗鹽，白菜和山茼蒿稍微汆燙後，放進竹篩裡用扇子降溫。

13 在壽司簾上鋪上 12 的白菜與山茼蒿，捲起壽司簾以去除水分（參考 P23）。

14 用鹽水汆燙到胡蘿蔔變軟。

15 白菜捲形狀固定後，切成長約 3cm 的小段。烤豆腐切成容易食用的大小。日本香柚皮切絲。

16 製作抹在砂鍋鍋壁上的味增。用打蛋器攪拌紅味噌和白味噌。

17 攪拌後慢慢加砂糖和酒。重 味噌呈現提起打蛋器也不會滑落的狀態後，停止加酒。

18 做好的味噌抹在砂鍋的砂鍋鍋壁上。重 像是要做出堤防，抹上厚厚的一層。

19 去除水分的牛蒡鋪在底部後，放進昆布高湯和昆布。

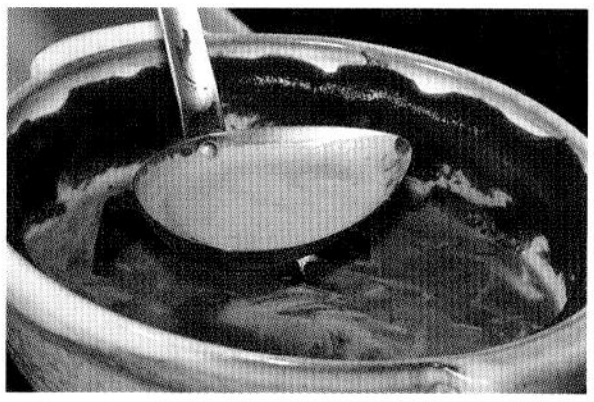

20 用大火煮沸，記得去除浮沫。

21 轉小火，加 6 的藥材包和 17 其餘的酒。

22 放進牡蠣以外的材料，蓋上蓋子煮 2～3 分鐘。

23 最後加牡蠣，牡蠣膨脹後就完成了。用日本香柚皮點綴即可享用。

Mistake!

味噌無法抹在砂鍋鍋壁上

如果加在味噌裡的酒太多，味噌就會變得太稀。提起打蛋器，味噌也不會滑落的硬度剛好。此外酒量如果太少，味噌也會很難抹在砂鍋鍋壁上。

重點是在砂鍋鍋壁抹上硬度適中的味噌。

Oden

關東煮

冬季熱門的火鍋料理

01 參考 P25 為白蘿蔔修邊。用適量洗米水將白蘿蔔煮軟。

02 在鍋裡放滿水後放進牛筋燉煮約 3 個小時。重 如果使用壓力鍋，煮 30 分鐘後牛筋就會變軟。

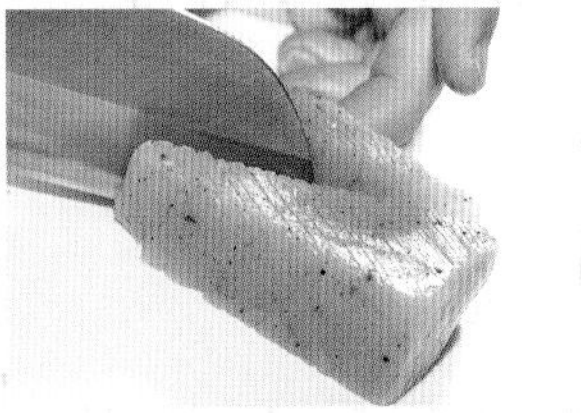

03 蒟蒻表面劃格紋並切成三角形。用鹽使蒟蒻出水，用沸水汆燙後降溫備用。

04 輕輕用濕布擦拭昆布，用 B 浸泡使其變軟。垂直將昆布對半切後打結。

05 製作年糕福袋。用水將葫蘆乾泡軟。去除多餘水分後，用鹽搓揉去除葫蘆乾的異味。

材料（2人份）

白蘿蔔…2 片（200g）、牛筋…100g、蒟蒻…1/4 片、昆布…15cm（60g）、馬鈴薯…小 2 個、水煮蛋…2 個、炸地瓜…2 片（60g）、和風黃芥末醬…1/2 小匙

年糕福袋材料

葫蘆乾…2 條、油豆腐皮（油揚）…1 片、年糕…1 個

蝦丸材料

剝殼蝦…100g、白肉魚泥…50g、山藥…50g、銀杏…2 個、百合…2 片（14g）、毛豆…10 顆（10g）

A［鹽…1/2 小匙、酒…2 大匙、味醂…2 大匙、蛋黃…2 小匙

湯汁材料

B［高湯…1L、鹽…1 撮、酒…1 小匙、味醂…1 小匙、薄口醬油…2 大匙

所要時間
80 分鐘

※ 燉煮牛筋大約需要三個小時

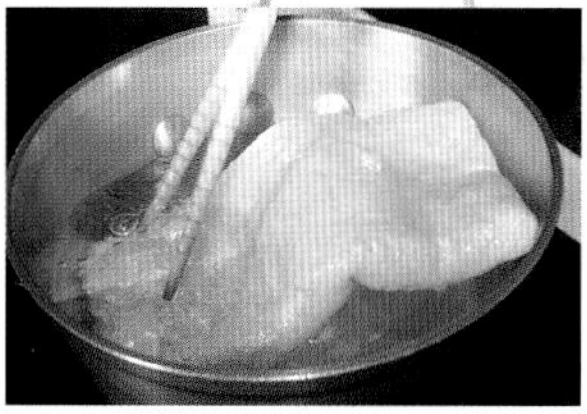

06 炸豆皮放進沸水裡煮 5 秒鐘，去除油脂。放進篩子內去除水分後，對半切。

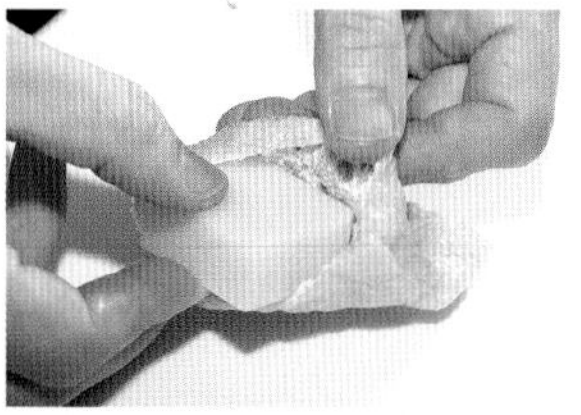

07 在炸豆皮內放進對半切的年糕。重 如果豆皮不好打開，可用刀輕拍豆皮。

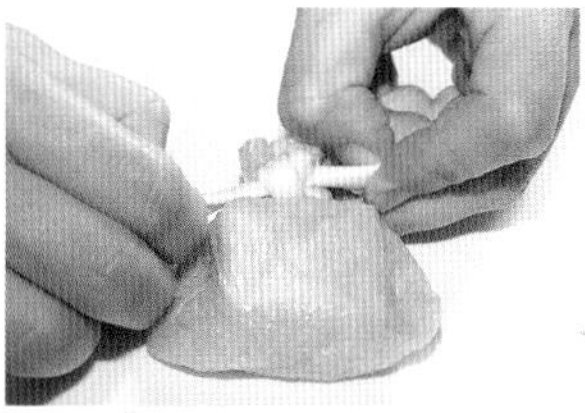

08 用葫蘆乾打結。如果葫蘆乾太長，用菜刀切除多餘的部份。

09 製作蝦丸。用鐵鎚敲破銀杏的殼，取出果仁。重 壓住銀杏下方使其固定。

10 銀杏放在漏勺上，放進少量熱水中，滾動銀杏使其外皮脫落。如果外皮沒有脫落，可用布擦拭去皮，切成四塊。

11 洗淨百合的髒汙，煮軟後去除水分，切塊備用。

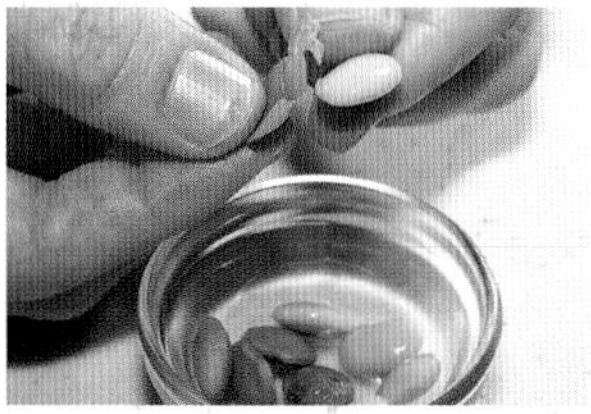

12 用手去除毛豆的薄皮。重 如果是當季的毛豆，可帶殼煮再去皮。

13 剝殼蝦切成約 1×1cm 的小丁，將其中一半剁成泥，加白肉魚泥拌勻。

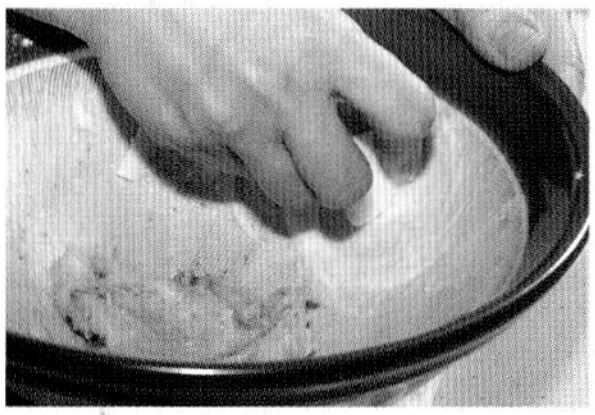

14 用研磨缽將山藥磨成泥。磨出黏性後，加 A 攪拌。

15 放進其餘的剝殼蝦、百合、銀杏與毛豆後充分拌勻。

16 2 的牛筋放進碗內降溫，用竹籤串起。重 為了避免牛筋煮的時候散開，串的時候要讓牛筋有點彎曲。

17 馬鈴薯去皮，並切除發芽的部位。水煮蛋剝殼。炸地瓜不需要處理。

18 B 放進砂鍋裡燉煮，再放蘿蔔、馬鈴薯、蒟蒻、炸地瓜、昆布與水煮蛋。

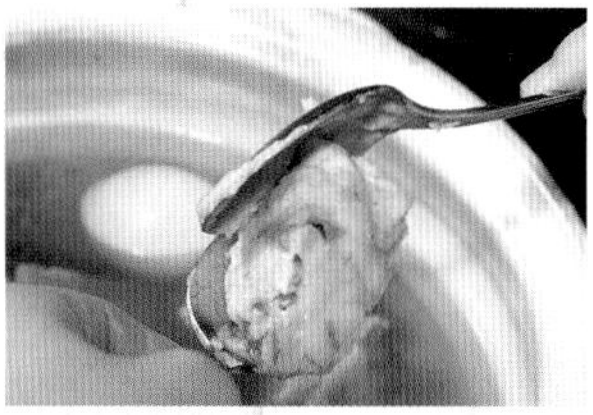

19 煮約 20 分鐘後轉小火，撈起一半食材，接著放進蝦丸。用兩根湯匙將 15 的蝦丸材料做成圓球再下鍋。

20 蝦丸微微變色後，放進其餘材料與 19 撈起的食材，轉中火煮透，最後沾黃芥末醬食用。

和食的秘訣與重點 5

砂鍋的使用方法和保養方法

砂鍋是冬季廚房不可或缺的熱門器具！

第一次使用砂鍋……

1

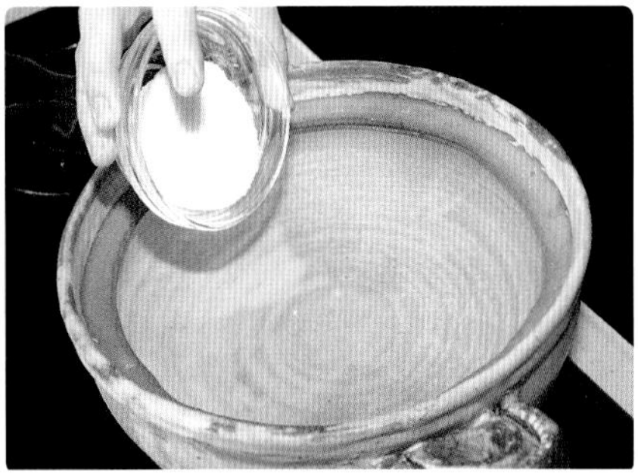

砂鍋裡放滿水，加1大匙的鹽，以大火煮10～15分鐘。

2

倒掉1的水，改放洗米水，以大火煮10～15分鐘。之後再煮一次稀飯會更好。

錯誤用法

↑用鐵刷清洗砂鍋，會造成砂鍋損傷，損傷處會發霉，所以要用海棉等柔軟的器具輕輕清洗。

↑鍋底外側不能是濕的，一定要完全乾燥才能使用。

←如果砂鍋還是燙的就放進冷水裡，砂鍋會裂開。要靜置於常溫處慢慢降溫。

正確的收法

砂鍋洗過後如果沒有充分晾乾，可能會發霉。記得將砂鍋倒放在布上，等完全晾乾後再收起來。

新買的砂鍋首次的保養很重要

砂鍋是用泥土製成的，屬於保溫性佳的鍋子。適合以小火慢燉的火鍋料理或燉煮料理。不過由於是燒製而成的容器，在還有水分時就開火加熱，可能會出現裂痕；還沒晾乾就收起來，可能會發霉。算是處理起來有點麻煩的鍋子。

新買的砂鍋一定要先處理砂鍋的氣孔。用新買的砂鍋依序煮鹽水、洗米水與稀飯，原本附著在砂鍋上的味道會消失，微小的氣孔也會塞住。如果不這樣處理，砂鍋原本的味道會使料理變臭，水分跑進氣孔則會使鍋子容易破損。

砂鍋有兩種大小，一種是可以煮火鍋料理的大鍋，另一種是一人用的小鍋，可以準備兩種尺寸，調理時會更方便。

Tai no arani

鯛魚荒煮[3]

主角是濃縮美味精華的魚邊肉！

[3]「荒煮」多半使用魚頭、魚尾等一般人們捨棄不要的部位。

鯛魚荒煮

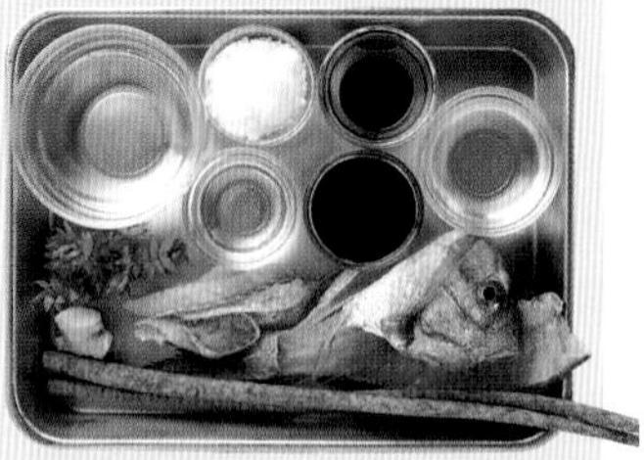

材料（2人份）

鯛魚邊肉…1尾（300g）
牛蒡…2根（320g）
水…3/4杯（150cc）
酒…3/4杯（150cc）
砂糖…2大匙
味醂…3大匙
濃口醬油…2大匙
大豆醬油…1小匙
生薑…1塊（10g）
山椒芽…適量

Point

煮魚邊肉的鍋底
要鋪上牛蒡

所要時間
60分鐘

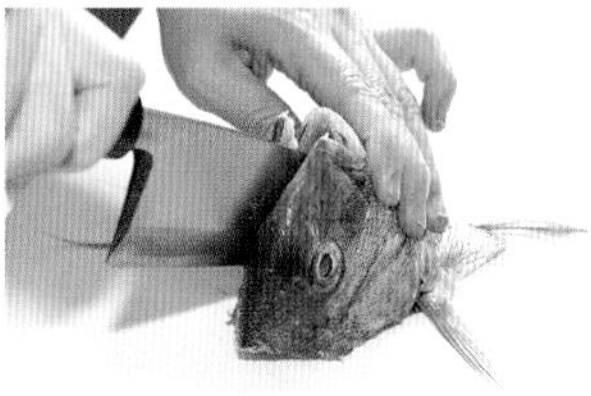

01 從正中間將鯛魚頭對半切。重從兩顆前齒間下刀，刀尾往下壓（切梨法）。

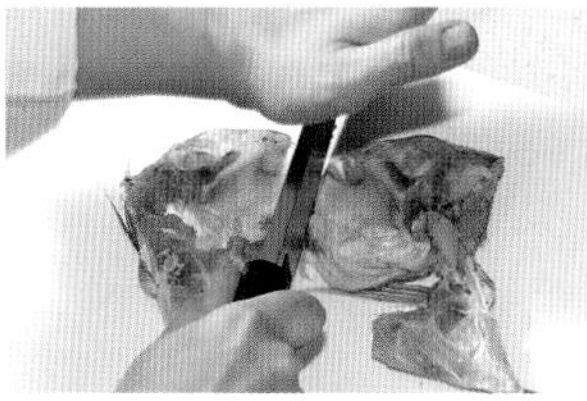

02 接著調整魚鰭的位置。重由於魚骨很硬，若不使用出刃包丁，可能會使菜刀損壞。

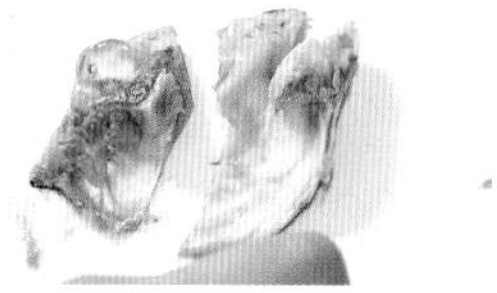

03 參考P210的4～8分解鯛魚。配合容器切成適當的大小。

04 中間魚骨的尾端要切除，再切成適當的大小。重順著魚骨的關節切會比較好切。

05 用水稍微清洗切好的魚邊肉，去除水分後放進碗內。

06 放上落蓋[4]，淋80度的熱水，使用霜降法[5]。重如果淋100度的熱水，魚皮會破裂。

07 一段時間後，用落蓋輕輕攪拌食材，如果魚邊肉黏在一起，就用落蓋把它們分開，讓魚邊肉都能均勻受熱。

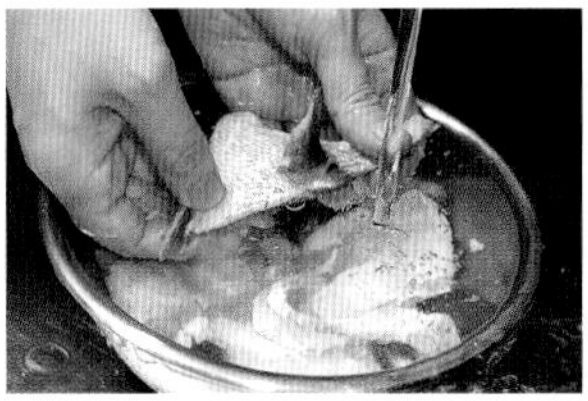

08 魚邊肉表面變白後移到冷水裡。冷卻後，清除殘留的魚鱗、澀液與血合。

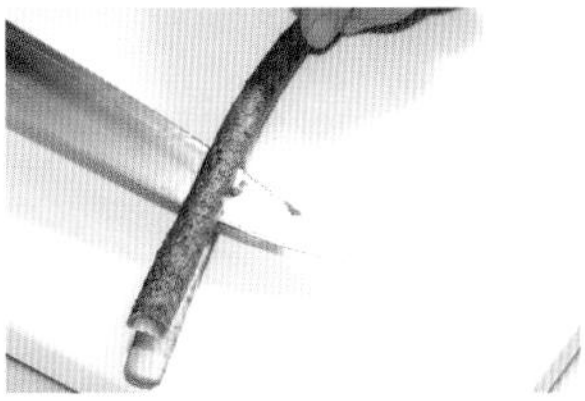

09 用刷子清洗牛蒡。從上將牛蒡垂直對半切，保留5cm不要切斷。

10 同樣的位置交叉再切一次，牛蒡切成四條。切的時候，要讓四條牛蒡的粗細都一樣。

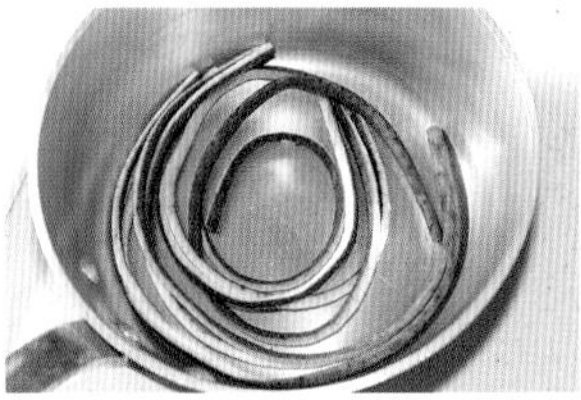

11 重為了避免鯛魚黏在鍋底，在鍋底鋪上圓圈狀的牛蒡。

[4]「落蓋」為用來將食材浸在水裡或湯裡的小蓋子。
[5]「霜降法」是指在魚、貝、肉等切成薄片的食材上淋熱水後立刻放進冷水的調理方法。

12 在牛蒡上鋪滿洗好的魚邊肉。(重)為了讓魚邊肉的味道散發出來，從背骨開始放。

13 在 12 上擺魚頭，魚皮朝上。(重)若魚皮朝下，魚皮容易黏在鍋底。

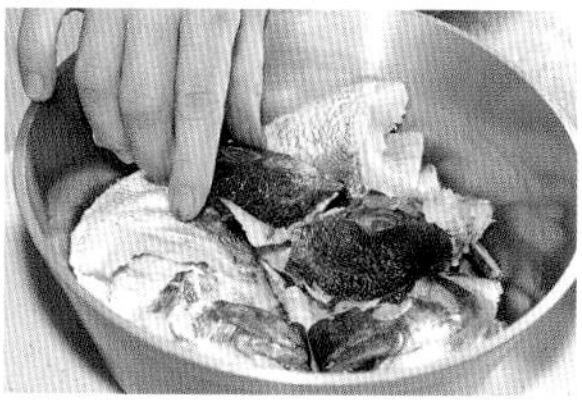

14 魚眼睛的顏色可以用來確認熟透的程度，所以魚眼睛要擺在最上方。

15 在已經放進牛蒡和魚邊肉的鍋裡加水和酒，蓋上落蓋後以大火煮沸。

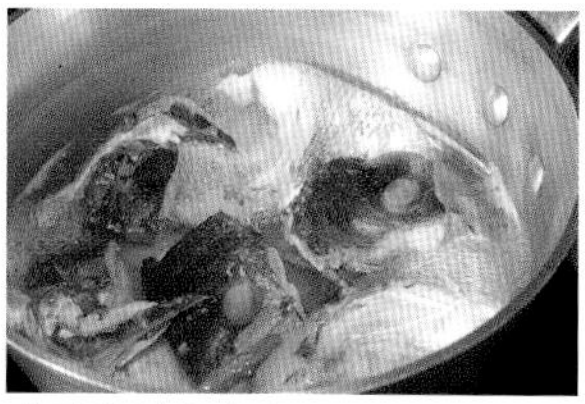

16 沸騰後轉為中火。(重)溫度過高，魚皮可能會脫落，也無法好好入味。

17 加砂糖、味醂後輕搖鍋子，再煮 2～3 分鐘。

18 依序加濃口醬油、大豆醬油再煮 5～6 分鐘。(重)要先加濃口醬油，試過味道後再酌量加大豆醬油。

19 讓鍋子傾斜，讓全部的魚邊肉浸在醬汁裡。(重)像這樣讓美味濃縮，食物會更入味、也會更有光澤。

20 透明的魚眼睛變成半透明後，蓋上落蓋繼續燉煮。記得去除浮沫。

21 (準)磨生薑泥，用棉布過濾，擠出薑汁。

22 這是剛煮好的狀態。慢慢加熱收汁。

23 完全收汁後加薑汁。確認食材都沾上薑汁後即可關火，從鍋裡取出食材。

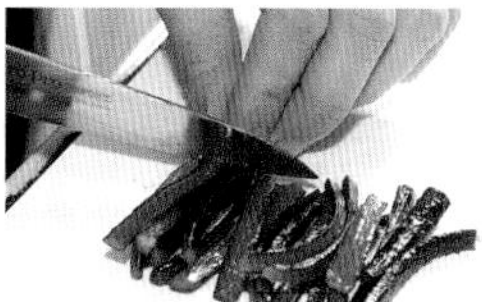

24 牛蒡配合容器切成適當的大小，和魚邊肉一起裝盤。淋醬汁後，再放上山椒芽。(重)山椒芽只要用手稍微拍打，香氣就會散發出來。

Mistake!

使用霜降法時魚皮脫落了

使用霜降法時，熱水的溫度最好是 80 度。此外，移到冷水裡要充分冷卻，若脂肪還沒凝固就去觸碰，魚皮會因此破裂。

使用霜降法時，如果熱水的溫度在 80 度以下，會因為溫度過低而無法去除腥味。

Buridaikon

鰤魚蘿蔔

熟透入味的白蘿蔔是美味關鍵

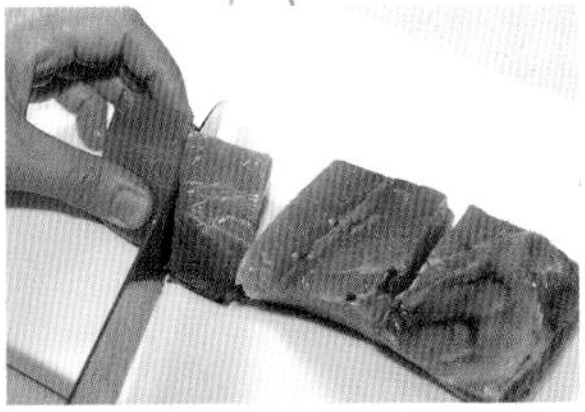

01 鰤魚配合容器切成適合的大小。

02 灑上鹽後傾斜淺盆，去除魚多餘的水分和腥味。

03 削皮後的白蘿蔔切成半月形後修邊（參考 P25）。

04 用適量洗米水，以小火將白蘿蔔煮軟。重沸騰後蓋上落蓋，不要把食材煮糊。

05 白蘿蔔煮軟後，不用把落蓋拿起來，直接沖冷水。重為了去除白蘿蔔的異味，要用水浸泡30分鐘。

材料（2人份）

鰤魚…1段（300g）
白蘿蔔…1/3 根（400g）
白蘿蔔葉…1 根的量（150g）
八方高湯…1/2 杯（100cc）
高湯…1 又 1/2 杯（300cc）
砂糖…3 大匙
濃口醬油…2 大匙
大豆醬油…1 小匙
酒…4 大匙
生薑…厚片 2 片（5g）

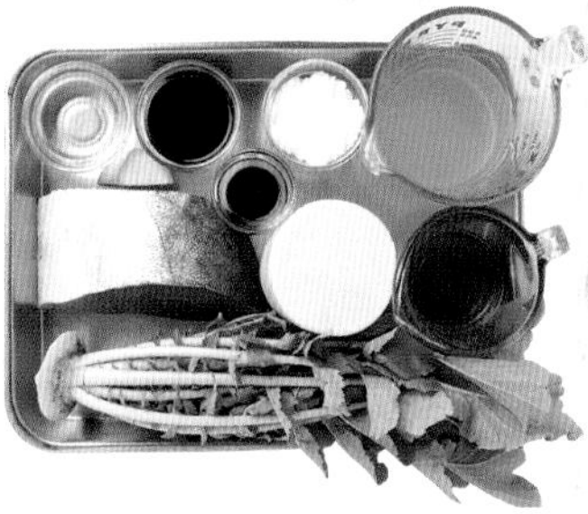

所要時間
90分鐘

06 沸騰後加適量粗鹽。粗鹽含有較多礦物質，料理會更美味。

07 煮蘿蔔葉時先放比較硬的莖，10 秒後再全部放進熱水裡。

08 汆燙後從鍋裡撈起，用冷水沖洗。水沖在落蓋上，蘿蔔葉就不會被沖出來。

09 用壽司簾去除水分，切成長約 3～4cm 的小段，用八方高湯浸泡。

10 2 的鰤魚放進碗裡，蓋上落蓋。

11 從落蓋的上方淋熱水，用霜降法處理。

12 蓋著落蓋，靜置 2～3 分鐘。

13 如果魚還沒冷卻就去碰，魚皮會剝落，要把魚肉放進冷水裡，讓魚肉收縮。

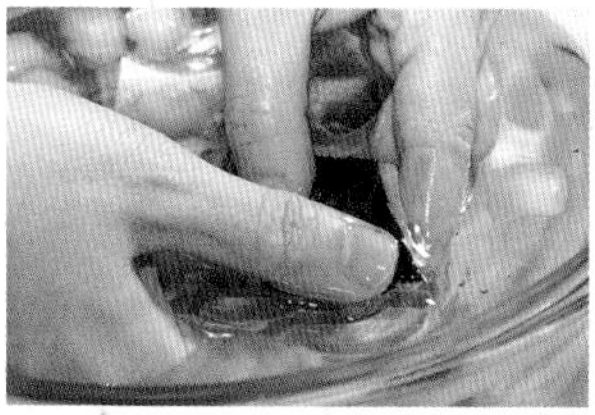

14 魚肉冷卻後，在冷水中清乾淨魚鱗和血合。

15 明顯的魚骨很危險，記得用魚骨夾拔除魚骨。

16 在鍋裡加高湯、砂糖、濃口醬油、酒、生薑和 5 的白蘿蔔。

17 用大火煮沸後，轉小火再煮約 10 分鐘。

18 白蘿蔔入味後，在鍋裡挪出一個空間，放進鰤魚。

19 煮沸後去除浮沫，火力轉小。放上落蓋，再煮約 10 分鐘。

20 鰤魚煮熟後，淋大豆醬油即告完成。重 最後的大豆醬油會讓這道料理更香。

和食的秘訣與重點 ❻

聰明地使用落蓋

落蓋是在做和食時不可或缺的重要器具

3種基本的使用方法

用較少的湯汁燉煮食物

為了讓所有食材吸收湯汁，湯汁的量要覆蓋所有食材。如果湯汁的量較少，可以蓋上落蓋以大火煮沸，藉由落蓋讓湯汁覆蓋所有食材。

用冷水沖食材的時候

若要用冷水沖食材，可讓水沖在落蓋上，食材就不會因為水流的力量被沖出去。如果落蓋較小，要留意冷水沖的位置。

用熱水淋食材的時候

用霜降法調理魚時，若直接淋熱水，高溫會使魚皮脱落或是使魚肉裂開。此時如果隔著一層落蓋，就能在不傷到魚的情況下使用霜降法。

紙製落蓋也很方便

一般使用的是木製落蓋，但如果是煮豆子或芋頭等較軟、容易碎裂的食材，可用調理紙摺成紙製落蓋來代替，並以小火燉煮。

煮得好的秘密

火力較強時，鍋裡的食材會浮動，每個食材受熱的程度就會不均勻。此時如果使用落蓋，就能固定食材，使整體受熱均勻。此外亦可避免湯汁蒸發，將美味鎖在裡面。

配合食材和用途善用落蓋的功能

製作和食時經常會使用到落蓋。最近不只有木製落蓋，還有矽膠製落蓋，是相當方便的調理器具。

落蓋的尺寸要配合鍋子的尺寸。一般落蓋要比鍋子小，但如果太小，就無法固定食材而會跟著食材一起浮動。

新買的落蓋要先用洗米水或加了小蘇打的水煮過。因為落蓋會直接接觸到食材甚至是湯汁，所以使用前要先消除木頭的味道，避免影響料理的味道。而且每次使用前一定要先用水沖濕。如果不先沖濕落蓋，落蓋會吸收湯汁的水分，湯汁會因此減少，湯的味道也會附著在落蓋上。

Mebaru no nitsuke

乾燒鮋魚

甜甜辣辣的湯汁風味獨具

乾燒鮋魚

材料（2人份）

鮋魚[6]…小 2 尾（200g）
水煮竹筍…2/3 個（80g）
獨活…1/8 個（30g）
八方高湯（參考 P94）…1 杯（200cc）
酒…4 大匙
味醂…3 又 1/3 大匙
濃口醬油…1 又 2/3 大匙
生薑…厚片 2 片（5g）
山椒芽…適量

Point
在不傷害到魚肉的情況下取出鮋魚的內臟

所要時間
45 分鐘

01 獨活去皮，去皮時要切厚一點，直到能看見內側的紋理。稍微汆燙後切成容易食用的大小，用八方高湯浸泡。

02 水煮竹筍切成容易食用的大小，用八方高湯浸泡。

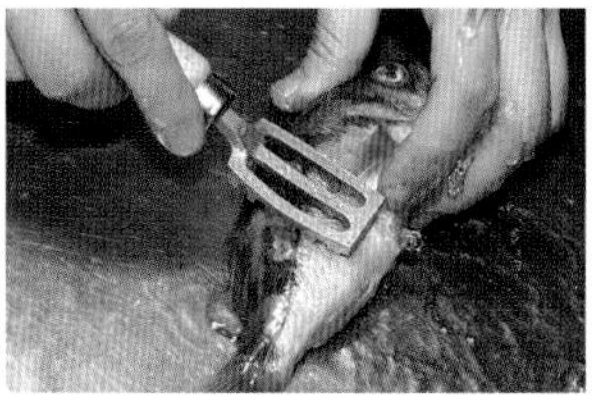

03 用刨鱗器去除鮋魚的魚鱗。

04 用菜刀去除魚眼睛或魚鰭附近細小的鱗片。(重) 用菜刀的刃尖或刀尾處理魚鰭根部，效果會比較好。

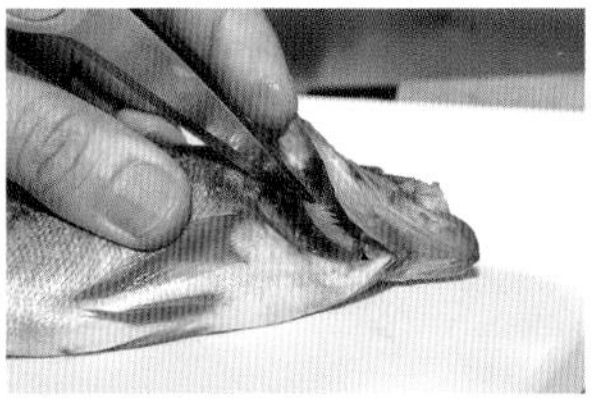

05 拔除內臟。手指從鰓蓋伸進魚的身體裡，用剪刀剪斷內臟和魚鰓連接的部份。

06 從肛門的部份劃一刀，長約 1～2cm。

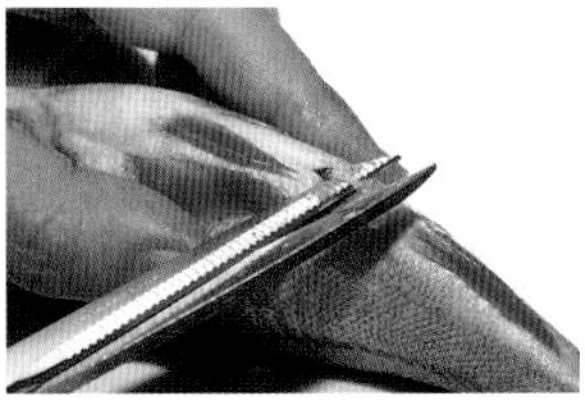

07 拉出肛門和腸子連結的部份後切斷。

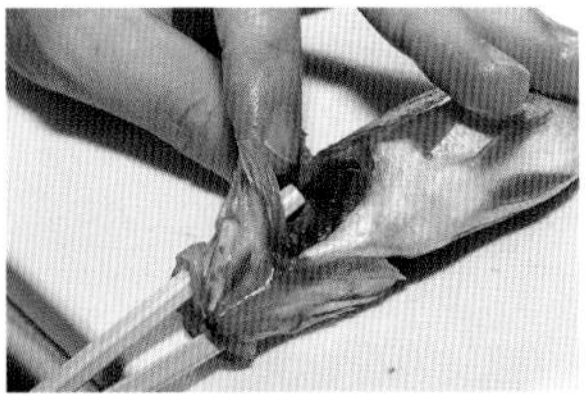

08 像是要把魚鰓縫起來一樣，將 1 根免洗筷插入魚身，直到肛門前端。再將另 1 根免洗筷以同樣的方法插入。

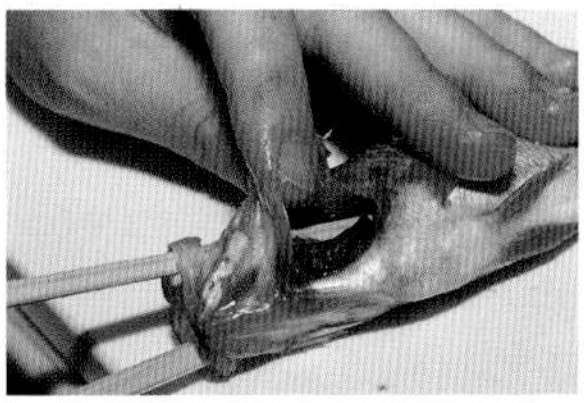

09 確認 2 根免洗筷確實夾住了內臟。

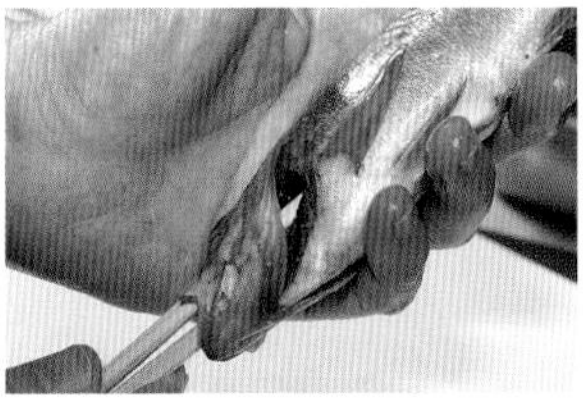

10 為了避免魚下巴脱落，用手牢牢固定。以相反方向拉免洗筷與鮋魚身體。

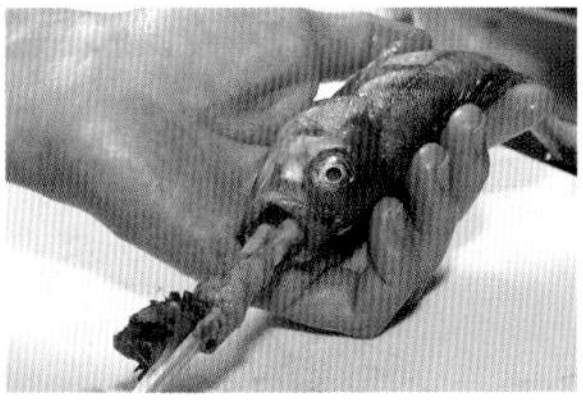

11 兩根免洗筷併攏旋轉，取出內臟。

[6] 眼張（Mebaru），屬石狗公目。

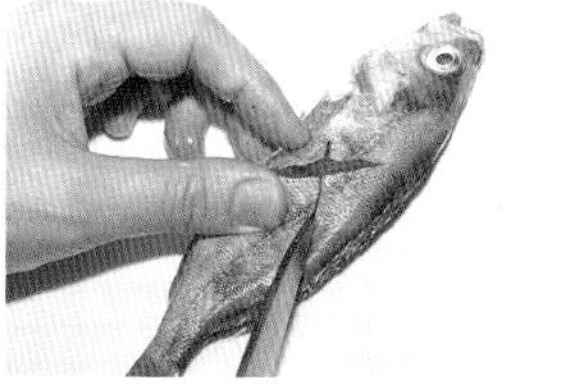

12 裝盤面用刀劃十字，而另一面則用刀劃橫線，深及魚骨。

13 酒、味醂、濃口醬油、生薑放進平底鍋裡後開火。

14 沸騰後，兩隻鮋魚的裝盤面朝上，並排放進平底鍋，用湯汁淋魚。重魚頭朝左、魚腹朝向自己，途中不要將魚翻面。

15 為了讓湯汁均勻分布，蓋上落蓋以中火煮 6～7 分鐘。重維持稍微沸騰的狀態。

16 湯汁減少後拿起落蓋，傾斜鍋子，在魚肉比較厚的部份淋湯汁，製造光澤。

17 湯汁收得恰到好處時起鍋。起鍋時可用漏鏟或鍋鏟盛裝，最後加上 1 的竹筍、獨活、山椒芽。

Mistake!

就算用了落蓋，湯汁也不夠均勻

就算用了落蓋，如果只使以小火，湯汁也不會往上跑。為了讓湯汁覆蓋所有食材，一定要使以中火以上的火力。但如果火力太強，湯汁可能會溢出，要特別留意。

如果只使以小火，湯汁無法覆蓋所有食材。

魚一夾起來就會散開

魚的肉質本來就很軟，煮過之後更容易散開。如果用筷子等比較細的器具夾取，魚鰓的肉就會分開，要用漏鏟或鍋鏟等可以支撐魚肉重量的器具取出。

如果用筷子夾取，鮋魚的重量會讓魚肉碎裂，要輕輕用鍋鏟等器具取出。

Let's Try

從隱藏缺口取出內臟

隱藏缺口是取出魚內臟的方法之一。當魚內臟容易斷掉，無法直接拔除，或數量較多時間不夠時，可以使用這個方法。

處理方法

①在背面魚腹劃一刀。
②手指伸進劃開的缺口，拉出魚內臟。
③如果內臟中途斷掉，就再重複一次拉出的動作。
④如果缺口變大，會連魚的正面都出現裂痕，所以要輕輕刮除內臟。

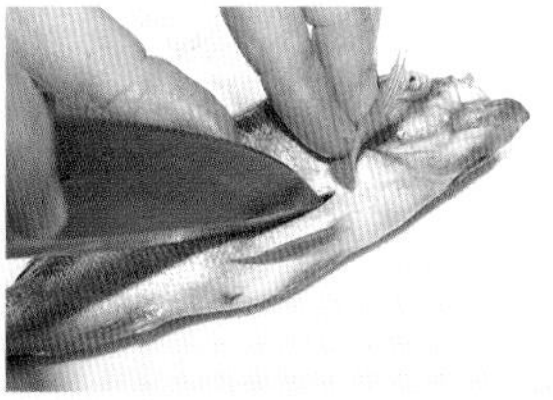

在胸鰭稍微後面一點的地方，劃一道 3～4cm 的缺口。

劃一刀後的樣子，缺口不要切得太大。

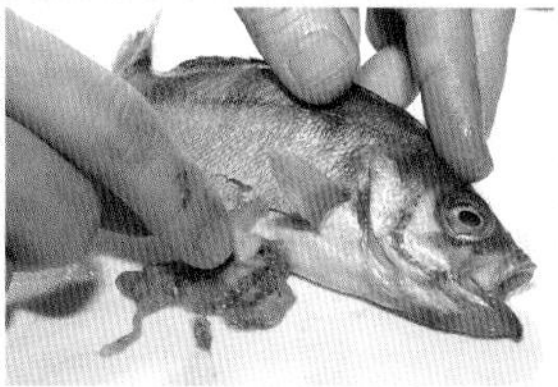

手指從缺口伸進去，取出內臟。因為內臟容易斷掉，不要急，慢慢來。

和食的秘訣與重點 7

活用方便的調理器具

處理魚時的必備器具

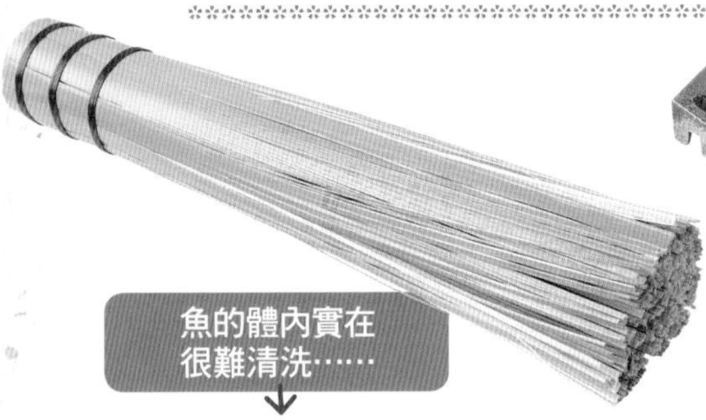

魚的體內實在很難清洗……

茶筅

是種將細竹子用鐵絲綁起來的器具，主要用於魚分解後清洗魚腹時。適合肉質較硬的魚。

用菜刀刮魚鱗實在很花時間……

刨鱗器

利用凹凸不平的形狀來刮魚鱗，可以簡單的去除魚鱗。適合肉質較硬的魚。

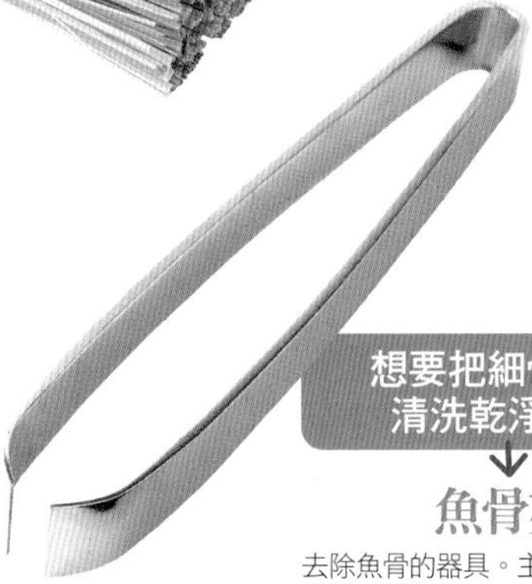

想要把細骨全部清洗乾淨……

魚骨夾

去除魚骨的器具。主要是在去除血合骨時使用。一些筷子難以去除的魚骨，用這個處理就很方便。

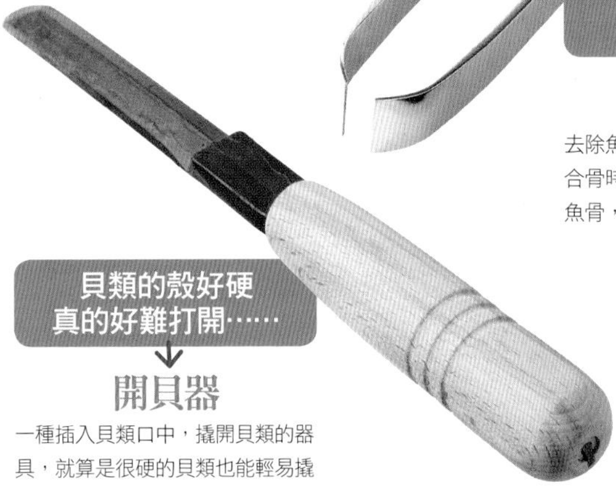

貝類的殼好硬真的好難打開……

開貝器

一種插入貝類口中，撬開貝類的器具，就算是很硬的貝類也能輕易撬開，非常方便。

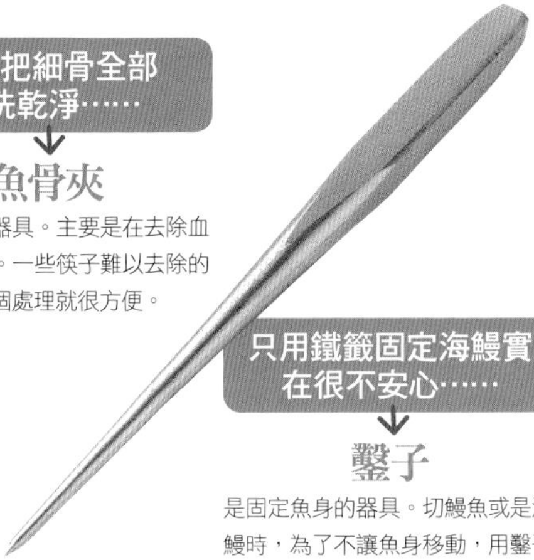

只用鐵籤固定海鰻實在很不安心……

鑿子

是固定魚身的器具。切鰻魚或是海鰻時，為了不讓魚身移動，用鑿子戳進魚眼睛附近，固定在砧板上。

處理魚相當費時 要善用器具加快速度

處理體積較大、肉質較硬的魚時，不如用茶筅等器具來代替免洗筷、手指，大範圍地刮除魚體內的穢物，這樣也不會傷到魚肉。此外，用菜刀很難去除堅硬的魚鱗，只要使用刨鱗器，就能輕鬆將魚鱗刮乾淨。這些器具能夠加快處理魚的速度，非常方便。

使用時要留意器具和魚的比例。一般市面上賣的茶筅太粗，要把鐵絲拿掉，取適當的量重新綑綁。此外，市售刨鱗器有各種尺寸，要依照魚的大小來選擇。

當然，這些道具不是非使用不可。像鑿子可以用鐵籤代替、魚骨夾可以用拔毛器代替、開貝器可以用餐刀等日常生活就有的器具代替。

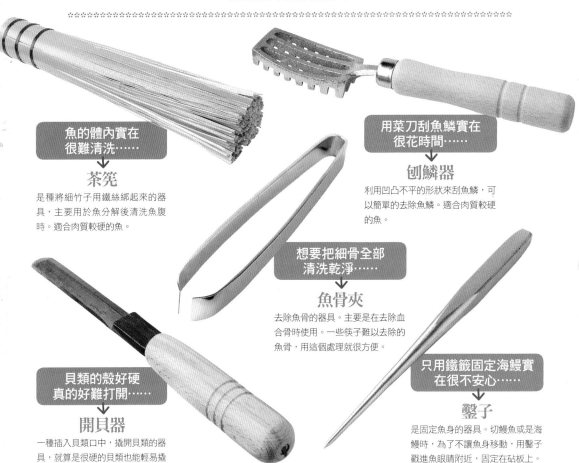

Saba no misoni

青花魚味噌煮

帶有濃厚的味噌香氣，是非常下飯的料理

青花魚味噌煮

材料（2份）

青花魚…1段（200g）
生薑…厚片2片（5g）
壬生菜…2株（60g）
八方高湯…1杯（200cc）
蔥…1/2根（50g）
薄口醬油（醬汁用）…1小匙
酒…2大匙
水…1杯（200cc）
砂糖…1大匙
味醂…1大匙
味噌…2大匙
薄口醬油（蔥用）…1小匙

Point

在青花魚的魚皮上
用刀劃十字

所要時間
45分鐘

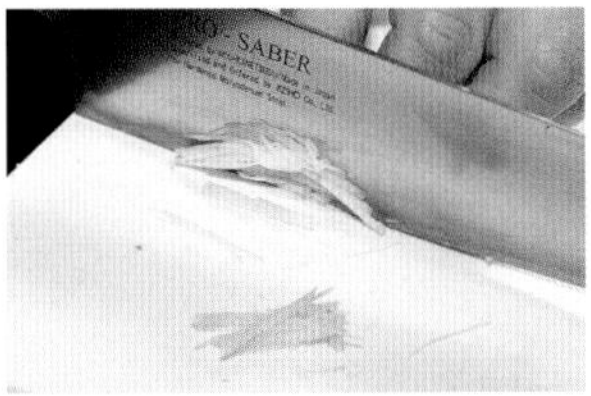

01 一半的生薑切絲，加水去除澀液後去除水分。其餘的生薑對半切。

02 壬生菜用熱水汆燙。先放進菜根，等菜根變軟後再全部放進熱水。重汆燙綠色蔬菜時要加鹽，而且一定要等水沸騰後再放進去。

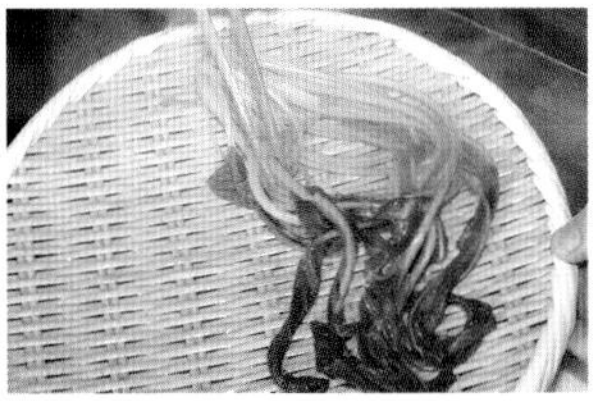

03 汆燙後放在竹篩上，使其降溫。重壬生菜沒有什麼澀液，不沖冷水也無妨。

04 壬生菜充分降溫後去除水分，用八方高湯浸泡。

05 接著用壽司簾輕輕去除水分（參考P23）。去頭尾後切成長約3～4cm的小段。

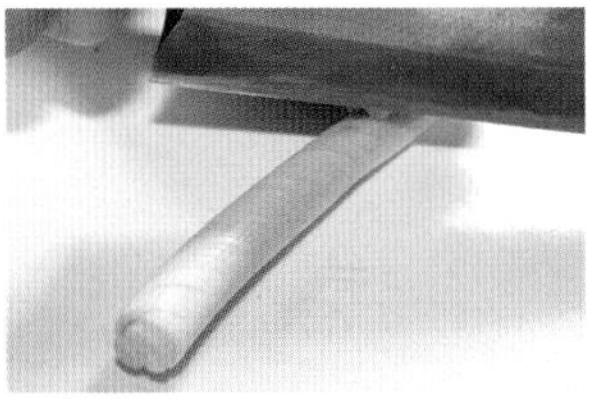

06 為了讓蔥熟透，在蔥的表面劃一刀後，切成長約4cm的小段。

07 蔥排在烤魚架上烤2～3分鐘。稍微熟了以後淋薄口醬油，烤到微焦。

08 青花魚放進灑了鹽的淺盆裡，再從距離30cm的高處灑上適量的鹽。

09 傾斜淺盆，去除多餘的水分和腥味。

10 切斷魚尾的筋，再對半切。

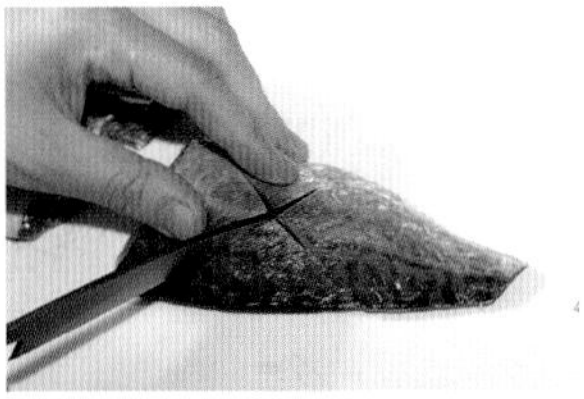

11 用刀在魚肉上劃十字。重這樣比較容易入味、比較容易熟，皮也不容易破。

12　12、魚皮朝上放在竹篩上，蓋上棉布。淋 80 度的熱水，用霜降法處理。

13　酒、水、生薑放進平底鍋裡，煮沸後加砂糖、味醂。

14　青花魚的魚皮朝上，並排放進平底鍋裡。邊煮邊將醬汁淋在魚上。

15　淋醬汁後，蓋上落蓋讓醬汁確實覆蓋食材。(重)若有魚鰭，蓋上落蓋後要用力壓，讓落蓋確實蓋好。

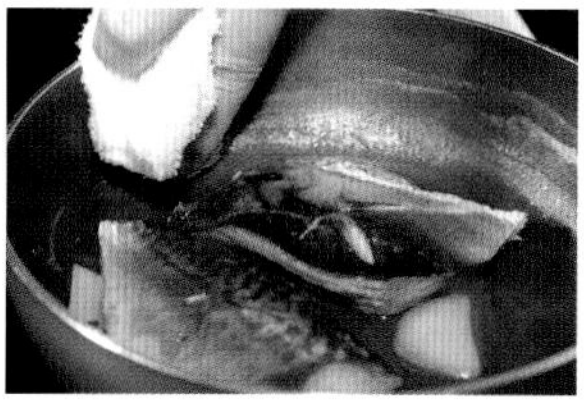

16　醬汁變少時，用布擦拭平底鍋四周的浮沫。

17　醬汁內加薄口醬油。

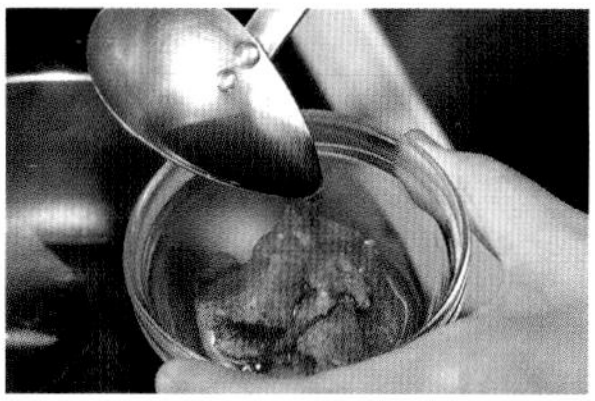

18　在味噌裡加入少許 17 的煮汁。

19　用打蛋器充分拌勻，讓味噌完全溶解。

20　用漏斗型濾網過濾味噌，將味噌淋在青花魚上。(重)如果味噌煮太久，風味會消失。

21　醬汁變得有點濃稠即告完成。(重)如果煮過頭，魚肉會乾掉，要在放進青花魚的 7～8 分鐘內完成料理。

Mistake!

用篩子過濾會結塊

味噌淋在青花魚上時，要用漏斗型濾網等洞較小的器具仔細過濾。如果沒有漏斗型濾網，盡量使用洞較小的篩子。如果味噌結塊掉進鍋裡，要趕快撈起來。

如果篩子洞太大，味噌的結塊、青花魚的碎屑會掉進鍋裡，使醬汁變得混濁。

青花魚無法好好吸收味噌

混合較硬的味噌和醬汁時，要慢慢溶解。只要將全部醬汁過濾，就能清除青花魚的碎屑，醬汁也會很漂亮。此外，如果平底鍋比魚大太多，醬汁會因此蒸發。

如果醬汁太稀，裝盤時醬汁會散開，導致味道變淡。

圖中左側的平底鍋就太大了，最好是尺寸恰到好處的鍋子。

Misodengaku

味噌田樂

味噌香氣四溢的料理

01 製作生麵筋。將高筋麵粉、鹽、水放進碗裡搓揉。準 將松子炒到散發香氣。

02 揉出黏性到提起來不會滑落的程度，用保鮮膜包起來靜置 1 小時。

03 用大量的水清洗 2，換數次水，感覺就像在清除粉末般。

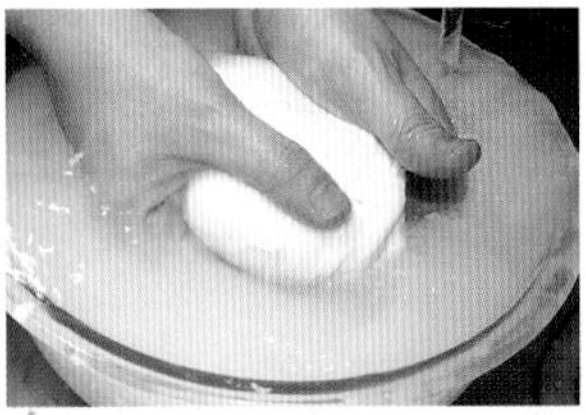

04 原本高筋麵粉加水有 450g，洗到剩下 250g 的程度即可，不需要洗到水變透明。

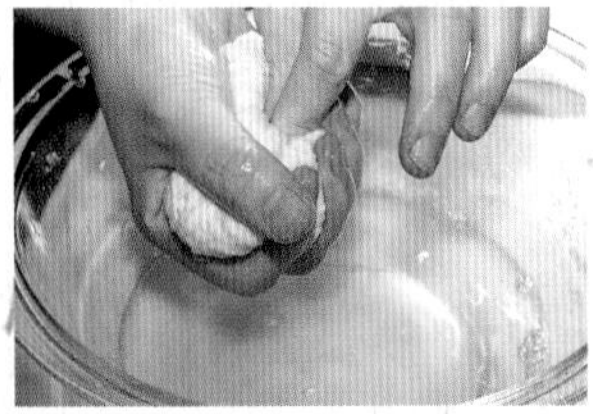

05 輕輕去除麵糰的的水分。重 洗太久會使材料不易拌勻。

所要時間
120 分鐘

材料（2 人份）

芋頭…4 個（60g）
木棉豆腐…1/4 塊

生麵筋材料

高筋麵粉…250g
鹽…1/4 小匙
水…1 杯（200cc）
糯米粉[7]…15g
松子…25g
大和芋…50g
太白粉[8]…1 大匙
砂糖…1 大匙
艾草粉…3/4 小匙
松子…25g

八方高湯…1 杯（200cc）

白味噌醬／
山椒芽味噌醬材料

A
白味噌…50g
味醂…1 小匙
蛋黃…1/2 個
酒…1 又 1/3 大匙

山椒芽…8 片

紅味噌醬材料

B
紅味噌…30g
白味噌…15g
蛋黃…1/2 個
酒…3 又 1/3 大匙
砂糖…1 又 1/2 大匙
味醂…2 小匙

味噌肉醬材料

雞絞肉…50g
酒…2 小匙

裝飾材料

白芥子…1/2 小匙
芝麻…1/2 小匙
山椒芽…少許

[7] 在日本使用的是「白五粉」，與糯米粉具有相同作用。
[8] 在日本使用的是「片栗粉」，與太白粉具有相同作用。

主菜

味噌田樂

06 用研磨缽磨糯米粉，磨細後加5的麵糰，用研磨棒輕輕拌勻。

07 加進磨成泥的大和芋、太白粉、砂糖拌至提起來會慢慢滑落的程度。

08 如果使用食物處理器，7只需要1～2分鐘即可完成，將麵糰拌軟。

09 8的麵糰分成2等分，其中一半拌入松子，另一半拌入艾草粉。

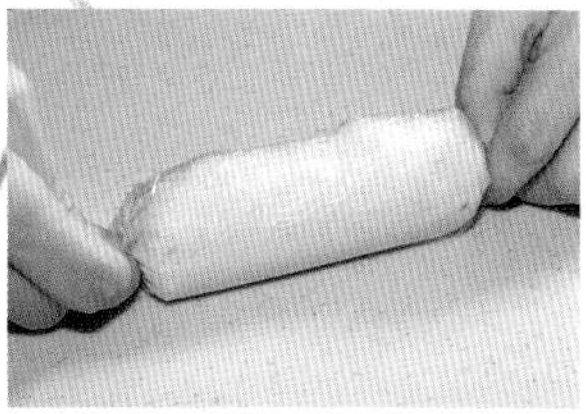

10 與麵糰放在保鮮膜上，捲成棒狀。去除空氣後，用線綁住兩端。重先沾一點水在調理台上，保鮮膜就不會亂跑，比較好捲。

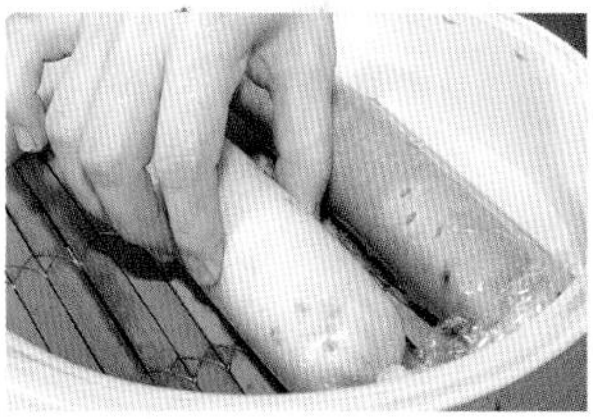

11 放進蒸籠或蒸鍋裡以小火蒸15分鐘，關火後不要立刻取出，以餘熱再悶 10～15分鐘。

12 確實降溫後直接切片，每片厚1cm。取下保鮮膜，用八方高湯煮3分鐘，去除水分。

13 製作白味噌醬。將A的白味噌、味醂、蛋黃放進碗裡，加少許的酒拌勻，直到有點濃稠。

14 製作山椒芽味噌。將切細末的山椒芽放進研磨缽，加一半13的白味噌醬拌勻。

15 準芋頭洗淨，以蒸鍋或微波爐加熱5分鐘後去皮。去皮時可先劃刀，並只去除上半部的皮。

16 製作紅味噌醬。將B拌勻後以小火加熱，讓味噌恢復原本的硬度。

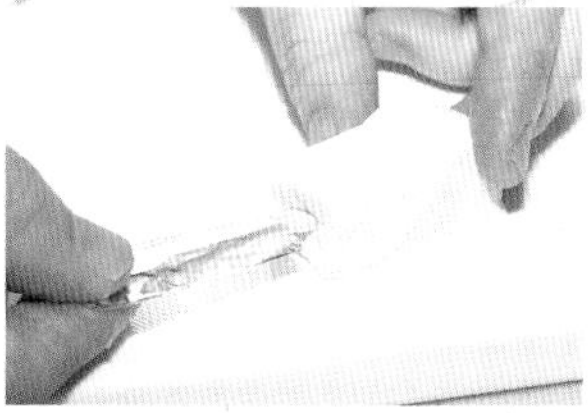

17 用竹籤將對半切並去除水分的木棉豆腐串起來。重由於竹籤會焦掉，先用鋁箔紙包起來。

18 製作味噌肉醬。用平底鍋拌炒雞絞肉，加一半16的紅味噌醬，加酒拌勻。

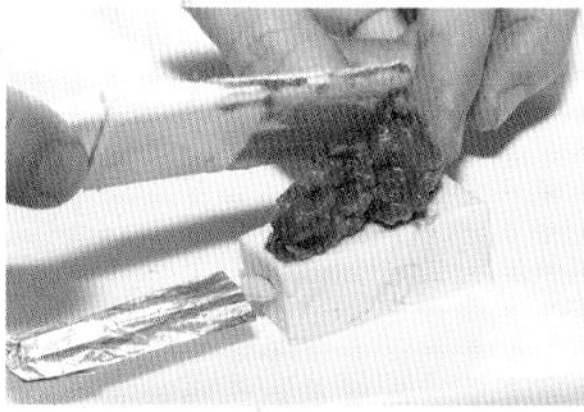

19 白味噌醬抹在艾草麵筋上、山椒芽味噌醬搭配松子麵筋、紅味噌醬抹在芋頭上，味噌肉醬抹在豆腐上。

20 在烤箱裡烤至變色後，白芥子佐松子麵筋、山椒芽佐艾草麵筋與木棉豆腐、黑芝麻佐芋頭。

和食的秘訣與重點 ⑧

善用各種味噌

用原料、味道與顏色來分辨日本全國各地的味噌

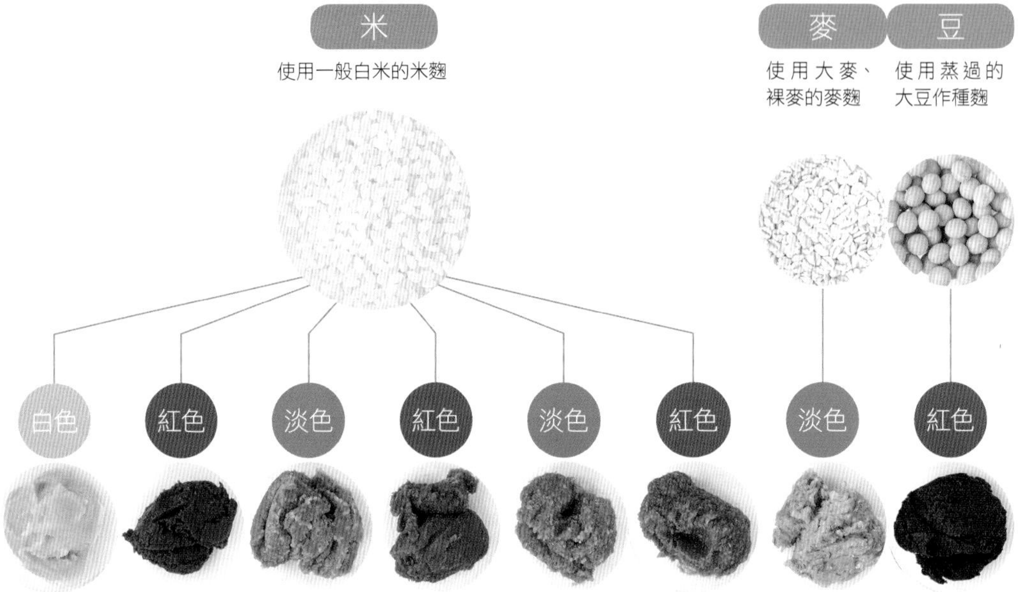

西京味噌：主要生產於關西地區，微甜，只含5%鹽分，比其他味噌少。

江戶甘味噌：鹽分和西京味噌差不多，甜味強烈。在江戶時代，是非常高級的寶物。

中甘味噌：淡色且具有甜味與鮮味的味噌。鹽分比甘味噌多。

中味噌：瀨戶內海沿岸德島縣生產的御膳味噌很有名，含有11%的鹽分。

信州味噌：生產於長野縣，是淡色辣味噌的代名詞。帶有清爽的辣味。

仙台味噌：起源於仙台，經過2～3年發酵。香氣濃郁，辣味十足。

田舍味噌：有發酵時間短的淡色味噌與發酵時間長的紅色味噌。

八丁味噌：僅用大豆發酵而成的味噌，鹽分高達10～12%，適合長期保存。

不僅具有豐富的香氣還可以除臭、保鮮

味噌是以煮過的大豆、鹽、麴發酵而成的食材。原料使用的麴有米麴、麥麴與種麴三種，顏色有紅色、淡色、白色三種，味道則可分為甜、微甜、辣三種。味噌會因為使用的麴、鹽量與發酵時間而有所不同。

味噌可以消除食材的異味，比如說用味噌醃漬秋刀魚等帶有強烈腥味的魚，味道就很美味。此外，鹽分高達10%以上的辣味噌具有殺菌的作用，用來醃漬肉、菜，可以長期保存。

使用味噌時，火不能太大。若煮太久，味噌的香氣會消失，風味也會受到影響，使味噌的美味毀於一旦，調理時要特別留意。

9「甘」在日文中亦即「甜」。

Yakizakana

烤魚3種

當季的魚還是用烤的最美味

鹽燒香魚

材料（2人份）

香魚…4 尾（200g）
青蓼…1/2 把（60g）
白飯…1/2 大匙
鹽…1/2 小匙
煮過的酒…1 大匙
（※ 以中火加熱，使酒精揮發。加熱到就算鍋子傾斜也不會燒起來的程度。「煮過的味醂」亦同。）
醋…3 又 1/3 大匙
醃漬生薑（參考 P220）…適量

Point

用鐵籤串起香魚
使形狀固定。

所要時間
30 分鐘

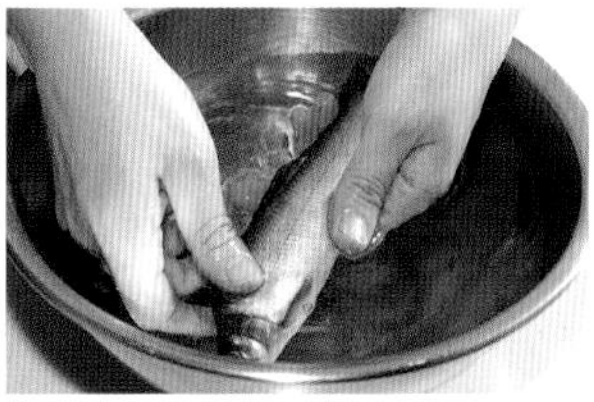

01 用水沖洗香魚，去除黏液。如果洗過頭，香魚的香氣也會跟著消失，洗到稍微還殘留一點黏液即可。

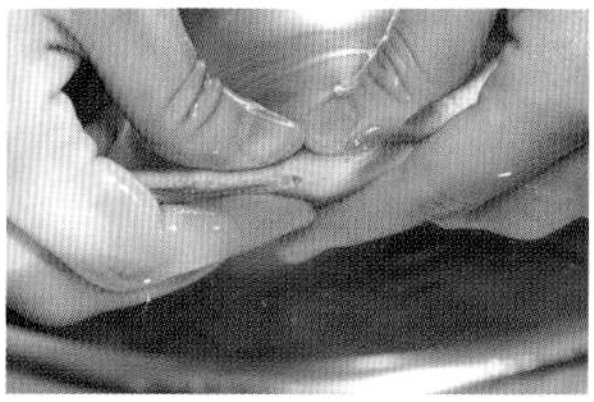

02 壓住肛門，擠出排泄物。用毛巾將魚的水分擦乾。

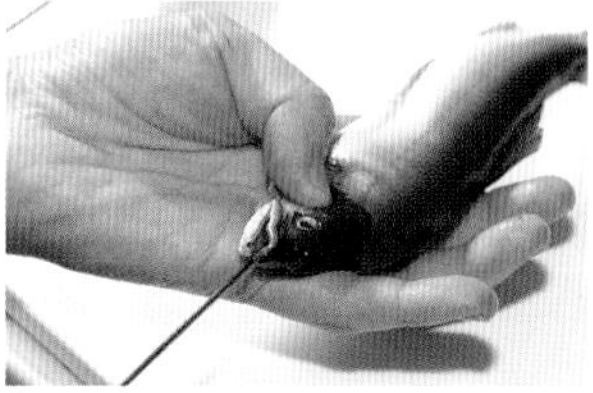

03 鐵籤從嘴巴插入，把魚串起來。

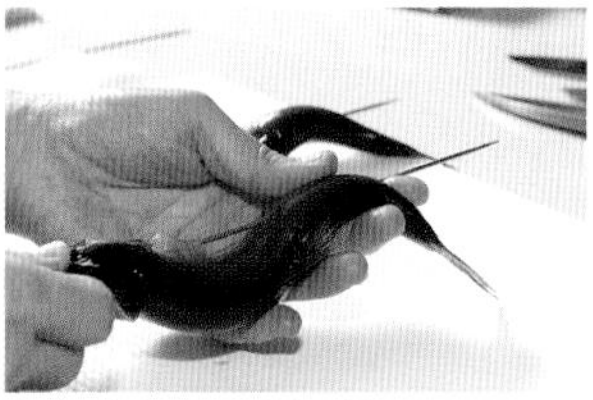

04 串魚時把魚弄彎，使鐵籤穿過 3 處。重如果魚不夠新鮮，一彎曲魚肉就會散開，此時直接讓鐵籤貫穿魚身即可。

05 插入輔助籤。重以一根竹籤當做輔助串起數條魚，這樣烤魚就不會亂轉。

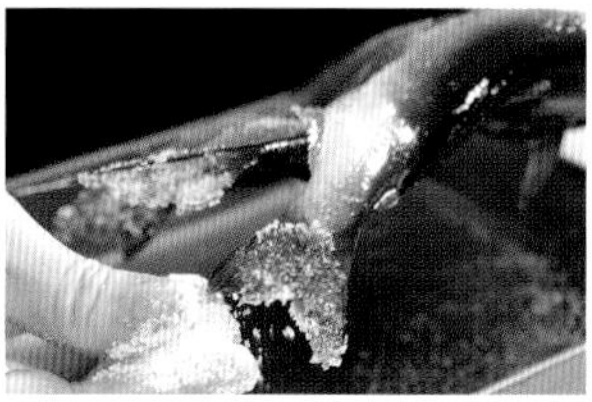

06 從距離 30cm 的高處灑上適量的鹽，正反面都要。背鰭、尾鰭容易烤焦，要用指尖抓鹽，均勻地抹在魚鰭上。

07 架高鐵弓（參考P13），以大火烤。正面烤 6～7 分鐘，背面烤 2 分鐘。如果用烤魚架，兩面各烤 5～6 分鐘即可。

08 邊用扇子搧邊烤，直到大部份水分蒸發後即告完成。重如果水分完全蒸發，會變成魚乾。

09 製作蓼醋。清洗青蓼葉後去除水分，切成適當大小。

10 用研磨缽磨青蓼葉，加白飯、鹽、煮過的酒拌勻，過篩。重用粗的研磨棒磨會比較方便。

11 食用前再加醋。重如果太早加醋，青蓼葉的顏色會消失。最後與醃漬生薑一同裝盤。

柚香土魠魚

材料（2人份）

土魠魚…2塊（200g）
酒…3大匙
味醂…3大匙
濃口醬油…3大匙
日本香柚圓片…1片
芥子醬油菜花…適量

Point

要在加熱後的土魠魚淋和風香柚醬

所要時間
60分鐘

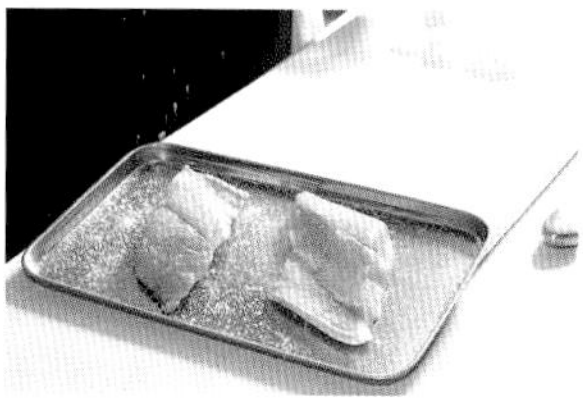

01 在淺盆上灑上適量的鹽，土魠魚的魚皮朝下放進淺盆，再灑上足夠的鹽，靜置30分鐘。

02 這是土魠魚出水的狀態。灑鹽可以消除腥味。

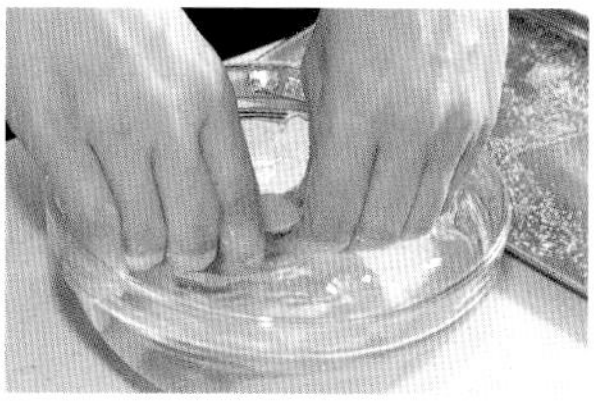

03 魚肉緊縮後，清除鹽分，將水分擦乾。

04 大的魚骨會刺到嘴巴，記得用魚骨夾拔除。

05 製作和風香柚醬。將酒、味醂、濃口醬油、日本香柚圓片拌勻。

06 3的土魠魚以和風香柚醬醃漬，蓋上保鮮膜，靜置15分鐘後翻面，再放15分鐘。

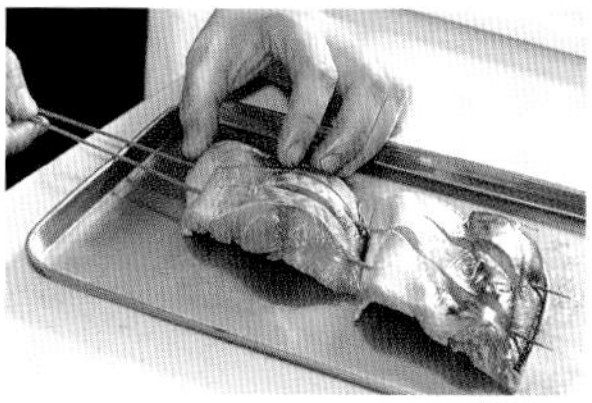

07 用餐巾紙去除水分，為了讓魚肉更容易熟，表面劃兩刀，插入2根鐵籤。

08 架高鐵弓，魚皮朝下，以大火烤8分鐘。重雖然一般是要用「遠距離的大火」來烤魚，但如果不方便架高，可以改以中火烤。

09 魚皮烤到呈現金黃色。魚的周圍變白後翻面再烤大約5分鐘。

10 兩面都烤好後，重淋2～3次和風香柚醬，再烤一下收汁，製造光澤。

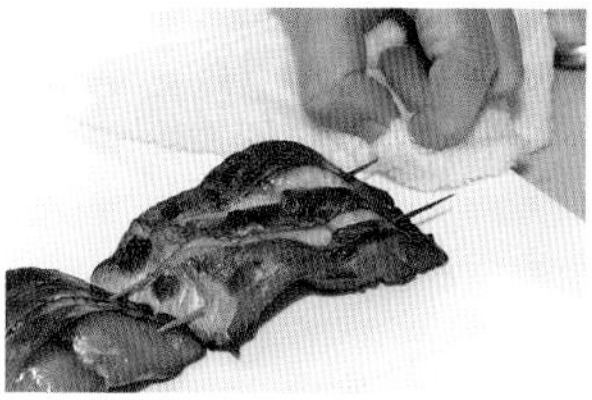

11 在魚肉完整的狀態下，去除鐵籤前端醬汁焦掉的部份，用旋轉的感覺拔除鐵籤。最後與芥子醬油菜花一同裝盤。

12 如果用烤魚架就不需要串，魚皮烤5～8分鐘，翻面後再烤5分鐘。熟透後加上和風香柚醬，稍微收汁即可。

烤秋刀魚

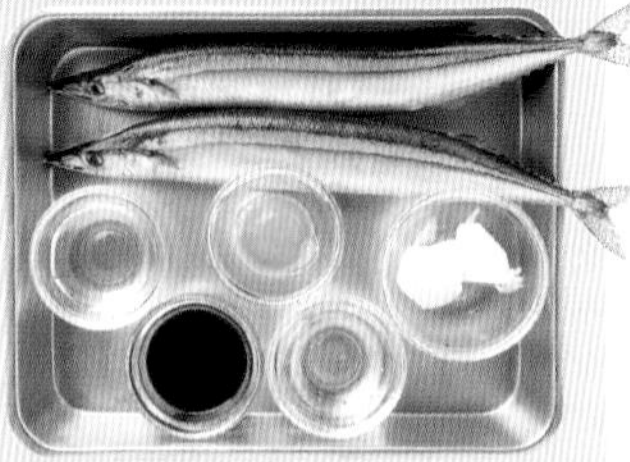

材料（2人份）

秋刀魚…2 尾（300g）
蛋黃…1 個
濃口醬油…2 大匙
酒…2 大匙
味醂…2 大匙
蕪菁菊花（參考 P220）…適量

※ 紙卡…用在過篩或是集合體積較小的材料時

Point

秋刀魚的腸子要剁碎

所要時間 60 分鐘

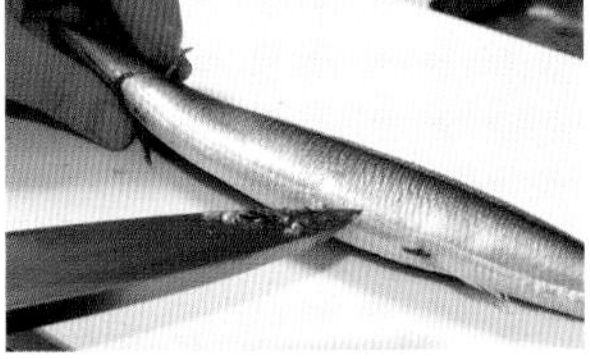

01 用菜刀刮除秋刀魚的魚鱗。重新鮮的秋刀魚魚鱗很多，只要抓住魚尾把魚立起來，魚鱗也會跟著翻起。

02 用冷水清洗秋刀魚，去除水分。

03 切除頭尾。將筷子戳進秋刀魚筒狀的體內，拉出腸子。

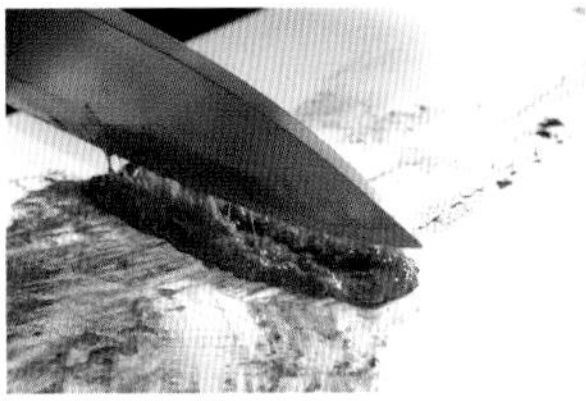

04 用菜刀輕剁腸子。

05 剁好的腸子過篩。過篩時使用紙卡，清除殘留在體內的魚鱗。

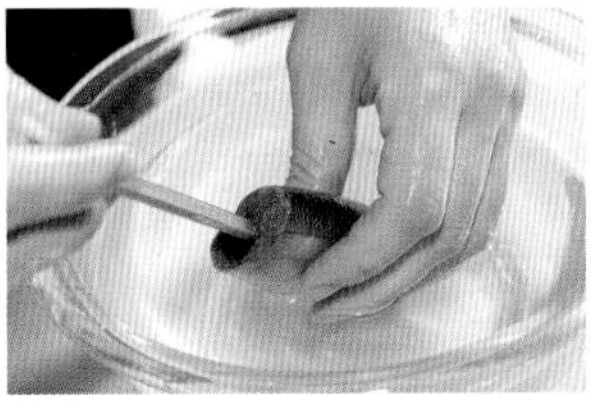

06 將 3 去除內臟後的魚身，分成 2 等分。將筷子插入去除內臟的體內，用水沖洗。把魚直立在布上，將體內的水分清除乾淨。

07 蛋黃、濃口醬油加進 5 裡慢慢攪拌，再加酒和味醂。

08 秋刀魚用 7 浸泡 15 分鐘，接著翻面再醃 15 分鐘。醃的時候要蓋上保鮮膜。

09 在魚肉表面劃數刀，插入 3 根鐵籤。架高鐵弓，以中火、大火之間的火力烤 5 分鐘，接著翻面再烤 3 分鐘。

10 魚烤好後淋醬汁，烤到表面呈現金黃色。去除鐵籤上的髒汙，拔出鐵籤。最後與蕪菁菊花一同裝盤。

11 如果用烤魚架就不需要串，兩面各烤 5 分鐘。烤到呈現金黃色後刷上醬汁，再烤到完全收汁即可。

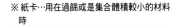

Sakana no tsukeyaki

醬漬烤魚3種

極為入味的上等味覺饗宴

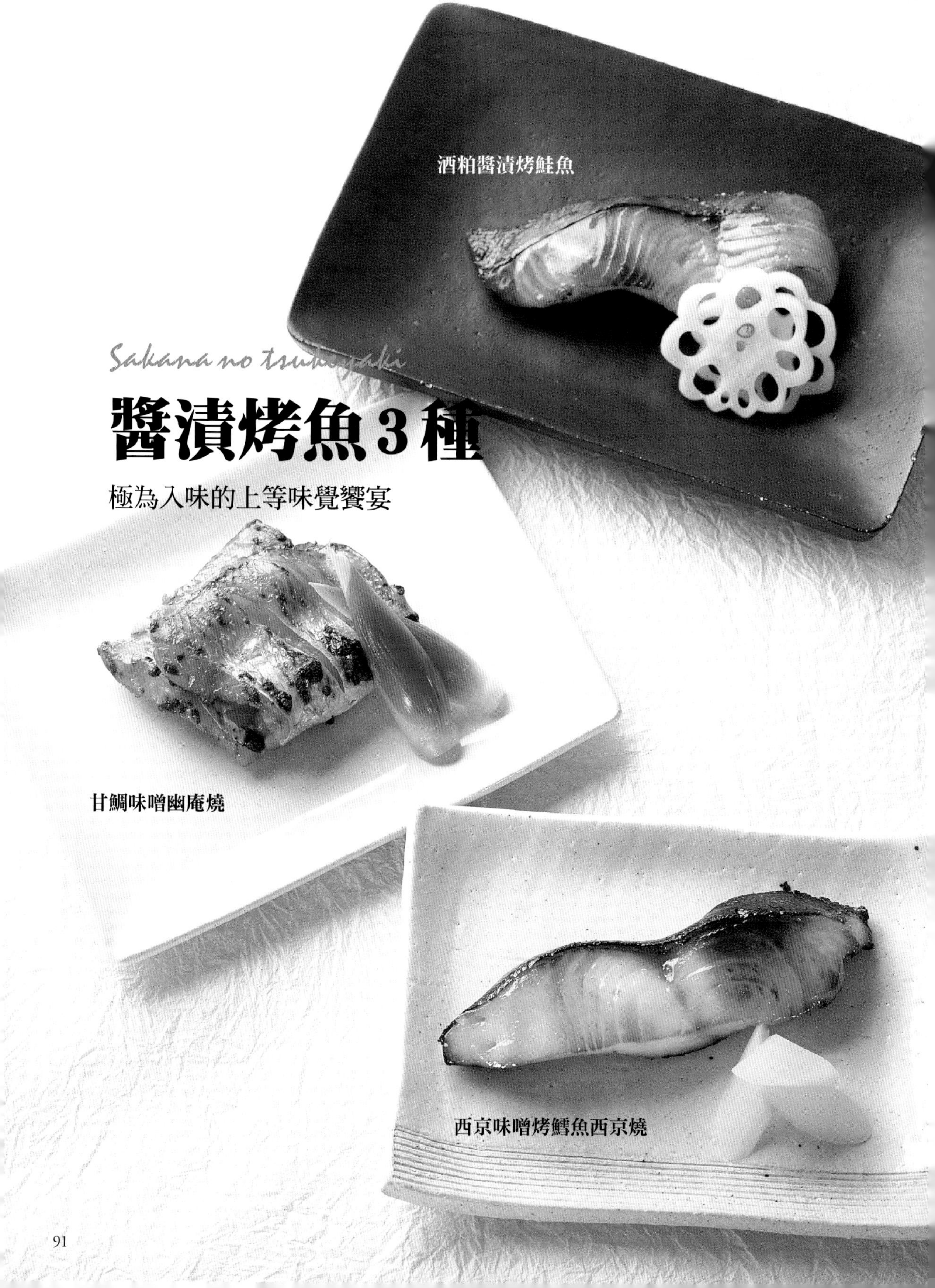

酒粕醬漬烤鮭魚

甘鯛味噌幽庵燒

西京味噌烤鱈魚西京燒

酒粕醬漬烤鮭魚

材料（2人份）

鮭魚…2 塊（240g）
酒粕…300g
味醂…3/4 杯（150cc）
煮過的酒（參考 P84）…3 大匙
砂糖…1 大匙
鹽…2 小匙
醋漬蓮藕（參考 P220）…適量

Point

烤魚的火力
一定要是「遠距離的大火」

所要時間
60分鐘

※ 醃魚需要一天以上的時間

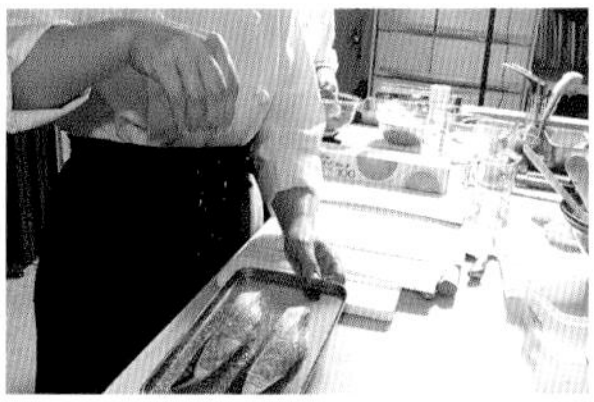

01 從距離 30cm 的高處灑上適量的鹽，在常溫下靜置 30 分鐘。重魚皮較臭，要灑多一點鹽。

02 用水清除鹽分後去除水分。重要放進冷水裡輕輕洗，避免魚肉碎裂。

03 製作酒粕醃料。在研磨缽內一邊磨一邊加酒粕、味醂和煮過的酒。接著加砂糖、鹽，再繼續磨。

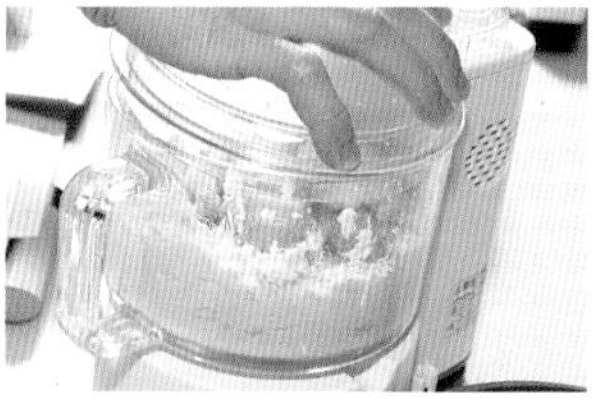

04 如果使用食物處理器，味醂、煮過的酒要分數次加。重處理較硬的材料要慢慢加入液體比較好。

05 磨到提起來會覺得濃稠的程度。重若要縮短醃漬時間，可增加味醂和煮過的酒的量，使其更光滑。

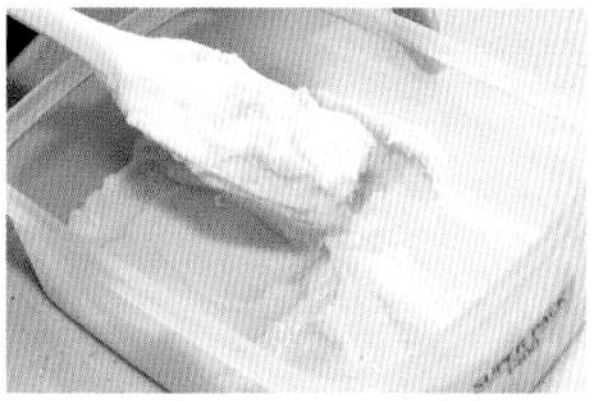

06 1/3 的酒粕放進保鮮盒或淺盆內，刮平。

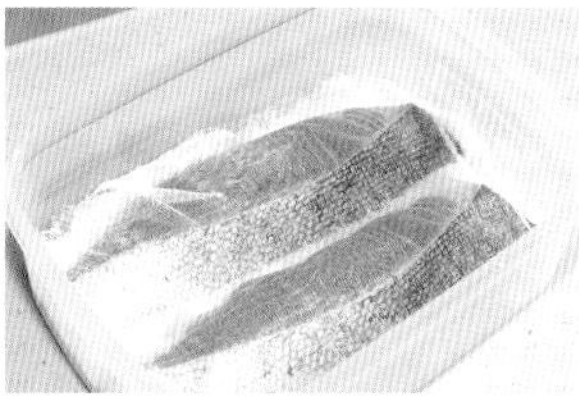

07 鋪上紗布後放魚，魚皮朝上、魚肉不能重疊。再蓋上紗布，將其餘的酒粕放進去刮平。

08 蓋上保鮮膜後冷藏。重希望味道淡一點就醃一天，或醃三天讓味道重一點。

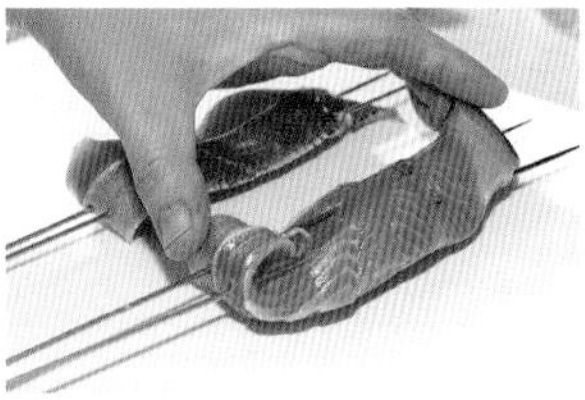

09 從酒粕中取出鮭魚，稍微擦拭後插入兩根鐵籤。重酒粕只要去除水分再加一點鹽就能重複使用。

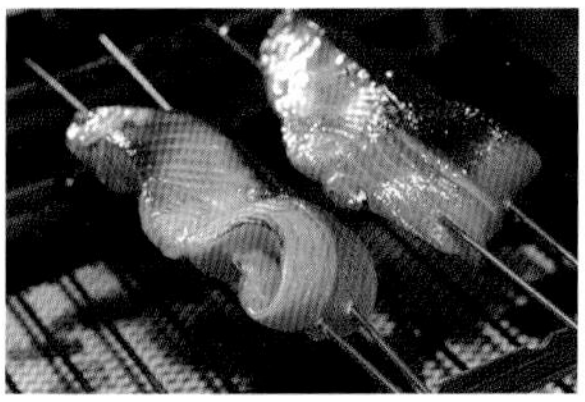

10 魚皮朝下擺在架高的鐵弓上，以大火烘烤 8 分鐘，翻面再烤 4 分鐘。最後與醋漬蓮藕一同裝盤。

11 如果用烤魚架就不需要串，只要兩面各烤 5 分鐘，呈現金黃色即可。

甘鯛味噌幽庵燒[10]

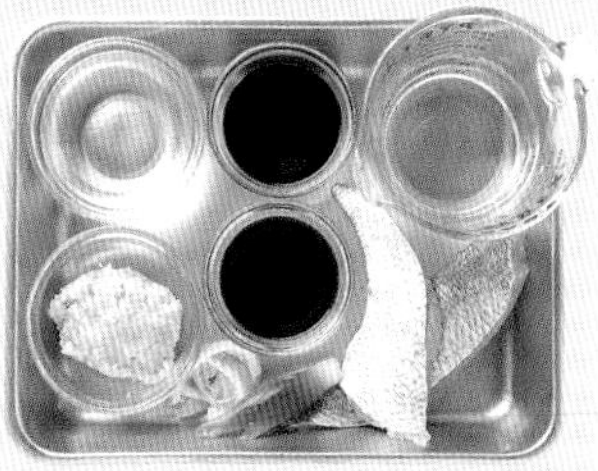

材料（2 人份）

甘鯛…2 塊（160g）
酒…140cc
味醂…90cc
薄口醬油…2 大匙
濃口醬油…2 大匙
西京味噌…60g
日本香柚…圓片 1 片
醋漬茗荷（參考 P220）…適量

Point

味噌容易烤焦，
要把火力減弱

所要時間
60 分鐘

※醃魚需要 3 小時以上的時間

01 參考 P29 將甘鯛分解成三片，用魚骨夾去骨。重魚骨較粗，要仔細拔除。

02 切成 2 等分。重這邊的 2 等分是指重量而不是體積。灑上適量的鹽，靜置 30 分鐘後去除多餘的水分。

03 製作柚香味噌。把酒、味醂、濃口醬油、薄口醬油加進鍋裡後開火煮沸。

04 移到料裡盆裡一邊攪拌一邊用冷水冷卻。

05 味噌放進碗內，加 4 溶解。

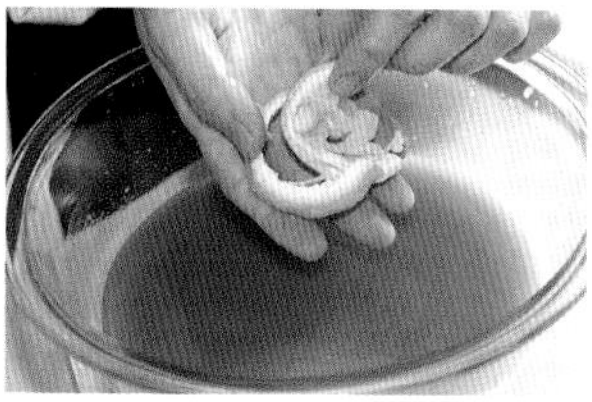

06 5 內加日本香柚。

07 甘鯛醃在 6 裡，在常溫下靜置 3 小時，若冷藏則需要半天。

08 重醃漬時要記得用保鮮膜蓋緊。

09 取出魚後清除柚香味噌，在表面劃 2 刀後，直直地用鐵籤串起。

10 架高鐵弓、魚皮朝下，以中火烤 8 分鐘後翻面再烤 2 分鐘。最後與醋漬茗荷一同裝盤。

11 如果用烤魚架就不需要串，魚皮那一面烤 10 分鐘，翻面烤 5 分鐘即可。

[10] 即馬頭魚。

鱈魚西京燒

材料（2人份）

銀鱈…2片（200g）
西京味噌…300g
甜酒…2大匙
味醂…1大匙
煮過的酒（參考P84）…2大匙
甘醋漬獨活（參考P220）…適量

Point

調味料依照
個人喜好調整

所要時間
45分鐘

※醃魚需要一天以上的時間

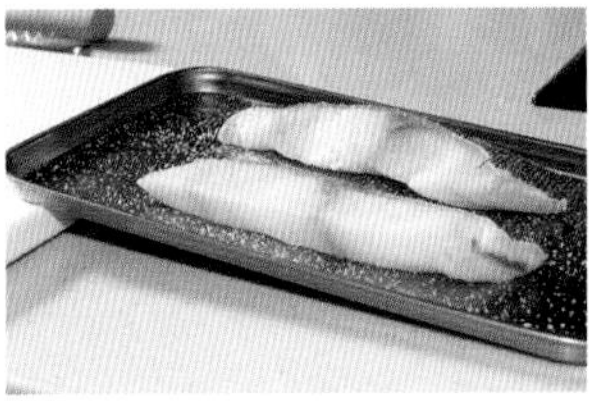

01 準為銀鱈灑上適量的鹽，魚皮朝上放在傾斜的淺盆中，靜置30分鐘。

02 重濁水是多餘的水分，要擺到流出透明的水。清洗後用毛巾將水分擦乾。

03 味噌放進碗內，一邊用膠鏟攪拌一邊加甜酒、味醂和煮過的酒。

04 1/3的味噌放進保鮮盒裡，鋪上紗布。重只要鋪上紗布，取出魚時就不會弄髒手了。

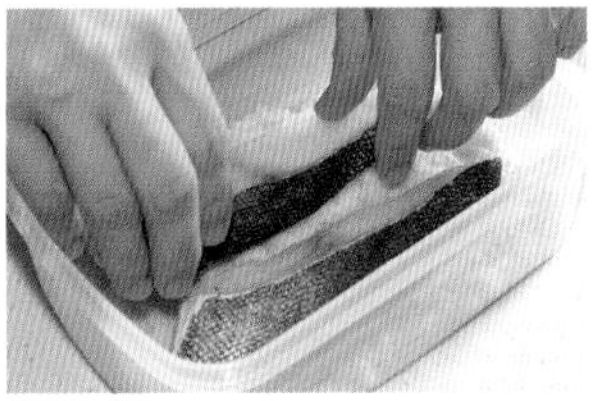

05 放進去除水分的銀鱈，魚肉不要重疊。

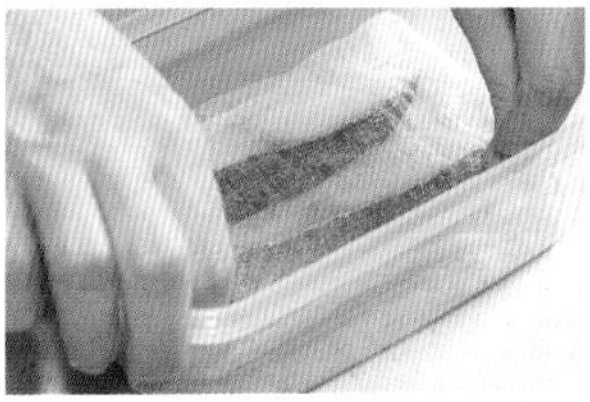

06 再蓋上一層紗布。重使用沒有味道的紗布，而且使用前要確實清洗、擰乾。

07 其餘的味噌鋪滿後刮平。

08 用保鮮膜蓋緊後冷藏一天。重只要增加味醂、甜酒的量，讓味噌更光滑，2～3小時後即可調理。

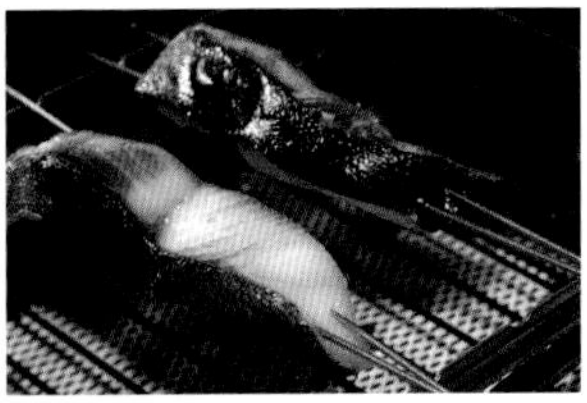

09 稍微擦拭後將魚串起來。架高鐵弓、魚皮朝下，以中火烤6分鐘，翻面再烤4分鐘。只要中間熟透即告完成。

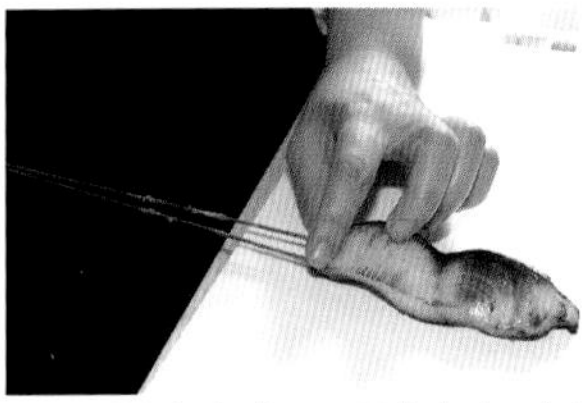

10 去除鐵籤上的髒汙，壓住魚肉，以旋轉的感覺拔出鐵籤。最後與甘醋漬獨活一同裝盤。

11 如果用烤魚架，兩面各烤5～6分鐘，待魚肉出現烤痕，魚皮呈現金黃色即告完成。

Teriyaki

照燒料理2種

用光澤和醬汁讓食材看起來
閃閃動人的調理方法

照燒土雞

照燒鰤魚

照燒鰤魚

材料（2人份）

蓮藕…1/3 節（50g）
甘醋（參考 P220）…1 杯（200cc）
紅辣椒…2 根
蕪菁…1 個（100g）
日本香柚…1/4 個（10g）
鰤魚…2 片（180g）
低筋麵粉…3 大匙
酒…2 大匙
味醂…2 大匙
濃口醬油…2 大匙
生薑（切片）…1 個（10g）

Point

確實拍除
鰤魚上的麵粉

所要時間
60 分鐘

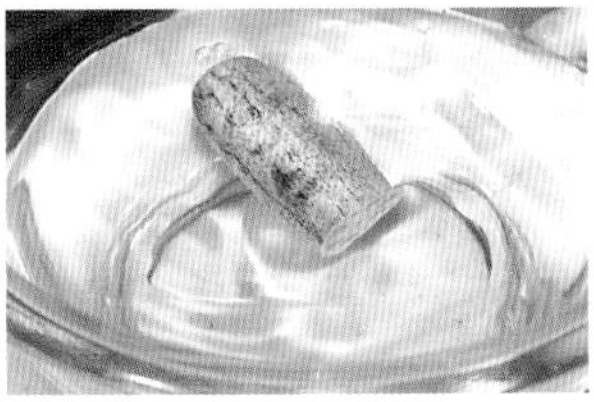

01 製作蛇籠蓮藕。蓮藕汆燙，降溫後去皮。

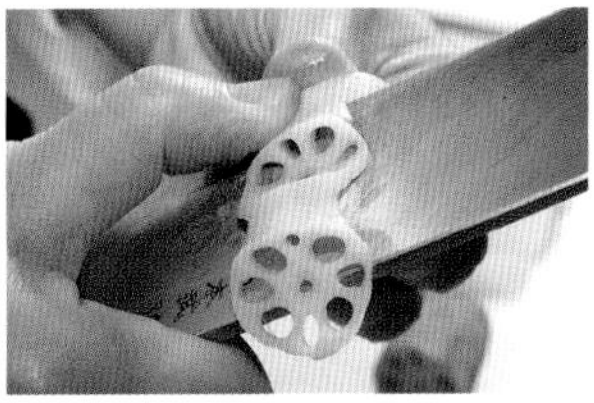

02 切成 2cm 的寬度，自有洞的那面開始切薄片。加去籽的紅辣椒以甘醋醃漬 30 分鐘，切成寬 1mm 的薄片。

03 製作蕪菁泥。將蕪菁磨碎，用壽司簾去除水分，和磨碎的日本香柚皮拌勻。

04 處理鰤魚。灑上鹽的鰤魚放進碗裡，蓋上落蓋。從上方淋 80 度的熱水，用霜降法處理。

05 鰤魚放進冷水中冷卻，冷卻後用手清除魚鱗和魚血。

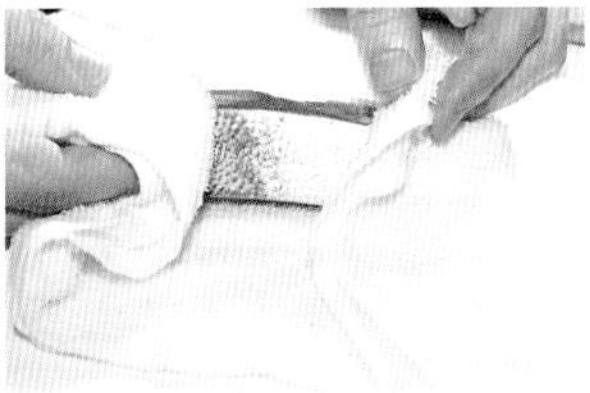

06 用乾布或重疊的餐巾紙確實去除水分。重 如果魚還有水分就裹粉，會變得黏黏的。

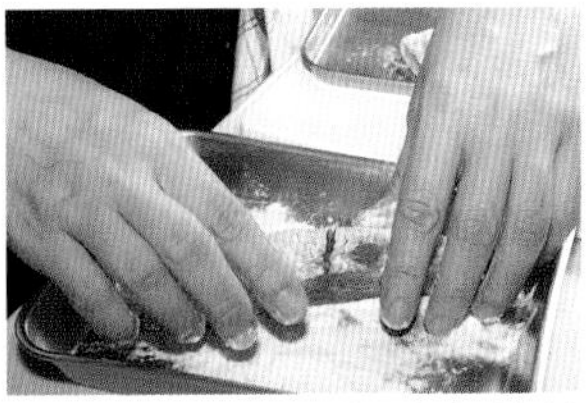

07 灑上低筋麵粉，拍除多餘的粉。重 如果麵粉太厚，口感會變差。

08 鰤魚放進平底鍋，以大火烤 5 分鐘，直到魚皮微焦。要烤到連側面都變色才算熟透。

09 烤到呈現金黃色，八分熟時用餐巾紙擦拭多餘的油脂。

10 一邊旋轉魚一邊淋酒、味醂、濃口醬油與生薑。

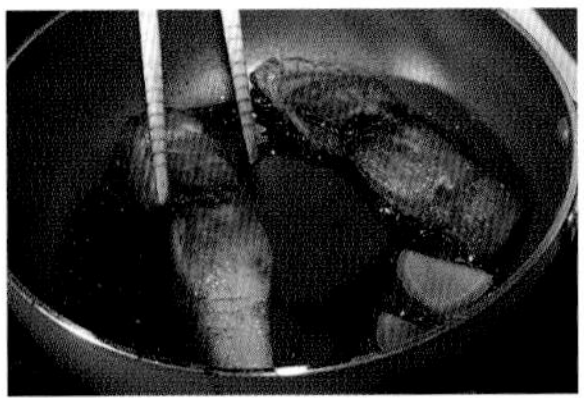

11 待鰤魚均勻入味、熟透後即告完成，和 2、3 一同裝盤。

照燒土雞

材料（2 人份）

山葵…1 條（適量）
土雞腿肉…300g
酒…3 又 1/3 大匙
味醂…2 小匙
砂糖…2 小匙
濃口醬油…2 大匙
山藥珠芽（零餘子）…10 粒（30g）
紫高麗菜芽…10g
鹽…1/2 小匙

Point

雞肉和醬汁
要融為一體

所要時間
30 分鐘

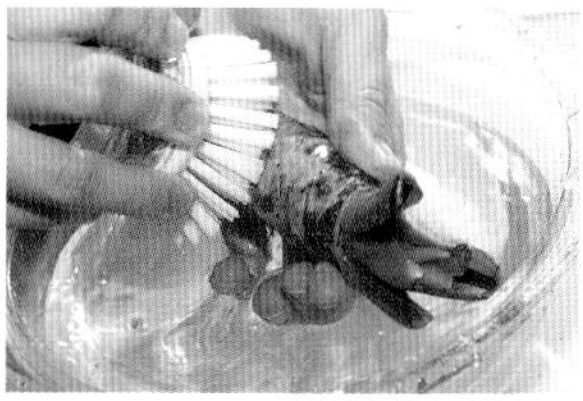

01 用刷子清洗山葵，接著以削鉛筆的感覺斜切山葵根部。

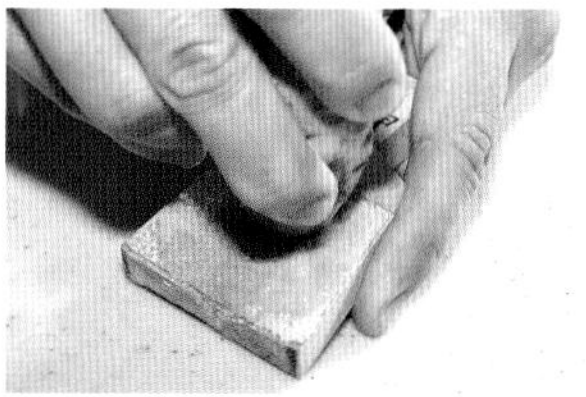

02 用鯊魚皮製成的磨菜板將山葵磨成泥。(重)以畫圓的感覺磨，更能突顯味道。

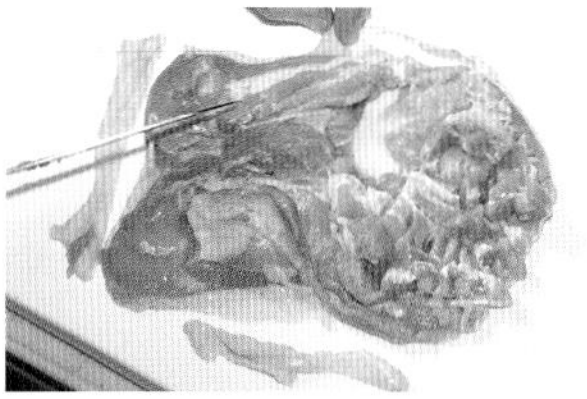

03 去除雞腿肉上的油脂及多餘的皮，切斷雞腿前方（圖片右側）的筋。

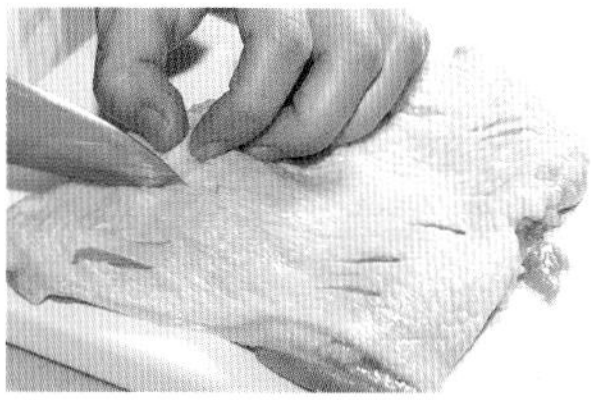

04 為了更入味，在雞皮上劃數刀。(重)這樣可使雞分泌出多餘的油脂，肉比較容易熟，也比較容易入味。

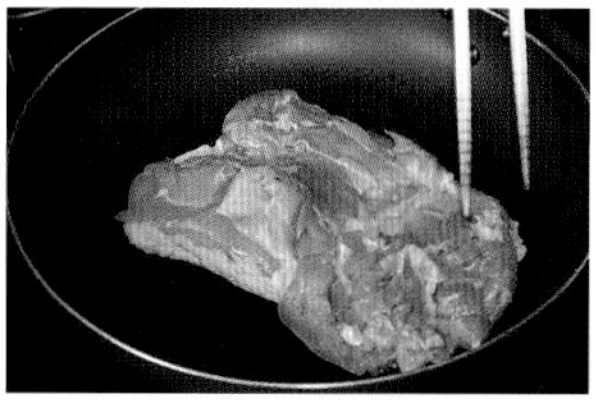

05 雞皮朝下，將雞肉放進平底鍋，以大火煎到表面呈金黃色。(重)因為雞肉會收縮、彎曲，要不時往下壓，使其均勻受熱。

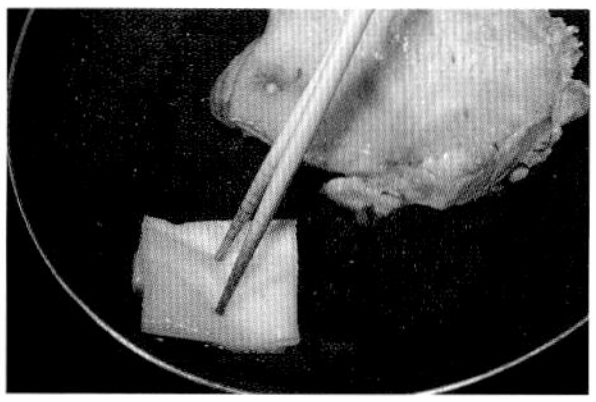

06 表面呈現金黃色後即可翻面，擦拭多餘的油脂。(重)另一面也呈現金黃色後，傾斜平底鍋，擦拭多餘的油脂。

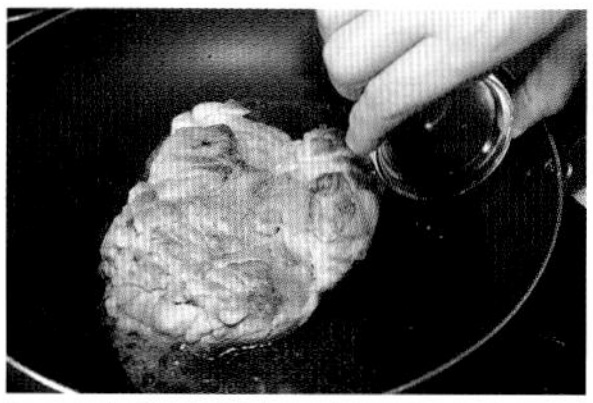

07 酒、味醂、砂糖、濃口醬油放進平底鍋裡溶解，不要直接淋在雞肉上，讓醬汁慢慢裹住雞肉。

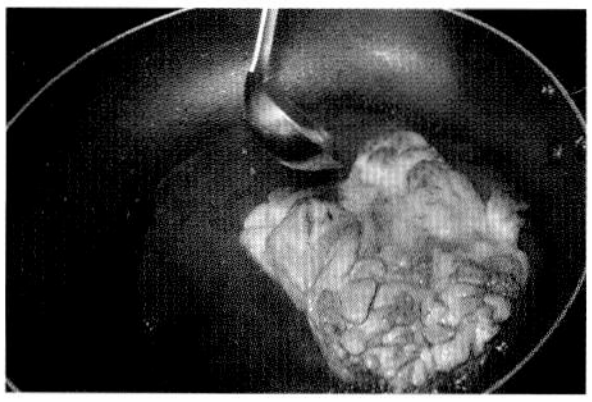

08 用湯勺把醬汁淋在雞肉上直到熟透。(重)要不時翻面，使整體均勻受熱。

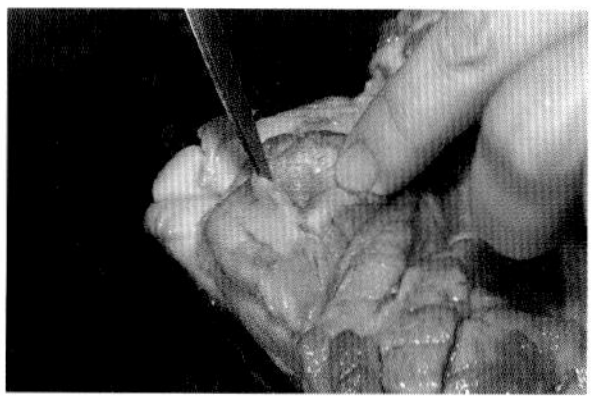

09 (重)劃刀確認雞肉是否熟透。(重)如果太熟，肉質會變得乾澀。

10 清洗山藥珠芽，直接用 160 度低溫慢炸。

11 炸到竹籤可以輕鬆穿透後撈起，放在餐巾紙上，灑上鹽。雞肉切好裝盤，淋醬汁，最後放上紫高麗菜芽、山葵。

和食的秘訣與重點 ❾

萬能醬汁 6 種

善用能輕鬆製成的醬汁

三杯醋

材料
醋…3 大匙
高湯…2 大匙
砂糖…1 大匙
薄口醬油…1 大匙

製作方法
將薄口醬油和砂糖放進鍋裡，煮到砂糖溶解，關火加高湯和醋。

適合料理
醋拌料理、涼拌料理、石花涼粉加入土佐醋的鰹魚片。

味噌醬

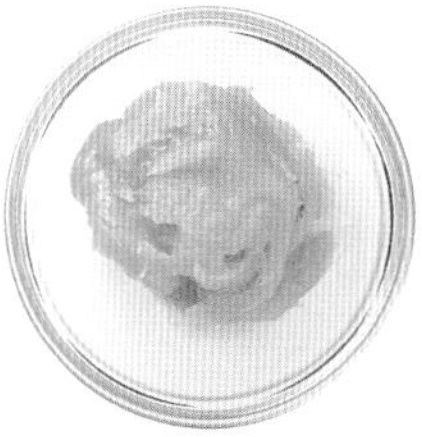

材料
白味噌…4 大匙
砂糖…2 大匙
味醂…2 大匙
酒…2 大匙

製作方法
將所有的材料放進鍋中，煮到味噌恢復原本的硬度即可。

適合料理
柚子味噌、醬烤蒟蒻、涼拌料理等。

和風香柚醬（幽庵地）

材料
濃口醬油…2 大匙
味醂…2 大匙
酒…2 大匙

製作方法
將所有材料放進碗內充分混合即可。

適合料理
醬漬烤魚、醬漬烤肉等。

和風醬油

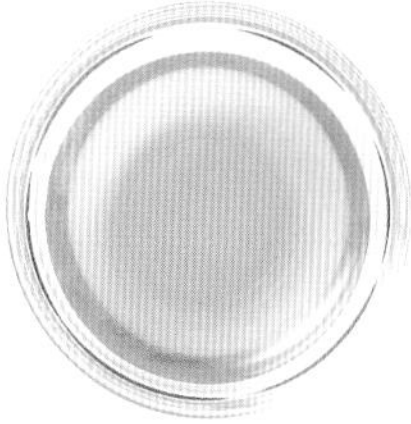

材料
高湯…2 杯、砂糖…2 大匙、酒…2 大匙、味醂…2 大匙、薄口醬油…2 大匙、鹽…1/2 小匙

製作方法
將所有材料放進碗內充分混合即可。

適合料理
南瓜、芋頭、油豆腐、關東煮的湯頭等。

和風芝麻醬

材料
熟芝麻…6 大匙
砂糖…1 大匙
味醂…1 大匙
濃口醬油…3 大匙
高湯…1 大匙

製作方法
將磨好的芝麻、砂糖、味醂、濃口醬油、高湯拌勻即可。

適合料理
涼拌蔬菜、年糕、烏龍麵的沾醬等。

八方高湯

材料
一次高湯…8 大匙
薄口醬油…1 大匙
味醂…1 大匙

製作方法
將薄口醬油、味醂放進一次高湯裡拌勻即可。

適合料理
茶碗蒸、烏龍麵的湯頭、醃漬食材的醬料等。

每天都能用在料理上 秘密武器讓你不再煩惱該如何調味

和食使用的高湯、醬汁非常方便，只要事先做好，就能應用在各種料理上。舉例來說，以高湯、味醂、醬油比例8：1：1混合而成的「八方高湯」一如其名，「可應用在四面八方的料理上」，可以用在燉煮、涼拌等各式各樣的料理。若稍做變化，高湯、味醂、塩或醬油、砂糖比例改為5：1：1：1，可以當做蓋飯醬汁。此外，比八方高湯更濃的「八方湯底」可為湯品的主要食材調味。

只要稍微調整醬汁的比例，就能享受無窮無盡的變化。只要做多一點，不知道該如何調味時就能派上用場。然而，醬汁最好不要擺太久。就算冷藏，至少要在3天內用完。

土瓶蒸海螺

Kairui no sakamushi

酒蒸貝類3種

最大的特色是貝類的甘甜與柔軟

鮑魚佐魚肝醬油

碗蒸蛤蜊

土瓶蒸海螺

材料（2人份）

海螺…2 個（200g）
胡蘿蔔…1/20 個（10g）
水煮竹筍…1/10 個（10g）
香菇…2 朵（30g）
三葉芹…4 株（4g）
酒…4 大匙
味醂…4 小匙
高湯…1 杯（200cc）
薄口醬油…2 小匙

Point

去除海螺的嘴巴、內臟等不能食用的部份

所要時間
30 分鐘

01 用刷子清洗海螺。放進熱水煮 1～2 分鐘，直到殼變熱。(重)此時海螺口蓋會變鬆，比較容易剝開。

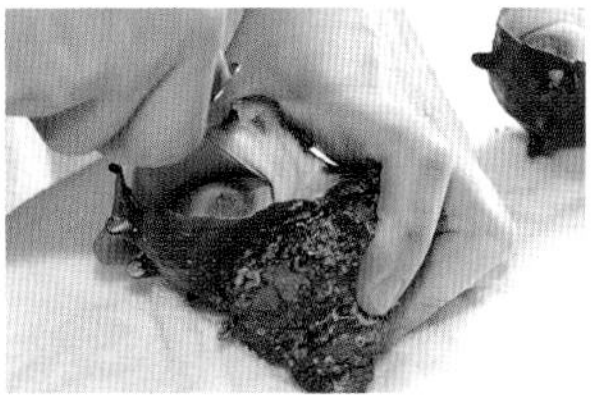

02 放進冷水中降溫，用鑿子剝開口蓋。(重)如果沒有鑿子，可用刀或湯匙。

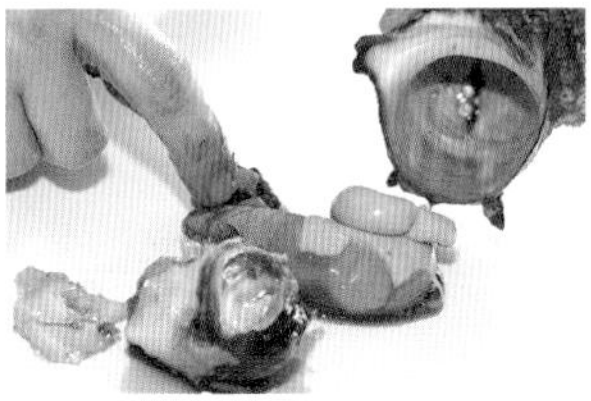

03 用叉子以旋轉的感覺取出螺肉。再用手指拔出腸子。

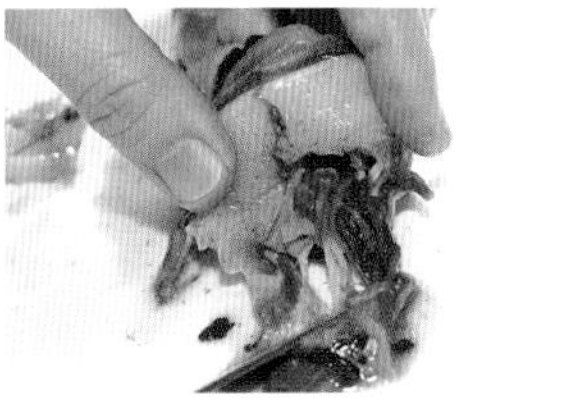

04 切除嘴巴、內臟與皺摺。紅色的部份是嘴巴。海螺除了身體和腸頭，其他都不能食用，記得要切除。

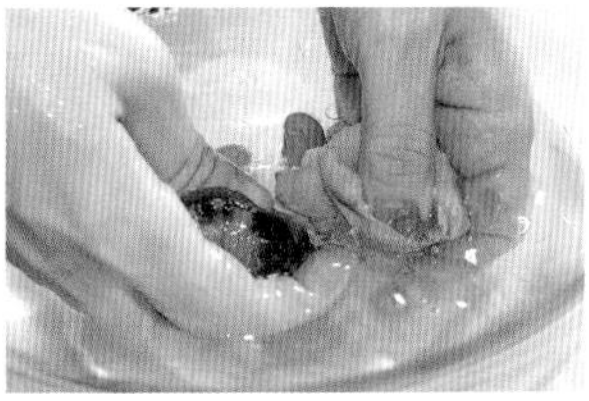

05 用冷水沖洗。因為較硬的地方會殘留在嘴裡，要先去除。用毛巾將水分擦乾。

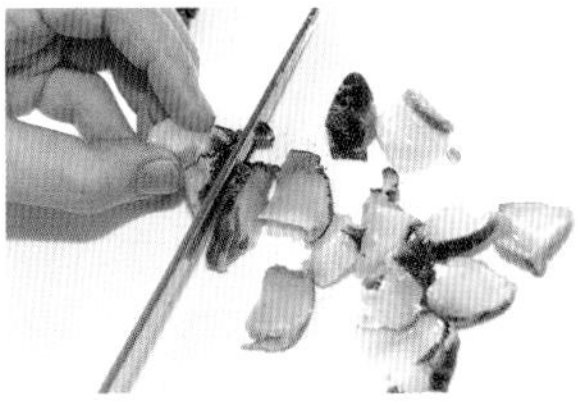

06 螺肉切成 5mm 的薄片。

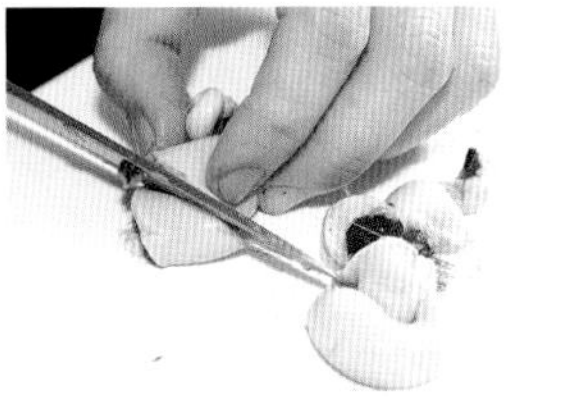

07 腸頭切成容易食用的大小。(重)海螺的腸子有白色和深綠色的部份，白色部份的口感較滑順，可依照個人喜好使用。

08 胡蘿蔔、三葉芹切成長 3cm 的小段、竹筍、香菇切成3mm的薄片。

09 酒、味醂放進鍋裡煮沸，接著加高湯、薄口醬油再煮沸，依序放進胡蘿蔔、竹筍、香菇燉煮。

10 蔬菜煮軟後與湯汁一同放進海螺殼。放進滿滿的螺肉、腸頭與三葉芹。

11 海螺放進蒸籠或蒸鍋裡，以中火蒸 2～3 分鐘。用手觸摸螺肉，柔軟有彈性即告完成。(重)不要蒸過頭。

碗蒸蛤蜊

材料（2人份）

昆布高湯⋯2 杯（400cc）
蛤蜊⋯大的 4 個（200g）
鴻禧菇⋯1/4 盒（25g）
金針菇⋯1/4 盒（25g）
三葉芹⋯4 株（4g）
鹽⋯1/5 小匙
味醂⋯1 小匙
薄口醬油⋯2 小匙
雞蛋⋯1 個
日本香柚⋯少許

Point

過濾煮蛤蜊的
湯汁內的砂子

所要時間
30分鐘

※ 讓蛤蜊吐砂需要一晚的時間

01 準 蛤蜊用鹽水浸泡一晚。放進昆布高湯後以大火煮，煮沸後轉小火。蛤蜊口蓋打開後取出，湯汁留著備用。

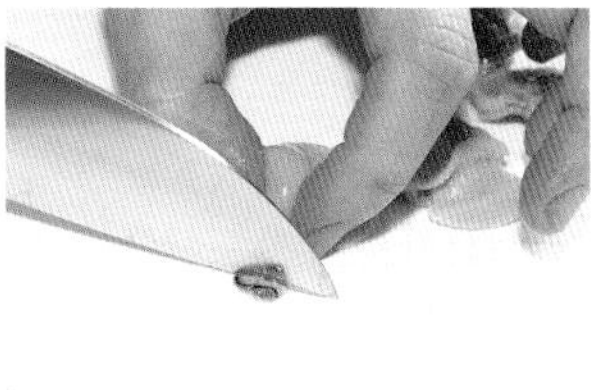

02 蛤蜊降溫後，連同貝柱一同將肉挖出。切除前端黑色的部份。若蛤蜊肉較大，可切成 2 ～ 3 等分。

03 切除鴻禧菇尾端，用手鬆開。用手鬆開金針菇，對半切。三葉芹切成長 4cm 的小段。

04 適量的鹽加進沸水裡，將鴻禧菇和金針菇煮軟，接著放進篩子裡降溫。

05 用棉布過濾 1 煮出的湯汁，鍋子放進冷水裡降溫。

06 鹽、味醂、薄口醬油加進 5 的湯汁 300cc 裡拌勻，用冷水冷卻。

07 製作蛋液。在蛋液裡加 6 的湯汁，用篩子過濾。

08 在碗裡放進 4 和蛤蜊，蛋液約八分滿。重 倒太快會產生泡沫，要慢慢倒。

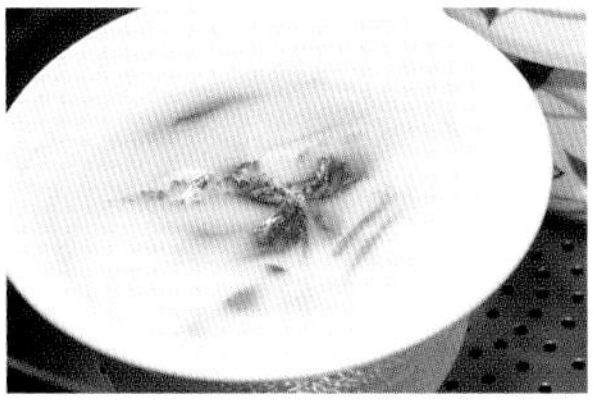

09 放進蒸籠裡以大火蒸 2 分鐘。表面變白後轉小火，再蒸 15 分鐘即可。最後灑上磨碎的日本香柚皮。

Mistake!

蒸的時候，容器會積水

如果容器有蓋子，而且蓋子邊緣蓋在容器內側，水分就會跑進容器裡。此時就不要蓋上蓋子，或用布蓋起來再用保鮮膜包，甚至直接蒸。

如果蓋子邊緣蓋在容器外側，也可以蓋上蓋子蒸，但是需要比較長的時間。

鮑魚佐魚肝醬油

材料（2人份）

鮑魚…1個（100g）
酒…3大匙
濃口醬油…1大匙
煮過的酒（參考P84）…1大匙
醋橘…1/2個（5g）
山葵泥…1/2小匙

Point

鮑魚要先淋
砂糖後再清洗

所要時間
40分鐘

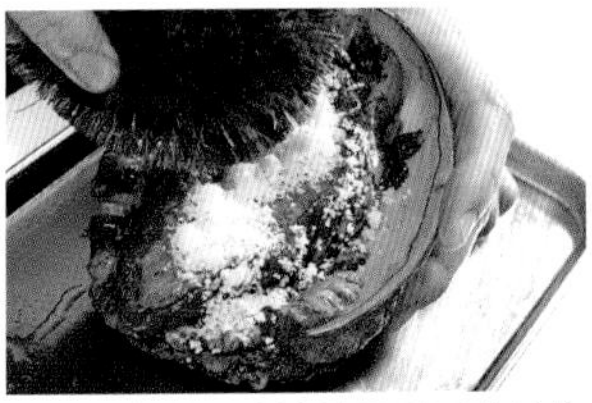

01 鮑魚灑上適量砂糖後用刷子磨擦後洗淨。重如果用鹽磨擦，鮑魚會變硬。

02 鮑魚淋酒，殼朝下放進蒸籠裡，蓋上蓋子以大火蒸。冒出蒸氣後轉中火，再蒸15分鐘。

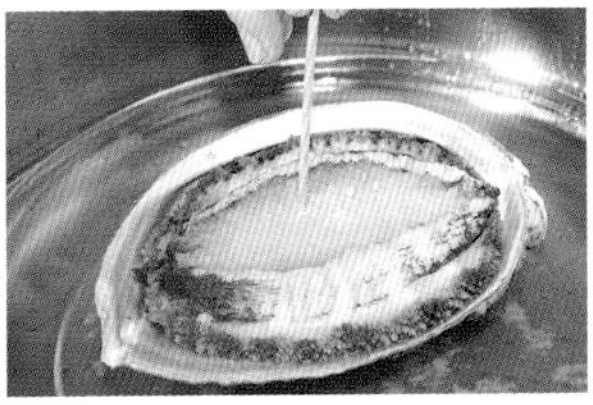

03 蒸到用竹籤可以輕鬆穿透整個鮑魚，且鮑魚的肉、貝柱脫離外殼開始收縮即告完成。重如果想要再軟一點，可以以小火蒸3個小時。

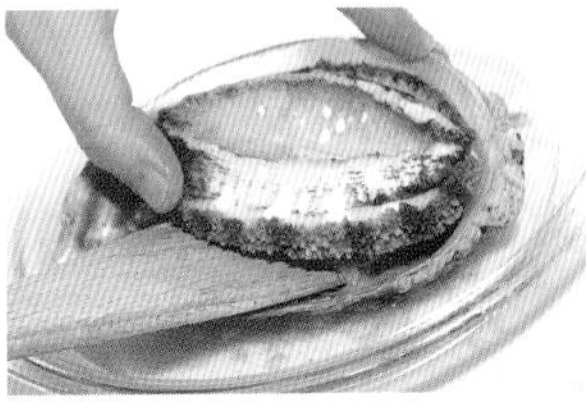

04 從蒸籠裡取出，將手指伸進魚肉和殼的中間，取出鮑魚的身體與肝。

05 用扇子降溫。

06 去除身體上的肝。只要在嘴巴較黑的部份短短劃一刀，即可輕鬆用手去除。

07 去除連結魚肉與肝，顏色較黑的部份。

08 一半的肝切成5×5mm的小丁。

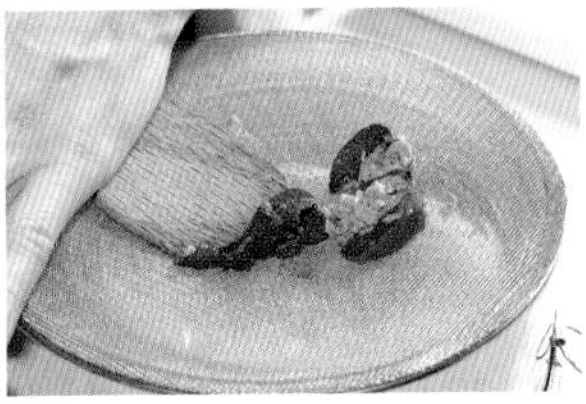

09 其餘的肝過篩。重木鏟平放，用手掌往下壓，黏在篩子背面的也可使用。

10 8、9塊魚肝和篩過的魚肝放進碗裡，分數次加濃口醬油、煮過的酒攪拌，做成魚肝醬油。

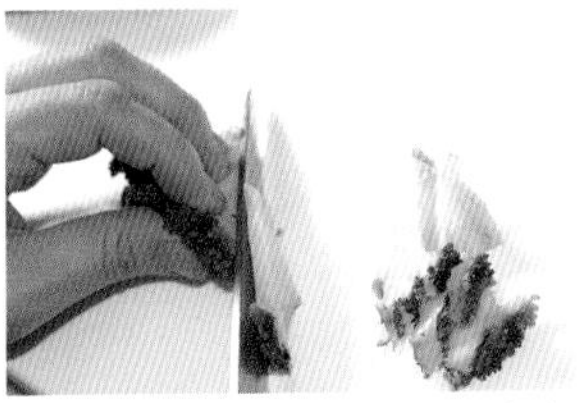

11 鮑魚切成5mm的薄片。如果想切厚一點，可劃刀使其容易入味。

12 切醋橘。去籽後切成2～3mm的薄片。和鮑魚、魚肝醬油、山葵泥一起裝盤。

Buta no kakuni

豬肉角煮

關鍵在於確實去除多餘的油脂

豬肉角煮

材料（2人份）

青江菜…1株（60g）
八方高湯…1杯（200cc）
豬五花肉…400g
蔥的綠色部份…1～2根（50g）
生薑…1個（10g）
高湯…2又1/2杯（500cc）
酒…5大匙
味醂…2大匙
砂糖…1大匙
濃口醬油…3大匙
和風黃芥末醬…1小匙
沙拉油…1大匙

Point

用洗米水燉煮
豬肉直到軟嫩

所要時間
240分鐘

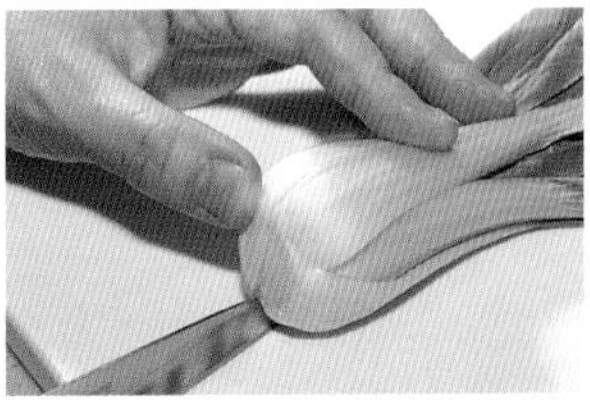

01 在青江菜尾端劃刀，用手分成4等分。

02 青江菜的尾端放進煮沸的鹽水中，等尾端變軟再全部放進去煮1～2分鐘，直到青江菜變軟。

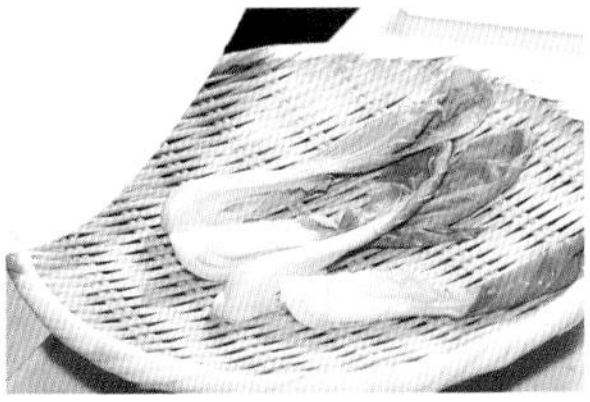

03 煮好的青江菜放在竹篩上，用扇子降溫。

04 降溫的青江菜用八方高湯浸泡，讓青江菜入味。(重)如果放在瓦斯爐附近等高溫的地方，青江菜會變色，要特別留意。

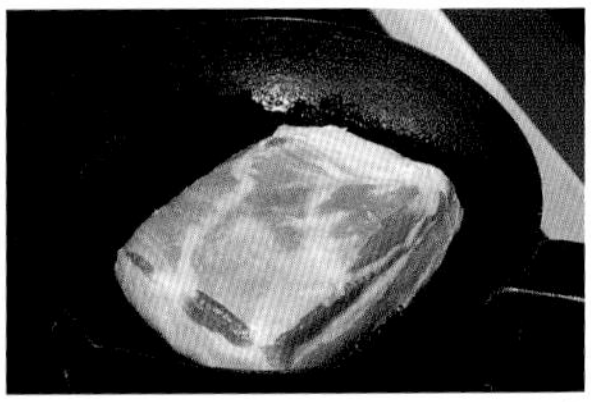

05 沙拉油放進平底鍋裡加熱。豬五花肉放進鍋裡，豬皮朝下，以大火煎到微焦。

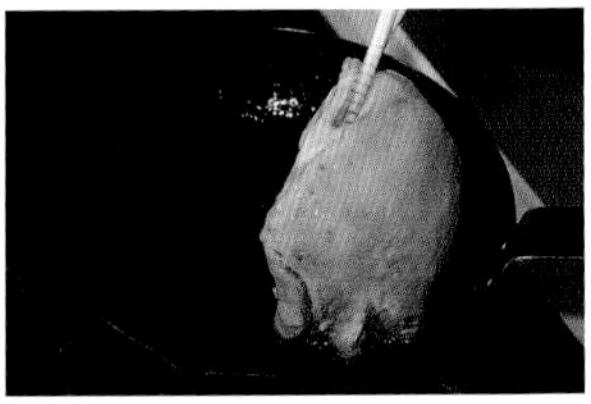

06 表面呈現金黃色後翻面繼續煎。以大火煎到六面都呈現金黃色。

07 表面全部都煎得恰到好處後，將豬肉放進適量洗米水中。

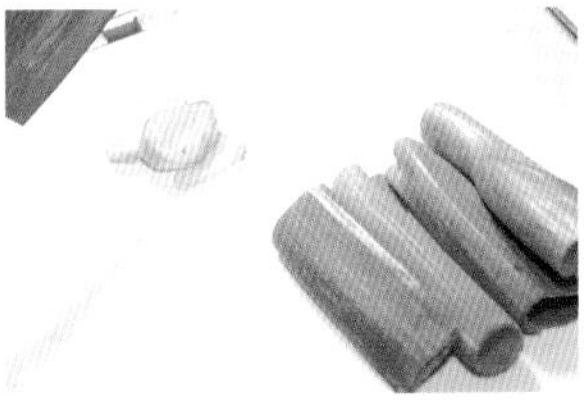

08 蔥的綠色部份對半切。生薑不去皮，直接切成薄片。

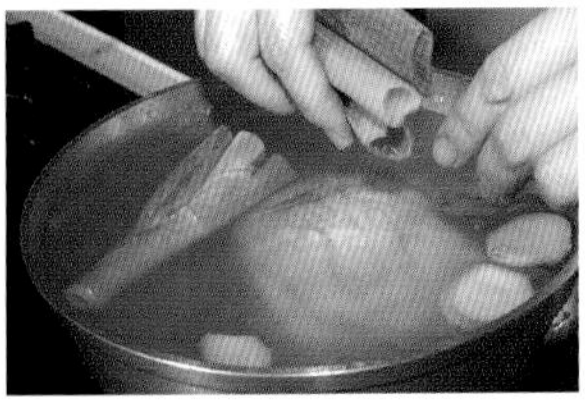

09 7放進蔥、生薑，接著放上落蓋以大火煮沸。煮沸後轉小火再煮2個小時。(重)如果使用壓力鍋，煮20分鐘即可熟透。

10 因為豬肉會分泌油脂，途中要去除浮油。(重)浮油不能直接倒入水槽，要先裝在罐子等容器裡，用布或報紙吸油後再丟。

11 豬肉煮軟後，不要掀起落蓋，直接沖冷水。

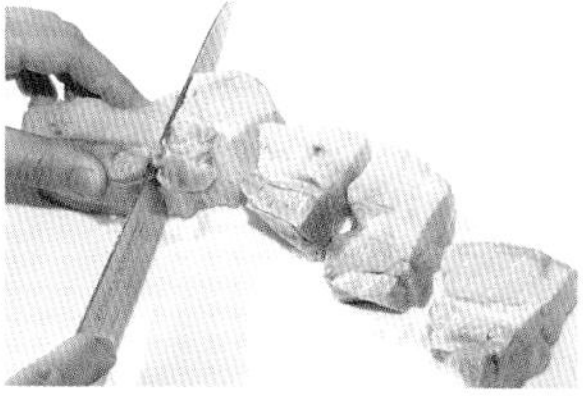

12 冷卻的豬肉切成 4×4 或 5×5cm 的塊狀。重如果煮之前就切，會破壞肉的形狀，所以要煮之後再切。

13 用布將水分擦乾。

14 高湯、酒、味醂、砂糖加進鍋裡，以大火煮沸。

15 豬肉加進 14，以中火煮到肉變軟，途中要去除浮油。

16 煮到竹籤可以輕鬆穿透，且夾起來會立刻滑落的程度，加濃口醬油 2 大匙。

17 不蓋蓋子煮 30 分鐘，煮到滷汁剩下大約一半。

18 放上落蓋再繼續煮。待完全入味後，拿開落蓋，煮到滷汁變得濃稠。

19 待滷汁變得濃稠，將其餘的濃口醬油加進去調味即告完成。和去除水分的 4、和風黃芥末醬一同裝盤。

Mistake!

豬肉變硬了……

如果在放豬肉前，就先在滷汁內加醬油，肉質會收縮、變硬。要先將豬肉煮到軟嫩以後才可以加醬油。

醬油所含鹽份相當高，會使肉質縮緊，一定要最後再加。

One More Recipe

豬肉角煮佐蔥絲

材料（2人份）

豬肉角煮…8 塊（400g）
蔥…1/4 根（25g）

滷汁材料

高湯…1/2 杯（100cc）
薄口醬油…1 小匙
味醂…1 小匙
鹽…少許
太白粉…1/2 大匙

製作方法

❶豬肉角煮用烤魚架烤到表面呈現金黃色。
❷製作醬汁。將高湯、薄口醬油、味醂、鹽放進鍋裡以小火煮，慢慢勾芡。
❸蔥切絲。
❹烤好的滷豬肉上淋醬汁，以蔥絲點綴。

用烤魚架，烤到表面呈現金黃色。

使用膠鏟攪拌醬汁，一邊觀察醬汁一邊調整芡水的量。

趁熱淋醬汁，以蔥絲點綴。

和食的秘訣與重點 ⑩

配合菜單，選擇青菜

青菜不只營養成分高，亦可當作裝飾。

三葉芹

三葉芹還有分根三葉芹、線三葉芹、切三葉芹等，雖然都是三葉芹，但其實有許多種類。三葉芹的季節是12月到2月的冬季，當季食用最美味。

適合料理

可用在汆燙、涼拌、茶碗蒸、湯品的裝飾等，亦可切細或打結當做裝飾。

水菜

特色是口感清脆，可用在想突顯口感的料理中。澀液較弱，只要稍微汆燙即可食用，亦可生食。

適合料理

由於可以突顯口感，因此常用在沙拉或是水量多的火鍋料理，也會用在汆燙、涼拌料理。

山茼蒿

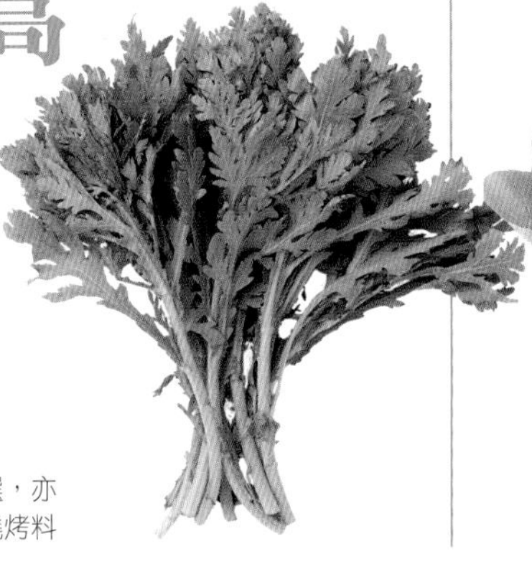

山茼蒿在日本關東以北地方被稱為「春菊」，在關西地區被稱為「菊菜」。含豐富胡蘿蔔素和鐵質，11月到3月是盛產期。味道很香，而且有溫暖身體的效果。

適合料理

是搭配火鍋料理的首選，亦可用在汆燙、涼拌與燒烤料理。

小松菜

由於口感很好，葉子也很厚實，經常用在火鍋料理裡中，是冬季具代表性的蔬菜。冬季時的營養是夏季時的3倍，最適合用來預防感冒。

適合料理

可用於涼拌、汆燙或拌炒。若用於火鍋、湯類等冬季料理，可讓身體變得溫暖。

只要加點青菜 餐桌頓時色彩繽紛

和食使用的青菜很多。現在因為可以用溫室栽培，幾乎一年四季都可以吃到各種青菜。但青菜還是當季食用的營養價值最高，味道也最棒。像是春季吃油菜花、冬季吃小松菜，使用當季蔬菜還可以營造季節感。

此外，青菜還有為料理增添色彩的作用。乍看之下，和食往往感覺比較樸素，其實只要加一點青菜的綠色，就能讓人留下華麗的印象。和其它食材比較起來，青菜比較能夠搭配各種料理，不管是做為裝飾還是小菜，使用得非常頻繁。

菠菜等澀液強烈的蔬菜，要先用鹽水汆燙再用冷水沖洗；而水菜等澀液較弱的青菜，只要稍微汆燙，放在竹篩上降溫即可。但值得留意的是，過度沖洗會影響蔬菜的味道。

Toriniku no tatsutaage

雞肉龍田揚

秘訣是裹了麵衣後就要盡快下鍋

雞肉龍田揚

材料（2人份）

雞腿肉…300g
紅色甜椒…1/4 個（10g）
黃色甜椒…1/4 個（10g）
醋橘…1 個（30g）
油炸用油…適量

醃漬材料

酒…2 大匙
濃口醬油…2 大匙
味醂…1 大匙

麵衣材料

蛋白…2 個（4 大匙）
酒…1 小匙
青蔥…2 根（10g）
濃口醬油…1/2 小匙
味醂…2 小匙
太白粉…4 大匙
鹽…1/4 小匙

Point

食材事前
要醃漬入味

所要時間
60分鐘

01 青蔥切粗末。

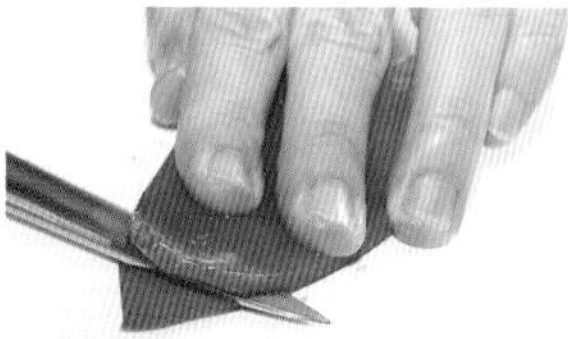

02 用水果刀去除紅色甜椒和黃色甜椒內側較硬的部份與皮。

03 (重)去皮面朝下，用壓模器壓出圖案後修整形狀。

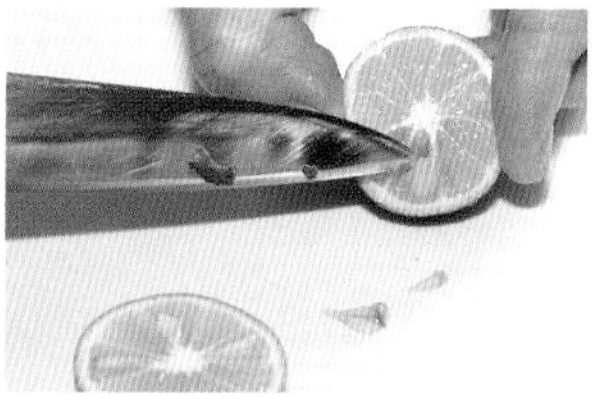

04 醋橘切對半，去籽。

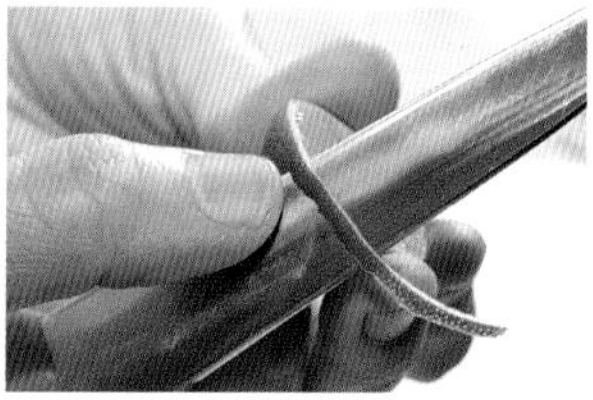

05 修邊。(重)這樣比較美觀，也比較好榨汁。

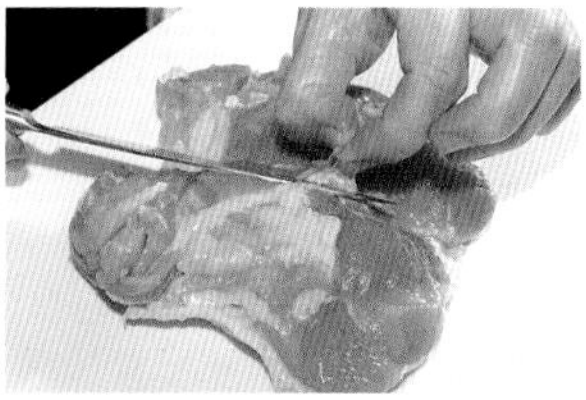

06 雞腿肉在砧板上攤開，去除多餘的油脂與腿筋。

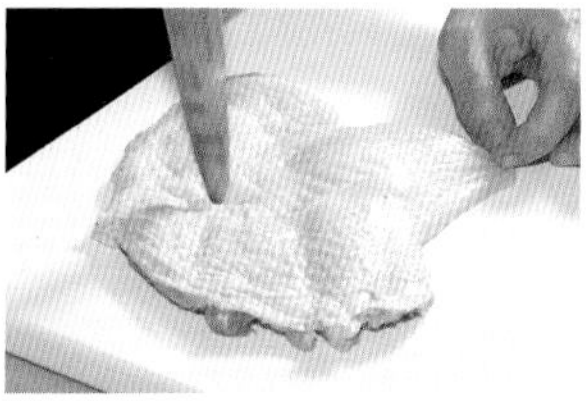

07 (重)為了避免雞肉收縮、雞皮破裂，要用刀叉在雞皮上戳出小洞。

08 雞肉切成 3cm 大小的肉塊。

09 酒、濃口醬油、味醂放進碗裡，醃漬雞腿肉。

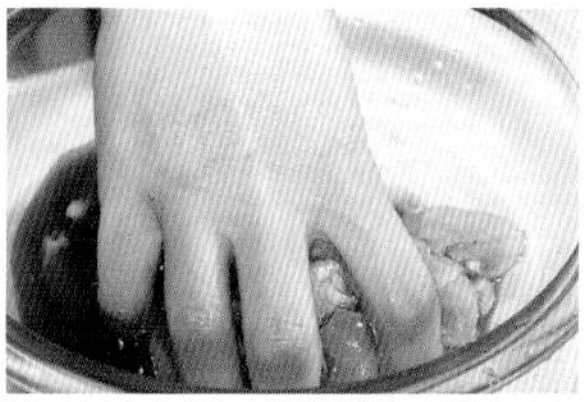

10 用手輕輕搓揉肉塊，讓雞腿肉入味。

11 蓋上保鮮膜後靜置 30 分鐘。重若要放 30 分鐘以上就要冷藏，但若立刻要用則不需冷藏。

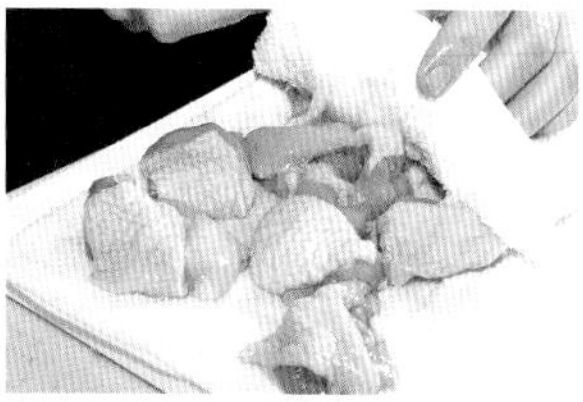

12 取出雞腿肉，用乾布去除多餘的水分。

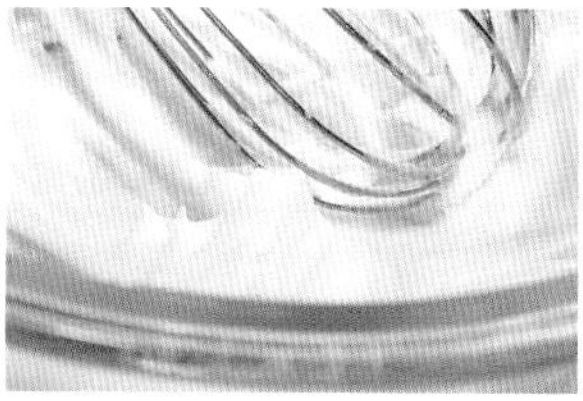

13 蛋白加鹽打到發泡。重若蛋白未發泡，炸起來會黏黏的。

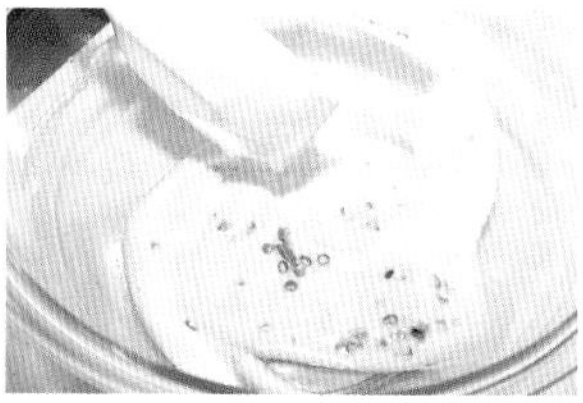

14 蛋白打到發泡後，加酒、濃口醬油、味醂、1 與太白粉 1 大匙後拌勻。

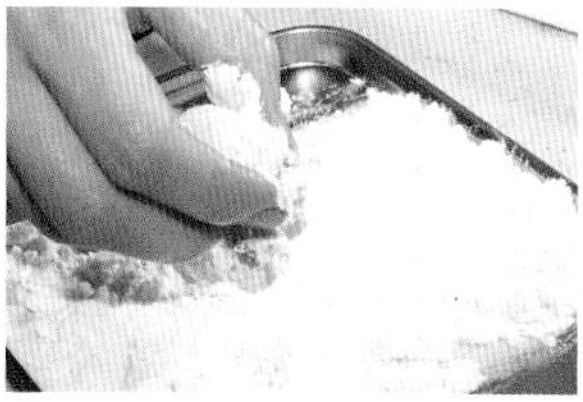

15 其餘的太白粉抹在雞肉上。

16 拍落雞肉上多餘的粉。重拍落後再裹麵衣，就不容易剝落。

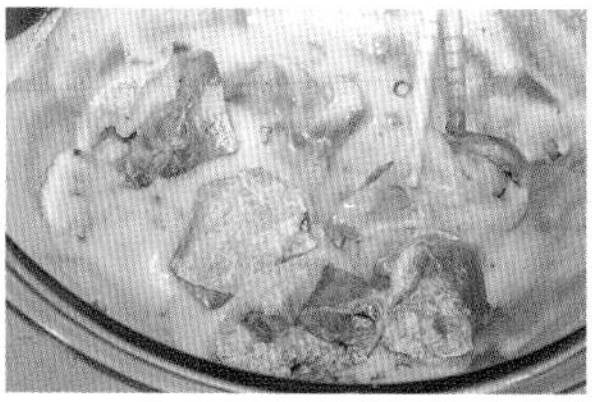

17 抹上太白粉的雞腿肉放進 14 中，讓雞腿肉整體沾上麵衣。

18 用 160 度低溫慢炸，油炸時要用筷子輕輕攪拌。油炸時間大約 5 分鐘。

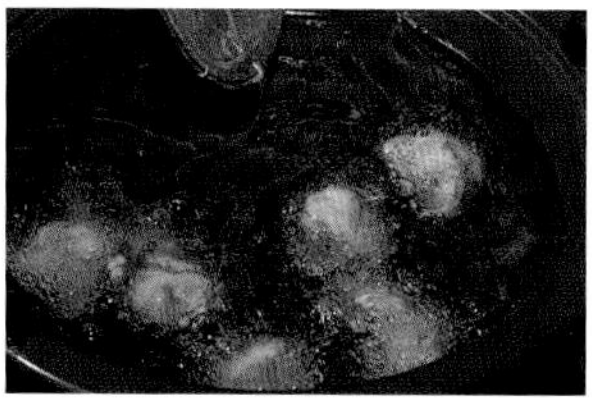

19 雞肉變色後，將油溫提高到 180 度。重由於加了醬油，很快就會變色。

20 若用鐵籤刺會流出透明的液體，且表面呈現金黃色，表示可以起鍋了。

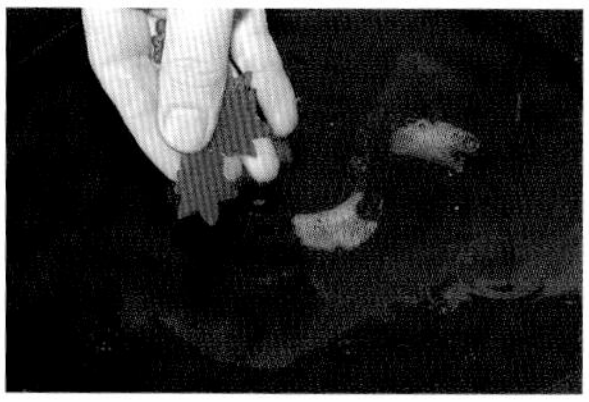

21 3 的甜椒直接油炸，再用餐巾紙去除多餘油脂。灑上適量的鹽，和炸雞、醋橘一同裝盤。

Mistake!

一放進油鍋，食物就變色了……

如果油鍋的溫度超過 200 度，會導致雞肉還沒熟透，外面就焦掉了。先用低溫慢炸，再將油溫提高到 180 度，就能炸出外酥內嫩的雞肉。

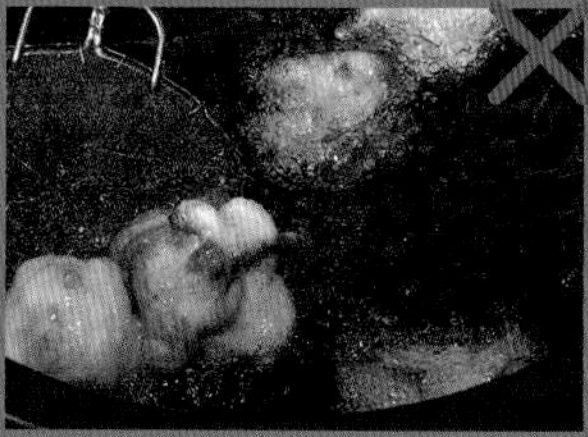

如果油溫過高，可轉小火稍等，或是加新的油降溫。

破裂或是焦掉看起來都不好吃

如果一開始油溫就很高會焦掉。相反地，如果從頭到尾都用低溫油炸會吸收過多油脂，使料理顯得油膩。此外，如果形狀還沒固定就去翻動，麵衣會裂開。

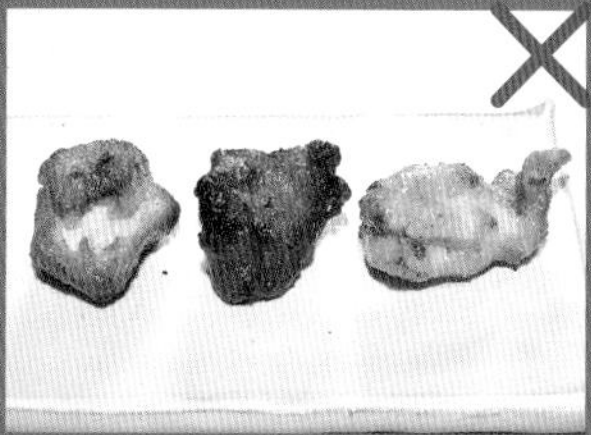

由左到右為麵衣裂開、焦掉、吸收過多油脂的失敗品。

和食的秘訣與重點 ⑪

解決有關油炸料理的疑問

在家裡做油炸料理真的很難嗎？

Q1 需要準備的器具？

油炸鍋、長筷、濾網、淺盆、濾油網等。鍋子、筷子要使用銅製、不銹鋼製等油炸專用器具。濾油網可用餐巾紙代替，濾網則是用來撈起鍋裡的雜質。

Q2 要用多少油？

油炸用油的量要能夠蓋過所有油炸物，而且要再多一些。由於食物熟透後會浮起來，建議使用比食物高 1.5 倍的油來炸。油量過少，食物就無法均勻受熱。

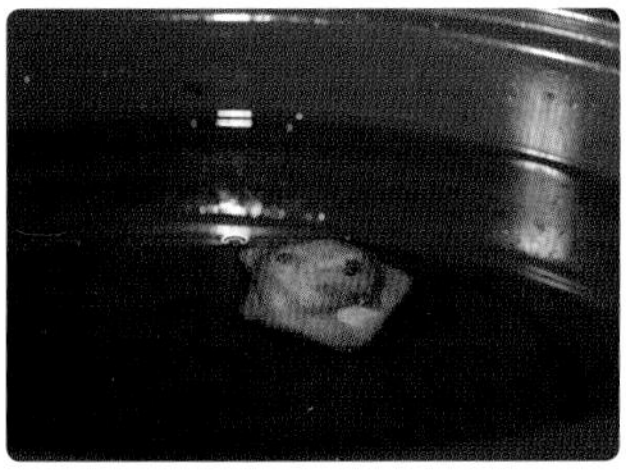

Q3 使用完的油應該如何處理？

完成油炸後，在濾油網上鋪餐巾紙過濾，去除油裡的雜質，將油保存在陰涼處。重複使用時，建議回鍋油與新油的比例成 1:1。油放一個月以上就會氧化，要特別留意。

Q4 如何分辨油溫？

滴一滴麵衣進油鍋，如果麵衣沉進鍋底再也沒有浮起來，大約是 160 度的低溫。如果麵衣沉進鍋底後立刻浮起來，大約是 180 度的中溫。最後，如果麵衣不會下沉直接在油面散開，則是 200 度的高溫。

克服心理障礙 挑戰油炸料理

對一些還不習慣的人來說，油炸料理可能很難調理。要準備的器具很多，還要使用大量的油。但只要有濾油鍋這種方便的器具，就能輕鬆處理使用過的油。

雖然我們得依家人人數來選擇油炸鍋的大小，最好選擇能放進充足油量的鍋子。此外，雖然使用普通的筷子也無妨，但還是建議使用金屬製的調理長筷，不會燒起來、不會焦掉，味道也不會殘留在筷子上，相當方便。油炸網和濾油網並非不可或缺，可以使用漏勺、餐巾紙；來代替，可以斟酌購買。

重複使用數次的回鍋油不能直接倒入水槽。要先用布或餐巾紙去除多餘油脂才能丟掉，或是用市面上賣的凝固劑使油炸用油凝固後，視為可燃垃圾丟棄。

海鰻八幡卷

Yawatamaki

八幡卷2種

能夠互相襯托的組合最完美

牛肉八幡卷

海鰻八幡卷

材料（2人份）

牛蒡（細的）⋯2 根（320g）

A
- 高湯⋯2 杯（400cc）
- 味醂⋯2 大匙
- 薄口醬油⋯2 大匙

海鰻⋯1 尾（100g）

B
- 酒⋯2 大匙
- 味醂⋯2 大匙
- 濃口醬油⋯2 大匙
- 大豆醬油⋯1 小匙
- 砂糖⋯1 大匙

山椒粉⋯1 撮

甘醋漬生薑根（參考 P220）⋯適量

Point

用牛蒡牢牢地把
海鰻捲起來

所要時間
90分鐘

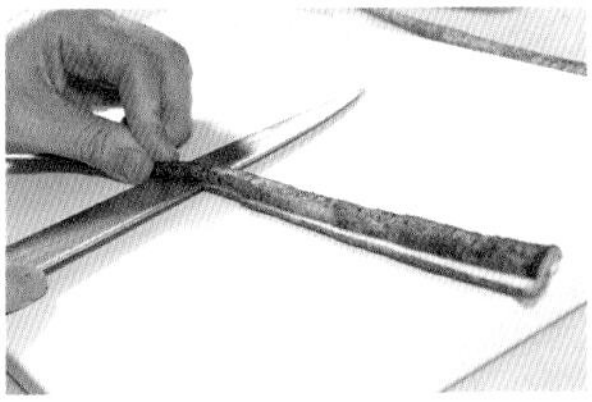

01 用刷子清洗牛蒡。較粗的部份直切 2～4 刀。重不要切斷，保留約 5cm。

02 用適量醋水將牛蒡煮軟，用水浸泡。以 A 煮 10 分鐘讓牛蒡入味，放在竹篩上降溫。

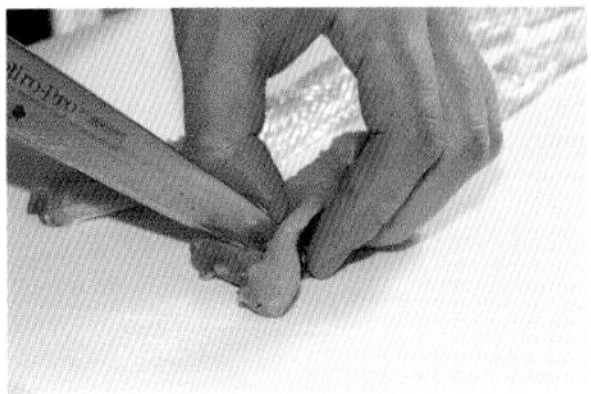

03 參考 P33 分解海鰻。在海鰻四角穿洞，洞的大小要讓牛蒡可以穿過。用菜刀刮除魚皮表面的黏液。沖洗後垂直切成一半。

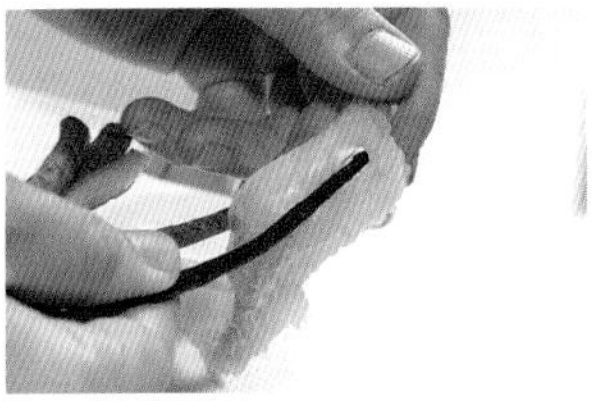

04 牛蒡沒有切斷的那一邊穿過 3 的洞。

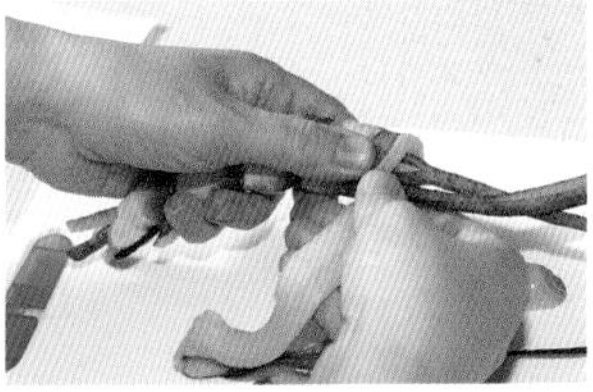

05 海鰻的魚皮向外，用牛蒡斜斜地捲起海鰻。重要確實壓住避免散開，捲的時候要往自己的方向用力拉緊。

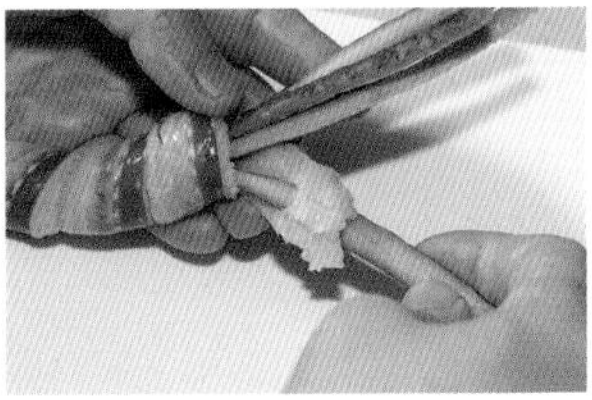

06 1 根直切的牛蒡穿過 3 的洞後固定，重複相同的動作，再固定 1 根牛蒡。

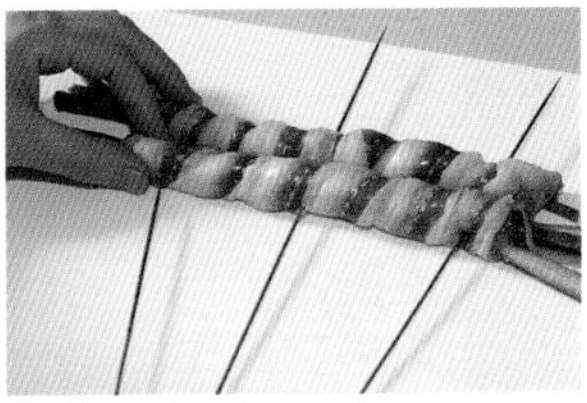

07 2 條做好的海鰻捲並排，分別在前中後段插入鐵籤，形成扇狀。切除多餘的牛蒡。為了不要阻礙熱度的傳導，兩條海鰻捲中間要留一些空間。

08 製作海鰻的醬汁。將 B 放進鍋裡煮到濃稠。

09 放低鐵弓，以大火烤。烤到呈現金黃色後遠離火源；如果沒有鐵弓，則可貼近火爐，以大火烤。

10 架高鐵弓，在海鰻上淋 8 所做的醬汁，以中火烤到醬汁變乾。重複此步驟 3 次。若用火爐烤，食物要距離火焰 10cm。

11 去除鐵籤前端的雜質，以旋轉的感覺拔出鐵籤。頭尾切除後切成一口的大小。灑上山椒粉，再加上甘醋漬生薑根。

牛肉八幡卷

材料（2人份）

切片牛肩肉…120g
鹽…1/2 小匙
胡椒…1/2 小匙
四季豆…4 根（32g）
胡蘿蔔…豌豆大小 4 條
棉線…適量

A
- 酒…1 又 2/3 大匙
- 味醂…3 又 1/3 大匙
- 濃口醬油…1 又 2/3 大匙
- 大豆醬油…1 小匙

甘醋漬茗荷（參考 P220）…適量
沙拉油…1 大匙

Point

不留縫隙地
捲起來

所要時間
30分鐘

01 在保鮮膜上緊密地放上牛肉，從距離 30cm 的高處灑上鹽和胡椒。重如果牛肉中間有縫隙，會無法捲得很漂亮。

02 胡蘿蔔和四季豆排列在牛肉上。配合肉的寬度調整長度，用力捲起固定。

03 全部捲完後，用保鮮膜固定，保鮮膜兩端也要包緊。重確實定形後，煎的時候就不會散開。

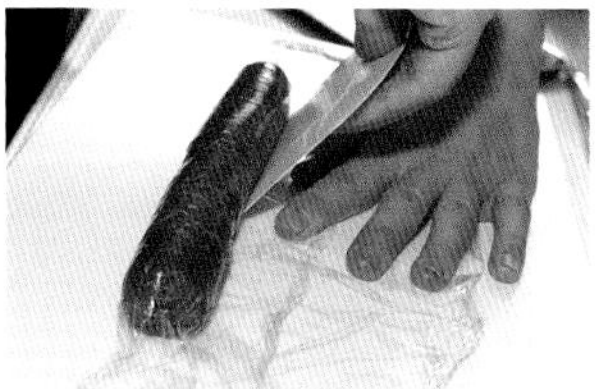

04 稍微定形後攤開保鮮膜，用紙卡去除空氣，再用保鮮膜牢牢地包起來。

05 定形後用棉線或釣魚線固定。打死結固定，避免牛肉捲散開。

06 沙拉油放進平底鍋裡加熱，以中火煎牛肉捲，煎的時候要用筷子翻轉，使其均勻變色。記得一邊煎一邊用餐巾紙擦拭多餘的油脂。

07 熟透後起鍋，擦拭多餘的油脂。不要關火，直接煮 A。

08 煮沸後放牛肉捲，用漏鏟讓醬汁確實裹住牛肉捲。

09 完成後剪開綁線，去頭尾再切成容易食用的大小，和甘醋漬茗荷一同裝盤。

Mistake!

牛肉一直散開……

擺在保鮮膜上的牛肉若有縫隙，蔬菜就會從縫隙跑出來，導致牛肉捲一直散開。因此擺放牛肉時不能有縫隙。

如果肉片破裂，可以用別片肉代替，或是增加肉片數量。

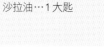

和食的秘訣與重點 ⑫

新鮮食材一定要經過處理

食材是否經過處理結果大不同

去除蔬菜的澀液

浸泡

蔬菜用水、鹽水或醋水浸泡，可以去除澀液。如果用醋水浸泡，浸泡過後別忘了用水沖洗，清除醋的酸味。

去除魚的腥味

淋熱水

淋熱水可以去除魚鱗、髒汙和腥味。但熱水的溫度如果太高，會讓魚肉受熱過度，魚肉可能會碎裂。

去除蔬菜的澀液

汆燙

在加鹽、醋或是小蘇打的熱水裡汆燙後，蔬菜的纖維會軟化，顏色也會看起來更鮮艷。

去除魚肉多餘的水分

灑鹽

從距離30㎝的高處灑上鹽，魚就會出水，淺盆要稍微傾斜。依照魚的大小與種類，鹽量與放置時間會有所不同。

足以左右料理的味道 最重要的調理步驟

和食經常會生食魚肉或蔬菜，所以必須事前去除食材的異味、苦味。造成異味、苦味的主要原因就是澀液。如果事前沒有好好處理，料理的味道會差很多。此外，留在食材上的澀液和空氣接觸後會氧化，導致食材變色。像是牛蒡、蓮藕、蘋果等食材之所以會變色，就是因為澀液的關係。

蔬菜去皮後就要去除澀液。比如說牛蒡一切很快就會變色，所以要立刻用醋水浸泡；魚的腥味大多附著在魚皮或魚骨上，所以事前處理以魚皮為主。

然而，澀液也有營養和鮮味，如果過度去除，食材可能會變得沒有味道。重點是依照食材特性，適當地去除澀液。

第3章 副菜

季節海產一覽

四面環海的日本，擁有豐富的海產

試著在家裡挑戰豐富多樣化的魚料理

海產種類繁多，有魚、貝類、章魚、花枝等。可以生食、燉煮或是燒烤，調理方法更是千變萬化。特別是生魚片、壽司這類直接使用生魚的料理，可以說是日本獨有的調理方法。和食在海外也備受注目，在許多國家都能吃到和食中的魚料理。

各位是不是會因為事前準備作業很繁雜，而選擇購買切片或冷凍的魚肉呢？其實未經加工的當季食材最新鮮。而且一隻魚從魚骨和魚肉全部都能使用，不僅調理範圍更寬廣，餐桌上也會變得更華麗。

剛捕上岸的魚，魚鱗和內臟都未經處理，一定要好好地處理才能開始調理。

春

海瓜子

有殼的海產，要選擇外觀顏色鮮明的。料理前要先用鹽水浸泡，使其吐砂，才能開始烹煮。

文蛤

要選擇殼上有光澤，互相敲打後聲音清脆的。可用在酒蒸料理或湯品。

夏

竹筴魚

有真鰺、室鰺等許多種類。魚身上覆蓋著稱作「稜鱗」的魚鱗，是很好分解的魚。

海膽

要選含有適當水分、顆粒分明的海膽。另外也有鹽漬海膽、海膽醬等加工品。

秋

秋刀魚

秋季的代表魚。魚肉上覆蓋著厚厚一層脂肪，裡面含有蛋白質等許多營養。

鰹魚

春季是「初鰹」、秋季是「返鄉鰹」，含有脂肪的魚肉可以拿來食用。可做成炙燒鰹魚或生魚片。

冬

青花魚

是一般家庭常吃的魚。肉質柔軟。魚肉容易刮傷，所以調理速度要快。

螃蟹

有津和井蟹、毛蟹、鱈場蟹等。可以享用蟹黃或以蟹殼燉煮的高湯。

Chikuzenni

筑前煮

加大量根莖類蔬菜的燉煮料理

筑前煮

材料（2人份）

乾香菇…2片（8g）
牛蒡…1/4根（40g）
胡蘿蔔…1/5根（40g）
水煮竹筍…2/3根（80g）
蒟蒻…1/4片（50g）
四季豆…4根（32g）
雞腿肉…130g
高湯…2杯（400cc）
味醂…3又1/3大匙
砂糖…3大匙
濃口醬油…2又2/3大匙
沙拉油…適量

Point

將材料煮軟後
再加醬油

所要時間
45分鐘

※將香菇泡軟需要半天的時間

01 (準)用水浸泡乾香菇半天。(重)蓋上保鮮膜，將全部的香菇泡軟。

02 香菇泡軟後清除水分，切除香菇頭，再切成容易食用的大小。

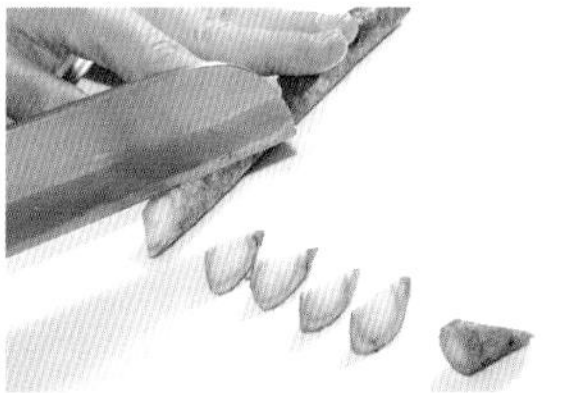

03 用刷子清洗牛蒡，滾刀切成容易食用的大小。

04 迅速用適量醋水浸泡，去除澀液。用水清洗後去除水分。

05 胡蘿蔔削皮，配合牛蒡滾刀切成容易食用的大小。

06 竹筍煮好後斜切。

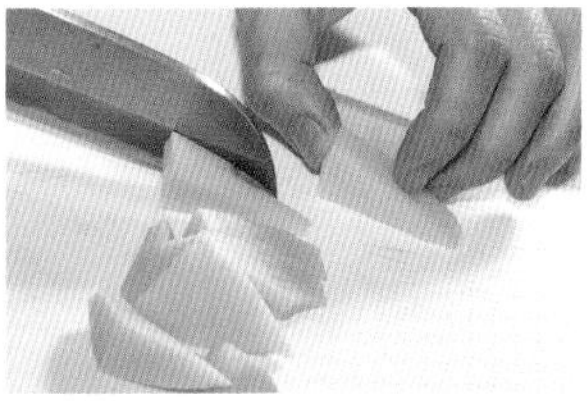

07 竹筍滾刀切成與牛蒡、胡蘿蔔的大小。

08 蒟蒻灑上適量的鹽後靜置，出水後用沸水燙3～4分鐘，降溫備用。

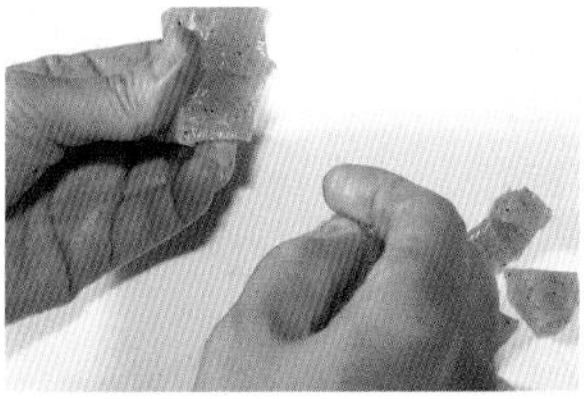

09 用手將蒟蒻撕成容易食用的大小。(重)邊緣粗糙比較容易入味，所以不用刀切。

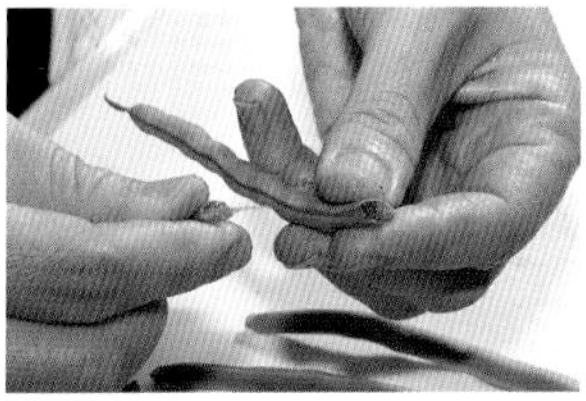

10 四季豆去老梗。

11 用鹽水汆燙1～2分鐘，放在竹篩上降溫，切成一半。

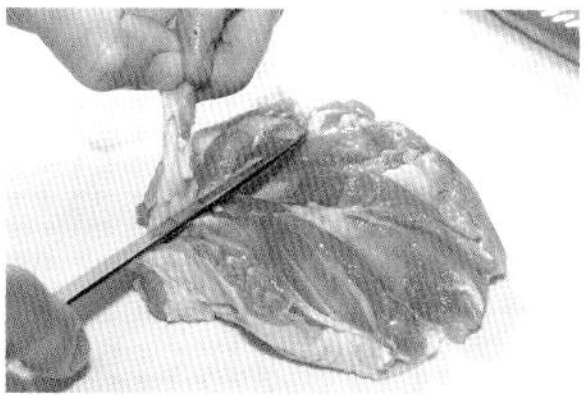

12 去除雞腿肉多餘的油脂，去筋後切成 3×3cm 的塊狀。

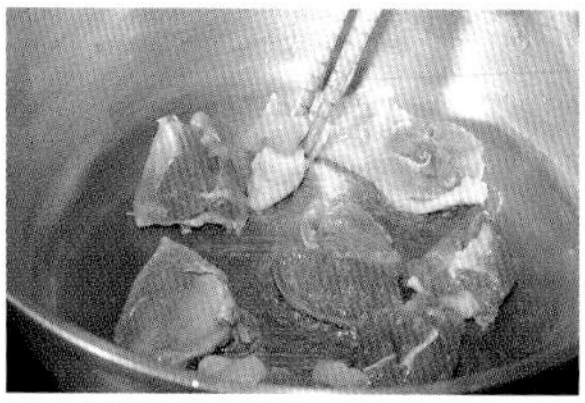

13 熱鍋後讓沙拉油均勻分布，雞皮朝下以中火煎。重不要翻動雞肉，先讓雞皮熟透。

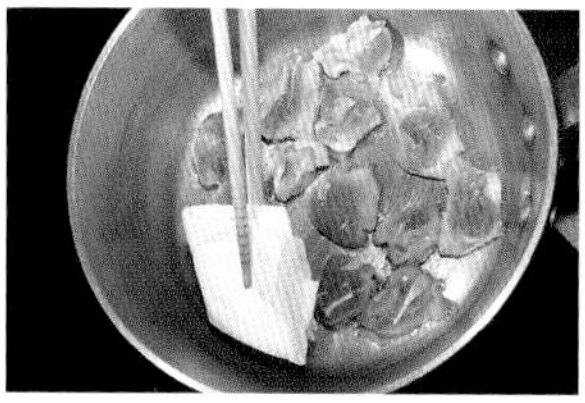

14 等油脂溢出，以餐巾紙擦拭。重去除帶有腥味的雞油。

15 等雞皮稍微變色，沒有油脂溢出即可翻動。重只要輕輕地用木鏟推，雞肉就不會黏鍋。

16 胡蘿蔔、牛蒡放進鍋裡輕輕拌炒。重從難受熱的根莖類蔬菜開始放。

17 竹筍、蒟蒻、乾香菇放進鍋裡，將全部的食材炒軟。重如果黏鍋，可以加一點高湯。

18 高湯、味醂、砂糖放進鍋裡，煮20分鐘，讓湯汁收到能看見材料。

19 去除浮沫。重由於湯汁是精華所在，所以把浮沫吹掉後，湯汁要再放回鍋裡。

20 煮到竹籤可以輕鬆穿透，均勻淋上濃口醬油。

21 用布擦拭鍋壁。一邊讓湯汁均勻分布，一邊收汁。

22 味道均勻分布，完全收汁製造光澤後即告完成。最後與 10 一同裝盤。

Mistake!

雞肉黏鍋、變焦

拌炒雞肉時，如果雞皮還沒熟透就翻動，很快就會焦掉。在雞皮熟透前不要翻動，

雞皮熟透後以木鏟翻動，避免雞肉黏鍋。

Dish Up!

切法會影響整體的印象

宴客時，可以用四季豆尾端點綴其他材料，看起來就很漂亮。切小塊拌勻，不僅容易食用，看起來也很可愛。

不只是四季豆，綠色蔬菜都可以用來裝飾料理。

和食的秘訣與重點 ⑬

日本新年時不可或缺的重箱[1]

記住重箱的正確使用原則

一之重

末廣…將主菜盛裝在中央小缽或竹筒等容器裡，四周用其他料理將主菜包起來。

盛裝黑豆、日本鯷魚、鯡魚子等節慶料理、紅白魚板、伊達煎蛋等適合做為前菜的料理。

二之重

隅切…將重箱以塑膠葉片隔成四角的三角形與中央的四方形。中央的四方形盛裝主菜。

以清爽的醋漬料理為主，像是醋漬生食、青花魚、章魚與蔬菜等。使用色彩鮮豔的蔬菜，看起來就很豪華。

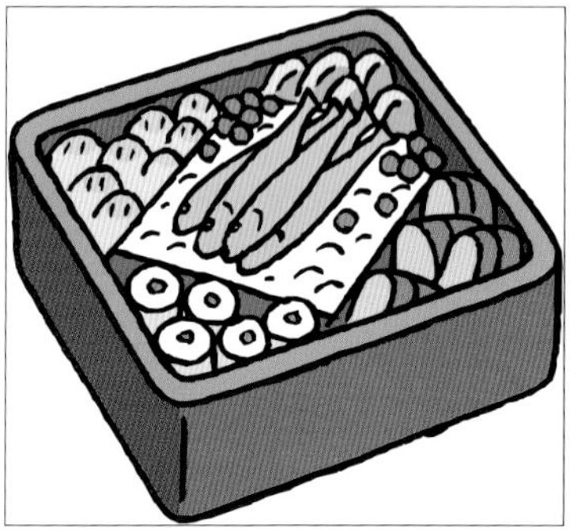

三之重

段取…將料理盛裝成橫紋，將相同的料理排成一排。這樣不僅好拿，看起來也很清爽。

以龍蝦、鯛魚等燒烤料理為主。平常會使用出世魚[2]中的鰤魚、春季當季的土魠魚等象徵好兆頭的食材。

與[3]之重

手綱…將料理盛裝成斜紋，就像馬的韁繩[4]，每排寬度不同也無妨。

以燉煮料理為主。胡蘿蔔要做成梅花花瓣、香菇要切成龜殼等，用形狀與外觀來呈現華麗感。

享用充滿新年新希望的年菜

年菜是利用重箱盛裝的代表料理。主婦們為了在正月一日至三日休息，所以事先做好大量料理，裝在傳統的「五段重」裡。五段重，從上至下稱為一之重、二之重、三之重、與之重、五之重。五之重又稱為「控之重」，用來整理吃剩的料理，或是擺放多做可加以補充的料理。

年菜料理多和新年的新希望有關。像是祈願自己認真工作、認真生活的黑豆[5]、用來祈願多子多孫的鯡魚子，以及烤鯛魚則象徵可喜可賀[6]。

一般家庭的年菜不需要太多限制，也可自由使用大盤、淺盆、二段重、三段重來盛裝。

1 「重箱」在日文中亦即「疊成一層一層的盒子」。
2 「出世魚」是指每個成長階段名稱不同的魚。
3 「與」在日文中與「四」同音。
4 「手綱」在日文中亦即「韁繩」。
5 「認真」在日文中與「豆」同音。
6 「鯛魚」在日文中與「可喜可賀」部份同音。

Hirous fukumeni

豆腐丸燉煮

豆腐丸先炸後煮，是一道素食料理

豆腐丸燉煮

材料（2人份）

木棉豆腐…1塊（300g）
百合…約3片（12g）
乾木耳…3g
銀杏…6個
黑芝麻…1/2大匙
大和芋…1/2個（15g）
A 鹽…1撮
A 砂糖…1大匙
A 薄口醬油…1小匙
蛋液…1/4個
菠菜…1/4把（50g）
八方高湯…1杯（200cc）
油炸用油…適量

湯汁材料

酒…1大匙
味醂…1大匙
高湯…1杯（200cc）
濃口醬油…2小匙
薄口醬油…2小匙
砂糖…1小匙

Point

豆腐要確實去除水分，才能與材料混合

所要時間 60分鐘

※ 去除豆腐水分需要30分鐘

01 去除豆腐的水分。木棉豆腐橫切成一半。

02 切面朝下，放在舖了棉布的壽司簾上，上方也要蓋棉布。

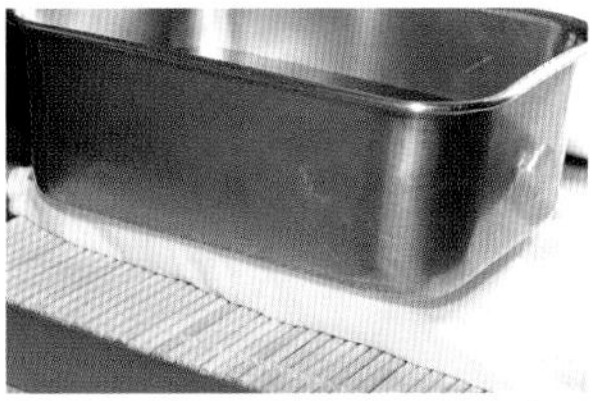

03 加了水的淺盆放在上方，利用淺盆的重量去除水分。重放30分鐘以上，將原本重300g的木棉豆腐壓到剩240g，確實去除水分。

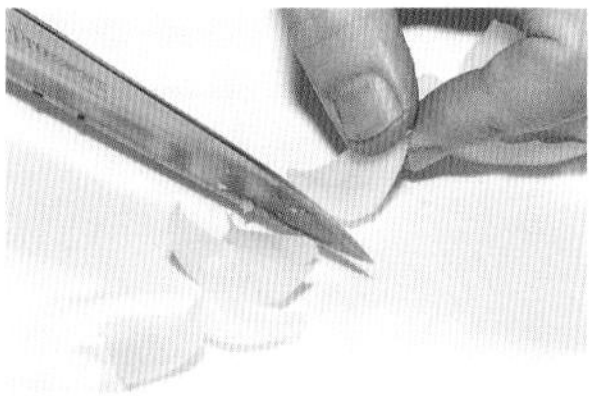

04 百合切片，寬約1cm，用鹽水汆燙後降溫，用一半的八方高湯浸泡備用。

05 菠菜用鹽水汆燙，去除水分後用其餘的八方高湯浸泡。

06 乾木耳用水浸泡15分鐘。泡軟後去除較硬的部份，切絲用水汆燙。

07 去除水分後與百合一同用八方高湯浸泡。

08 銀杏放進稍微沸騰的熱水，在湯勺裡滾動、去皮。降溫後對半切，用7的八方高湯浸泡。

09 黑芝麻以中火炒到散發香氣。重一邊移動鍋子一邊煎，讓芝麻受熱均勻。

10 豆腐確實去除水分後過篩。重黏在篩子背面的也可以使用。

11 用研磨缽磨大和芋，加過篩後的豆腐。重大和芋澀液強烈，皮膚敏感的人記得使用手套。

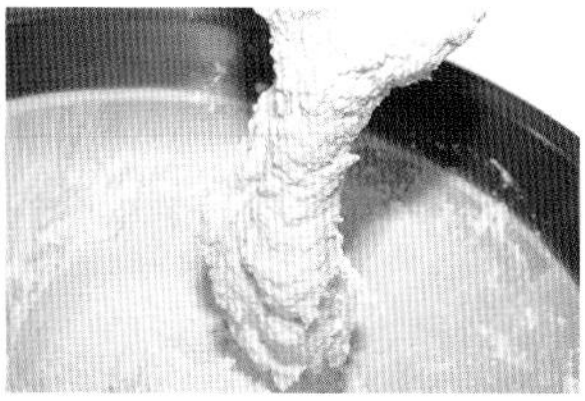

12 豆腐與大和芋磨到會從研磨棒慢慢滑落。重加大和芋會比較有彈性。

13 加 A 繼續磨，分數次加蛋液調整硬度。重如果變得太軟就不要再加。

14 去除水分的木耳、百合、銀杏、黑芝麻加進研磨缽裡拌勻。

15 兩支湯匙沾油，利用湯匙做出圓球狀。直接用手做，手會因大和芋的澀液感覺癢癢的，要特別留意。

16 用 165 ～ 170 度低溫慢炸，炸到浮起來並呈現黃色或茶色後即可起鍋。

17 一邊炸一邊用濾網翻動，就能均勻受熱。太用力壓會破掉，要特別留意。

18 炸好的豆腐球放進沸水裡去除多餘油脂，放在竹篩上降溫。

19 製作湯汁。將味醂、酒放進鍋裡煮沸，接著加高湯、濃口醬油、薄口醬油、砂糖再煮沸。

20 豆腐球放進 19 的湯汁裡，放上落蓋以小火煮 10 分鐘。去除 5 菠菜的水分，切成 3 ～ 4cm 的小段後裝盤。

One More Recipe

炸豆腐丸（雁擬）

材料（2人份）

木棉豆腐…1 塊（300g）、百合…約 3 片（12g）、乾木耳…5g、銀杏…6 個、黑芝麻…1/2 大匙、大和芋…1/2 個（15g）、鹽…1 撮、蛋液…1/4 個、蝦子…100g、蛋白、太白粉…適量、青辣椒…2 根、果醋、辣椒蘿蔔泥、油炸用油…適量

製作方法

❶前面的步驟與豆腐丸燉煮 1 ～ 14 相同。
❷清洗後去除水分的蝦子、蛋白、太白粉放進碗裡，用手輕輕搓揉、沖洗。
❸去除蝦子的水分，切成寬約 1cm 的小丁。
❹蝦子加進 14。
❺用沾油湯匙做出圓球狀，用 180 度油炸到呈現金黃色。
❻變色、浮起後即可起鍋。
❼與直接油炸的青辣椒、辣椒蘿蔔泥、果醋一同裝盤。

蝦子以蛋白、太白粉仔細搓揉，比用水沖洗更能去除腥味。

如果油炸後不煮要直接吃，就用高溫炸到呈現金黃色。

和食的秘訣與重點 ⑭

挑戰在家裡製作手工豆腐

要十分留意火力、分量與攪拌程度等細節

豆腐

材料

大豆…1 杯（200cc）
鹽滷…1 大匙

製作方法

❶大豆清洗後用兩倍的水浸泡一晚。
❷①的大豆與 100cc 的水放進食物處理器裡打碎。
❸移到鍋裡，一邊攪拌一邊以小火煮 10 分鐘。
❹靜置降溫。
❺豆漿放進棉布袋裡，分成豆渣與豆漿
❻將 120cc 的水、1.2g 的鹽滷各分成 2 份。
❼製作絹豆腐。將⑤一半的豆漿與⑥其中之一拌勻後，放進容器裡，以湯匙清除表面的氣泡。放進蒸鍋裡，以小火蒸 15 分鐘。
❽製作木棉豆腐。⑤其餘的豆漿加熱到 75～80 度，一邊以木鏟慢慢攪拌一邊加⑥，使其凝固。待豆腐四周的水變得透明，放在竹篩上去除水分，修整成圓形。

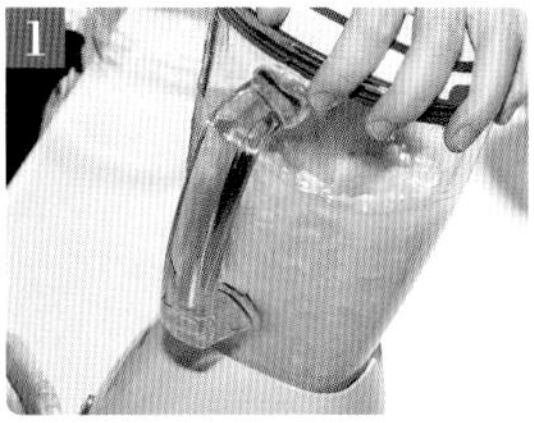

製作豆漿。以食物處理器將大豆打碎。

用力去除水分。如果用綿布袋過濾，豆漿的口感會比較細緻。

用一半的豆漿製作絹豆腐，另一半製作木棉豆腐。豆渣可以用在其他料理。

以蔥、茗荷、生薑等裝飾。

絹豆腐

氣泡受熱後會形成空洞，倒豆漿的動作要輕，避免出現氣泡。

木綿豆腐

做出圓形後，綁起來靜置。以重物去除水分。

先使用市售豆漿製作起來就很輕鬆

製作豆腐時，火力、攪拌程度以及鹽滷的量都很重要，必須謹慎調整。雖然很難，但和食使用豆腐的情形相當頻繁，建議各位一定要挑戰看看。

其中最重要的是，大豆一定要用水浸泡一晚，確實泡軟。如果大豆還是很硬，就算使用食物處理器也無法打碎，無法製作豆漿。此外，鹽滷的量也很重要，比例是鹽滷：水＝1：100。如果鹽滷太多，做出來的豆腐會太硬，還會帶有苦味；相反的，如果鹽滷太少，豆腐就無法凝固。

製作木棉豆腐時，如果豆漿煮沸，口感會變差，要特別留意。

如果覺得費時費工，可以先使用市售豆漿，製作起來就會很輕鬆。

Kanbutsu no nimono

燉煮乾貨3種

車麩荷蘭煮

羊栖菜五目煮

夾餡高野豆腐

荷蘭風燉車麩

材料（2人份）

車麩…2個
胡蘿蔔…1/3根（70g）
茄子…1根（50g）
南瓜…1/15個（80g）
豌豆…4片（8g）
A 高湯…2杯（400cc）
A 濃口醬油…2大匙
A 味醂…3大匙
A 砂糖…1小匙
油炸用油…適量

※ 荷蘭風煮亦即先炸再煮，詳情參考 P132

Point
南瓜要先用
別的鍋子煮軟

所要時間
40分鐘

※ 將麵麩泡軟需要 20 分鐘

01 準 將車麩泡軟。蓋上保鮮膜，用大量的水浸泡約 20 分鐘。

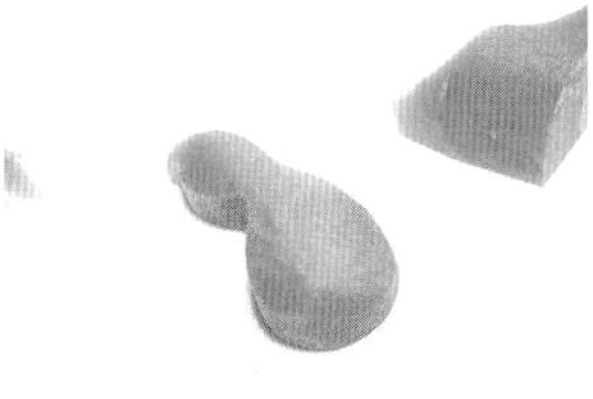

02 胡蘿蔔直切成一半，以壓模器壓出圖案後，以菜刀修整形狀。

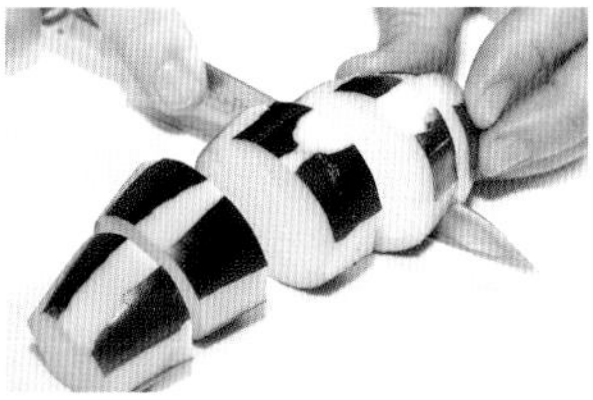

03 茄子去除蒂頭後，去皮時維持一定的間隔。切片後用水浸泡。

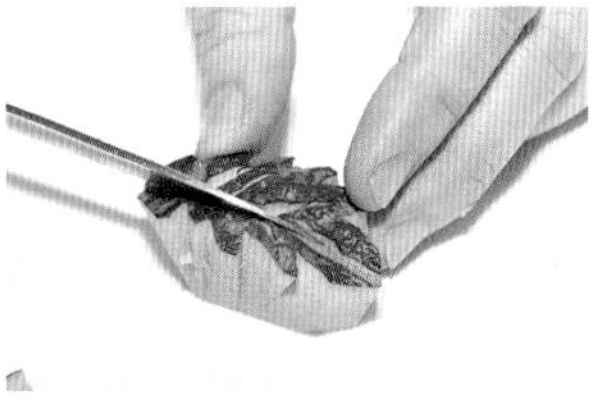

04 南瓜切成適當的大小後，切成葉片的形狀。

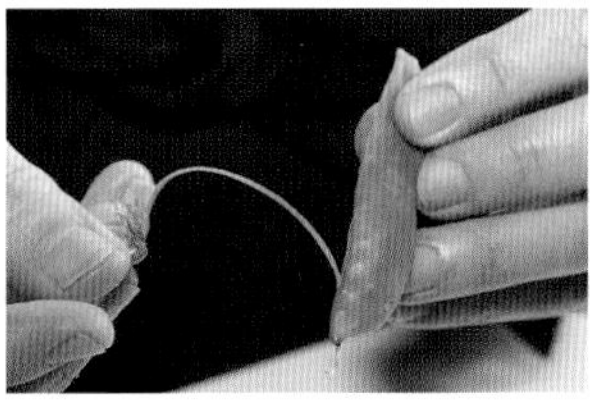

05 豌豆去老梗，用鹽水汆燙。

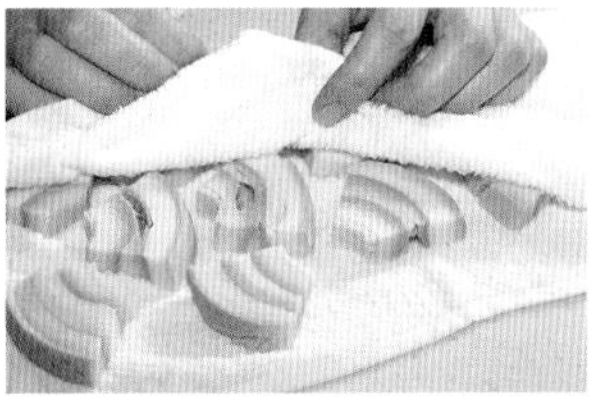

06 泡軟的車麩分成 4 等分，以乾布確實去除水分。

07 用 180 度油炸 1 分鐘，炸到變色後起鍋。

08 用 200 度油炸車麩，接著放進熱水中去除多餘的油脂。

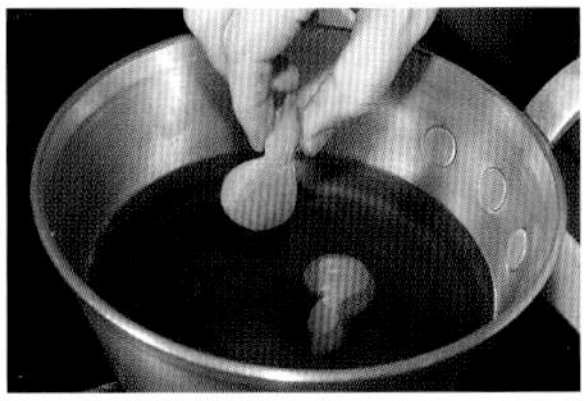

09 A 放進鍋裡將胡蘿蔔煮軟。

10 由於南瓜會碎裂，所以要用別的鍋子煮軟。

11 車麩、茄子放進 9，一邊加湯汁一邊煮，煮到入味。關火前 5～6 分鐘再放南瓜。最後與 5 一同裝盤。

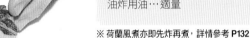

夾餡高野豆腐

材料（2人份）

高野豆腐…2 片
蝦子…10 尾（80g）
味醂…2 小匙
蛋白…2 小匙
鹽…1 撮
A
- 高湯…2 杯（400cc）
- 砂糖…1 大匙
- 味醂…2 大匙
- 薄口醬油…2 大匙
- 鹽…1/5 小匙
- 鰹魚片…3g

蕪菁…1 個（100g）
胡蘿蔔、四季豆（斷面長寬各 2mm×10cm 的條狀）…各 2 根

Point

調整蝦泥的量

所要時間 45 分鐘

※ 將高野豆腐泡軟需要 30 分鐘

01 準 將大量溫水放進淺盆裡，接著放高野豆腐。浸泡 15 分鐘後翻面，再浸泡 15 分鐘。

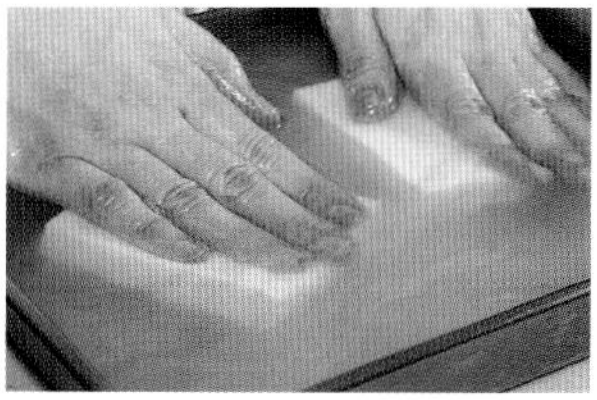

02 確實泡軟後加水，用手按壓清洗。不斷重複相同的動作，直到水變透明。用手去除水分後，切成 4 等分。

03 製作蝦泥。蝦子剝殼後切細末，以研磨缽磨成泥，加味醂、蛋白、鹽後拌勻。

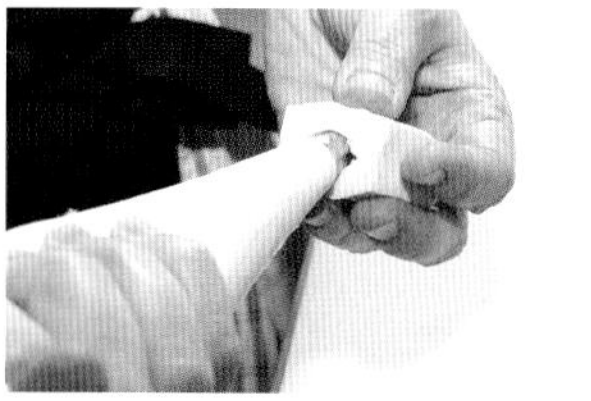

04 在高野豆腐上劃一刀。將放進擠花袋的 3 夾進高野豆腐裡。重 要仔細調整分量，如果夾太多，高野豆腐會裂開。

05 A 放進鍋裡煮沸。一邊搖晃鍋子，一邊放夾好餡的高野豆腐，排列整齊。蓋上落蓋，兩面各煮 10 分鐘後對半切。

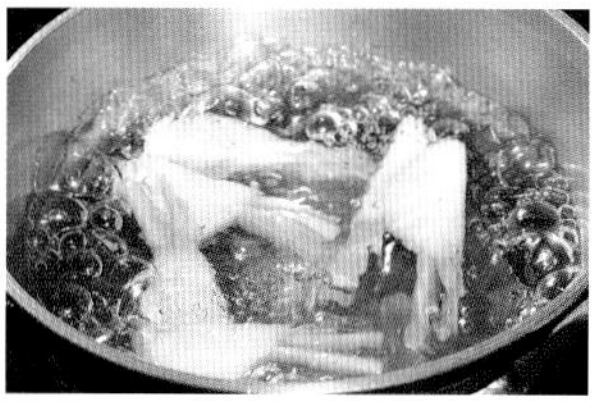

06 蕪菁切到只剩 2cm 的葉子，用鹽水汆燙後加進 5 裡。參考 P27，用胡蘿蔔、四季豆製作相生結裝飾料理。

One More Recipe

羊栖菜五目煮

材料（2人份）

大豆…20 粒（10g）、羊栖菜…20g、油豆腐皮…1 片（30g）、豌豆…4 片（8g）、雞腿肉（去皮）…50g、胡蘿蔔…1/20 根（10g）、酒…1/2 大匙、味醂…1/2 大匙、沙拉油…適量
A 砂糖…1 又 1/2 大匙、醬油…1 又 1/ 大匙、高湯…1/2 杯

製作方法

❶大豆浸泡一晚後，用浸泡的水煮 40 分鐘。
❷羊栖菜洗淨後，以足夠的水浸泡 30 分鐘以上。
❸油豆腐皮以熱水汆燙，去除多餘的油脂。豌豆去老梗，用鹽水汆燙。
❹雞腿肉、胡蘿蔔、油豆腐皮切絲，長度要相同。
❺雞腿肉拌炒到變色後以胡蘿蔔、大豆、油豆腐皮的順序，加進鍋裡繼續拌炒。
❻加羊栖菜後拌勻，加酒、味醂一同燉煮。
❼加 A 煮到剩下少許湯汁。
❽裝盤後以斜切的豌豆裝飾。

用手清洗羊栖菜，確實洗淨後確實去除水分。

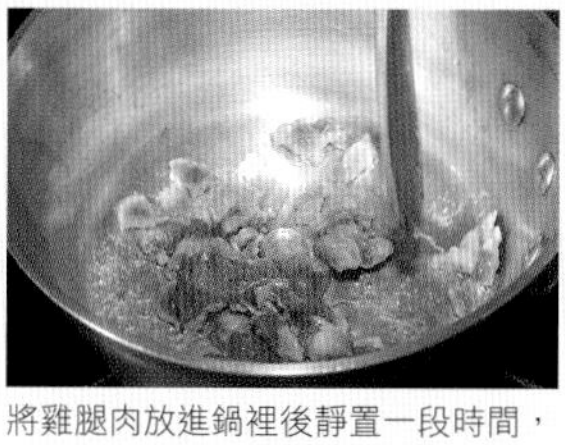

將雞腿肉放進鍋裡後靜置一段時間，如果立刻翻動，雞腿肉就會黏鍋。

和食的秘訣與重點 ⑮

方便的乾貨是餐桌的強大後盾

既可長期保存，又含有豐富的美味與營養

海藻類

海帶芽

用足夠的水浸泡 5 分鐘後用熱水汆燙。如果原本帶有鹽分，則洗淨備用。

羊栖菜

洗淨後用以足夠的水浸泡 30 分鐘，直到觸摸時沒有硬芯。

香菇類

乾香菇

用水浸泡半天。記得選擇大小相仿、厚度夠的乾香菇。浸泡出的湯汁可以當做高湯。

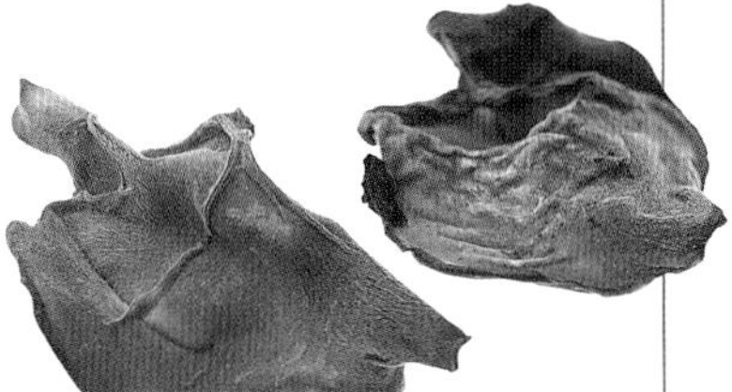

乾木耳

洗淨後用足夠的水浸泡 30 分鐘，再用熱水汆燙。記得選擇確實乾燥的乾木耳。可以用在燉煮、拌炒料理等。

其他

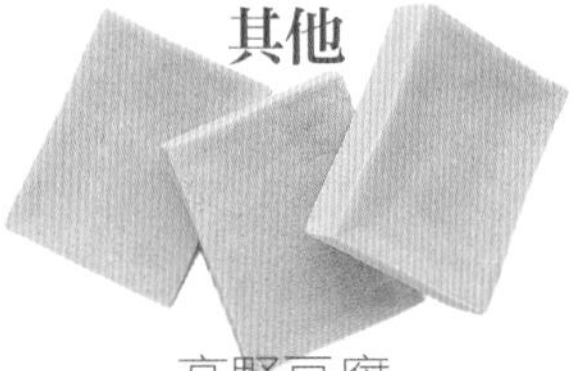

高野豆腐

用淺盆裡的溫水，正反面各浸泡 15 分鐘。水變透明後用手壓，去除水分。

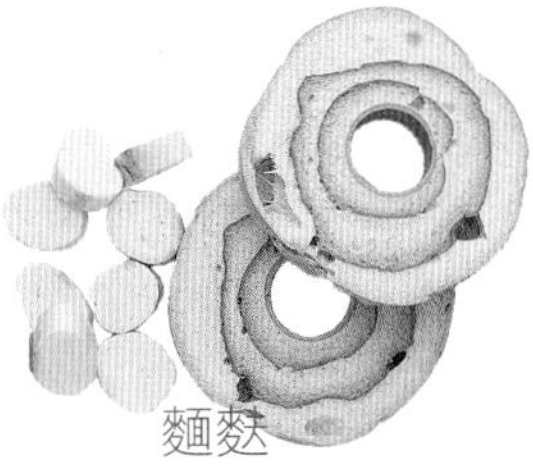

麵麩

用足夠的水浸泡 20 分鐘。因為麵麩會浮起來，要使用落蓋或保鮮膜緊蓋。可以用在燉煮料理、味噌湯等

蝦米

用溫水浸泡半天，浸泡出的湯汁可以當做高湯。由於色彩鮮豔，也可以用來裝飾料理。

只要記得浸泡方法 就能運用在各種料理上

乾貨是指去除水分後曬乾的食材，只要用冷水或溫水浸泡，吸收水分後就會恢復原本的狀態。乾貨濃縮了食材的味道與香氣，恢復原本的狀態後，風味更佳。

基本上，乾貨要用冷水或溫水浸泡。由於乾貨大多很輕，所以蓋上落蓋或保鮮膜能確實讓全部的乾貨泡軟。而海帶芽、乾木耳等食材，只要用水汆燙過再沖洗，就能確實泡軟。

乾貨的特徵是能夠長期保存。就算只有一點濕氣，也有可能發霉。乾貨只要和乾燥劑一同放進密封容器中，保存在陰涼處，就能保存半年。此外，浸泡乾香菇、蝦米的湯汁可以當做高湯。由於風味較為強烈，可以和其他高湯一同使用。

Yasai no nimono

蔬菜燉煮3種

鮮豔欲滴的蔬菜為餐桌增添繽紛的色彩

若竹煮

長芋煮蜂斗菜

茄子翡翠煮

若竹煮

材料（2人份）

竹筍…小1根（460g）

A ┌ 米糠…1撮（50g）
　└ 紅辣椒…1根

生海帶芽…120g

B ┌ 高湯…3杯（600cc）
　│ 鹽…1/4小匙
　│ 味醂…3大匙
　└ 薄口醬油…2大匙

鰹魚片…3g

山椒芽…適量

Point

事前要確實
處理好竹筍

所要時間
40分鐘

※煮竹筍需要1小時

01 參考P22，竹筍和A一同汆燙，去除澀液。

02 確實冷卻後劃一刀，剝除茶色的皮，只留下白色的部份。側面帶茶色的部份也要切除。

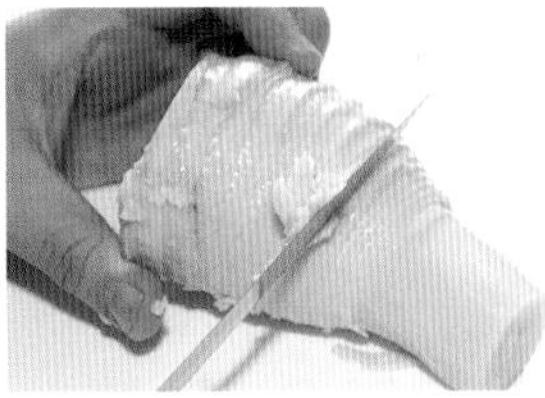

03 用刀切除凹凸不平的部份，讓表面變得光滑。要確實去除竹筍表面的髒汙。

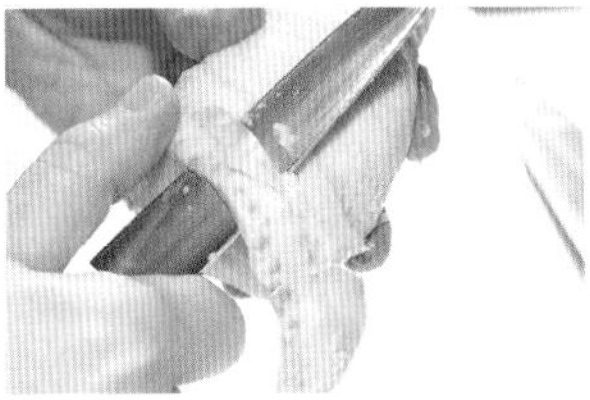

04 用刀削除竹筍根部的顆粒。

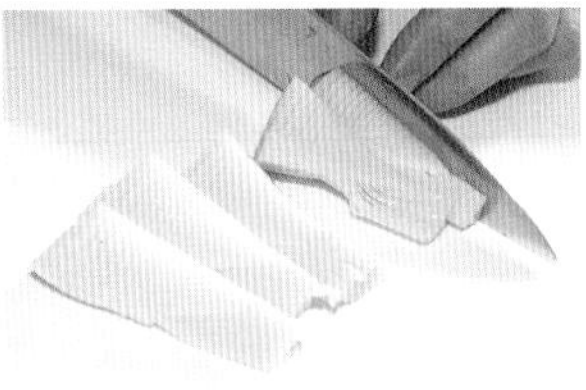

05 竹筍分成上、下2等分，上半部直切成6等分。

06 下半部切成厚約1～2cm的圓片，再切成半月形。重在表面上輕輕劃幾刀，比較容易入味。

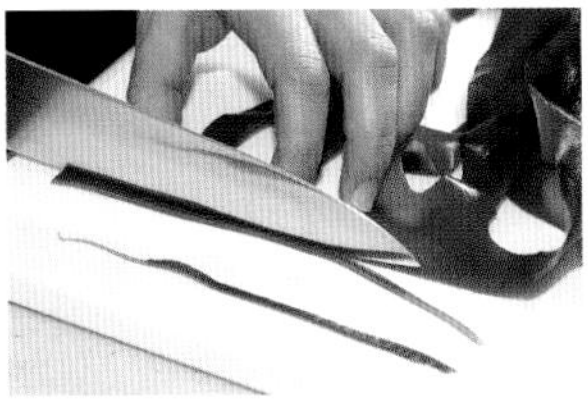

07 生海帶芽去筋，切片，長3cm。

08 用沸水迅速汆燙海帶芽，等到水變成深綠色即可取出。取出後，要立刻將海帶芽放進冰水裡冷卻。去卻後確實去除水分。

09 B放進鍋裡煮沸後加鰹魚片，靜置到鰹魚片沉進鍋裡。

10 用9煮竹筍。先以小火煮6，煮3分鐘後加5，再煮15分鐘。

11 加海帶芽再煮一段時間，最後和山椒芽一起裝盤。

長芋煮蜂斗菜

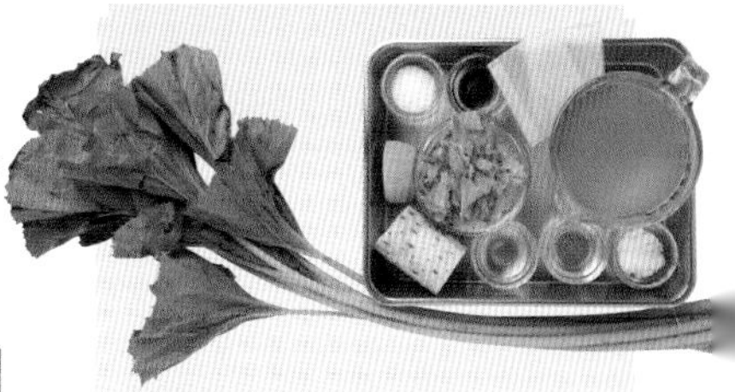

材料（2人份）

酒…2大匙
味醂…1小匙
A
- 高湯…3杯（600cc）
- 砂糖…2大匙
- 鹽…1/2大匙
- 薄口醬油…1小匙

長芋（日本山藥）…1/4根（150g）
鰹魚片…6g
藥材袋…2個
蜂斗菜…5根（含葉200g）
日本香柚…1/4個（5g）

Point

蜂斗菜仔細磨擦
以去除澀液

所要時間
30分鐘

01 製作湯汁。將酒、味醂加熱後，加A煮沸，分成2等分。

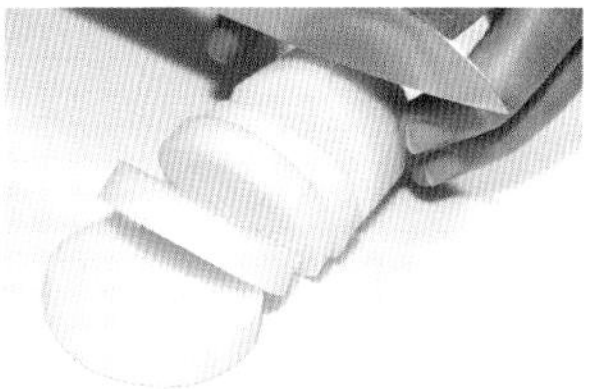

02 長芋去皮，用水浸泡去除表面黏液。切成厚約1cm的圓片，修邊。

03 用烤魚架將長芋烤到變色，也可以用瓦斯槍來輔助，正反面各烤約4分鐘。

04 用適量洗米水將長芋煮到竹籤可以輕鬆穿透的程度，用水沖洗去除澀液。(準)將鰹魚片放進藥材袋裡。

05 去除水分的長芋其中一半放進1裡，再加放了鰹魚片的藥材袋，煮軟。

06 切除蜂斗菜根部較硬的部份，切成10cm的段。在砧板上灑適量的鹽，用手磨擦蜂斗菜。

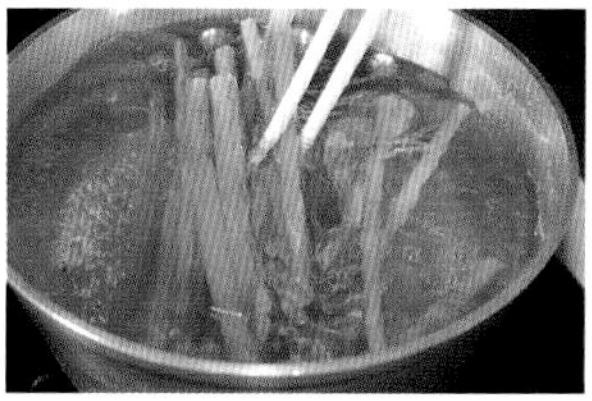

07 蜂斗菜莖較粗的部份放進鍋裡，以大火汆燙2～3分鐘。(重)顏色變得鮮豔後，用冷水浸泡，自根部一口氣去皮。

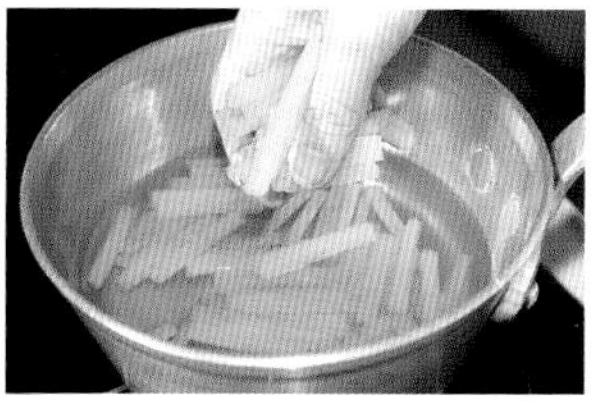

08 比較粗的蜂斗菜直切後，將所有蜂斗菜切成5cm的小段。用1另一半的煮汁與藥材袋煮1分鐘。(重)煮太久會變色。

09 (重)放在竹篩上，用扇子迅速降溫，以維持色彩鮮豔的狀態。

10 藥材袋不需要取出，直接用冰水冷卻湯汁。用膠鏟攪拌更容易冷卻。(重)冷卻的湯汁可以用來泡蜂斗菜，使其入味。

11 日本香柚皮切絲，用溫水浸泡。長芋、蜂斗菜裝盤，倒入湯汁，以去除水分的日本香柚皮裝飾。

茄子翡翠煮

材料（2人份）

茄子（加茂茄或米茄）…1 根（230g）
金針花…10 根（15g）

A
- 酒…1 大匙
- 味醂…2 大匙
- 高湯…1 又 1/2 杯（300cc）
- 薄口醬油…1 小匙
- 鹽…1/4 小匙

柴魚絲（細）…1 大匙
生薑…1 段（10g）
油炸用油…適量

Point

茄子去皮後，
要留住漂亮的綠色

所要時間
30 分鐘

01 茄子去蒂，薄薄地去皮。可以使用削皮器。重去皮時若削得太厚，就無法留住漂亮的綠色。

02 茄子直切成 8 等分。重茄子澀液很強，一切完就要立刻用水浸泡，靜置一段時間。

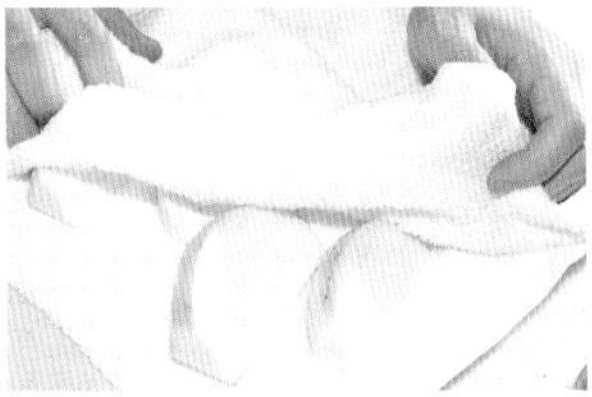

03 用毛巾確實去除水分。重如果沒有確實去除水分，油炸時油會亂噴。

04 用 170 度直接油炸，炸到稍微收縮、變軟，呈現漂亮的綠色後即可起鍋。

05 放在竹篩上淋熱水，去除多餘的油脂。

06 用 180 度直接油炸金針花。

07 A 的酒和味醂先加熱後，再加其他的調味料。煮沸後加去除水分的茄子。

08 蓋上落蓋煮沸後，轉小火再煮 3～5 分鐘，呈現漂亮的綠色後即可關火。

09 金針花油炸後以熱水去除多餘的油脂，接著放進鍋裡稍微加熱一下，和柴魚絲、生薑泥一同裝盤。

Dish Up!

也可以使用有蓋容器

有湯汁的小菜也可以使用有蓋子的容器，避免料理變涼。此外，打開蓋子時香氣四溢，也是呈現料理一種很好的方法。

在日本料亭，經常使用有蓋子的容器，避免料理變涼。

Niku no nimono

肉品燉煮2種

分量十足的幕後主角

牛肉時雨煮

鴨肉治部煮

牛肉時雨煮

材料（2人份）

牛的五花肉片…200g
生薑…50g
麻油…2 大匙
酒…4 又 2/3 大匙
三溫糖…2 大匙
濃口醬油…2 大匙
水飴…1 小匙

Point

牛肉片要先汆燙

所要時間
30分鐘

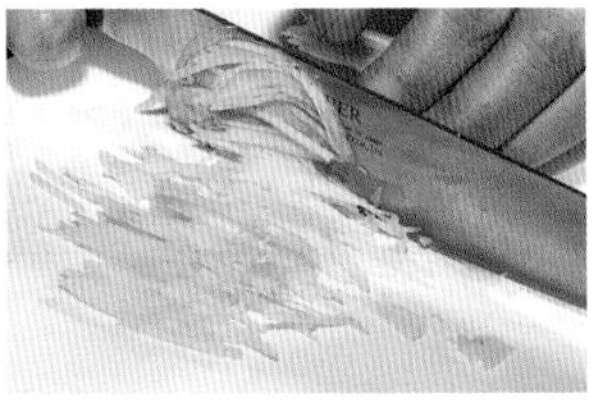

01 生薑去皮，切薄片後再切絲。

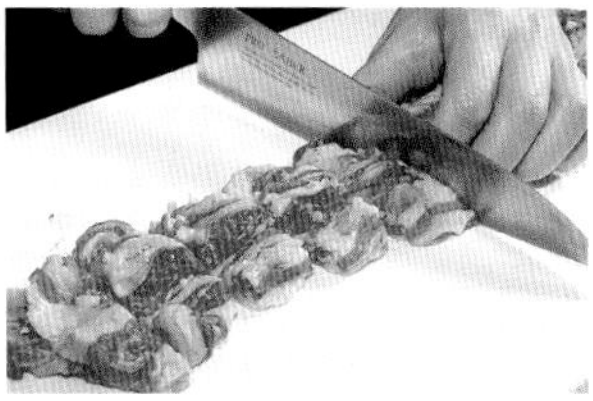

02 牛的五花肉片在砧板上攤開，切成 2～3cm 的大小。

03 用 80 度的熱水浸泡牛肉，去除油脂與腥味。用筷子翻動，使其均勻受熱。重這樣拌炒時比較不會黏鍋，肉也不會黏在一起。

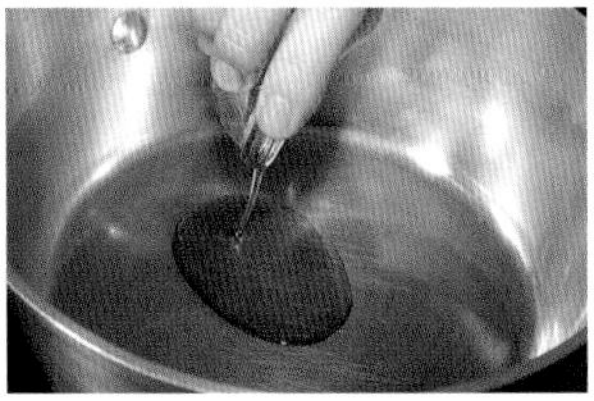

04 芝麻油放進鍋裡，使其均勻擴散。重以小火慢慢加熱。

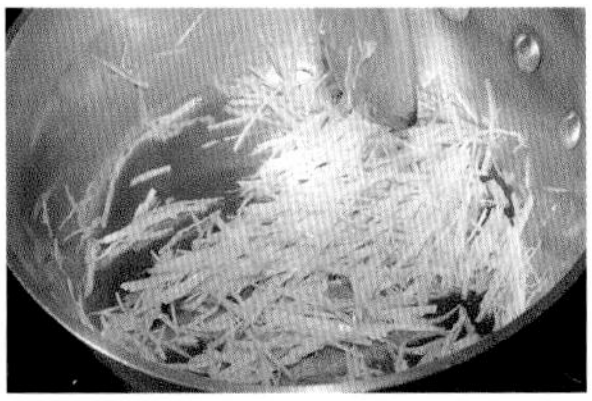

05 生薑絲放進鍋裡拌炒到散發香氣。重若芝麻油不夠，可以多加一點。

06 加去除水分的牛肉，以中火～大火的火力拌炒到變軟，加酒使酒精揮發。

07 加三溫糖，使所有材料均勻入味。

08 三溫糖溶解後，加濃口醬酒煮沸。

09 加水飴煮到湯汁收乾。重如果水飴很硬，可以用微波爐加熱 30 秒，變軟後再使用。

Mistake!

牛肉放進沸水裡會黏在一起

將牛肉放進沸水裡，肉會黏在一起。80 度是最佳溫度。將肉放進熱水後，在肉變硬前迅速用筷子翻動。

不直接拌炒，先用熱水汆燙，肉就不會黏在一起。

鴨肉治部煮

材料（2人份）

鴨肉⋯150g
舞菇⋯4/5 袋（80g）
水芹⋯6 根（15g）
薄麵麩⋯1/2 片
蔥⋯1/4 根（25g）
胡蘿蔔⋯圓片 4 片
低筋麵粉⋯適量
高湯⋯1 又 3/4 杯（350cc）
酒⋯3 大匙
味醂⋯2 大匙
薄口醬油⋯2 大匙
砂糖⋯1 大匙
太白粉⋯1 大匙
山葵⋯1 根（斟酌使用）

Point

鴨肉要確實拍落多餘的粉

所要時間
30分鐘

01 舞菇切除根部，用手撕成容易食用的大小。

02 水芹切除根部，用鹽水汆燙。稍微變軟後取出，放在竹篩上降溫。去除水分，切成 3 ～ 4cm 的小段。

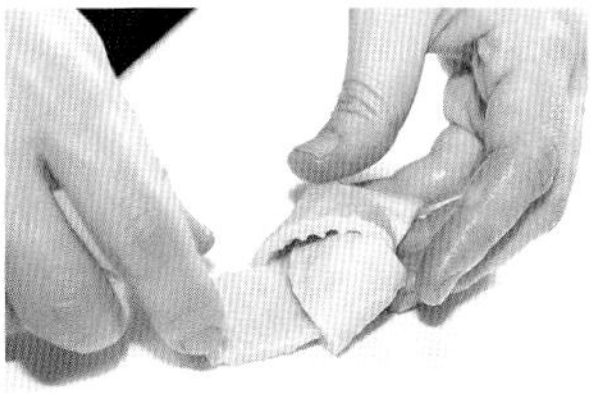

03 薄麵麩直切成一半，打結。若原本是乾貨，則要先用水浸泡 3 小時。

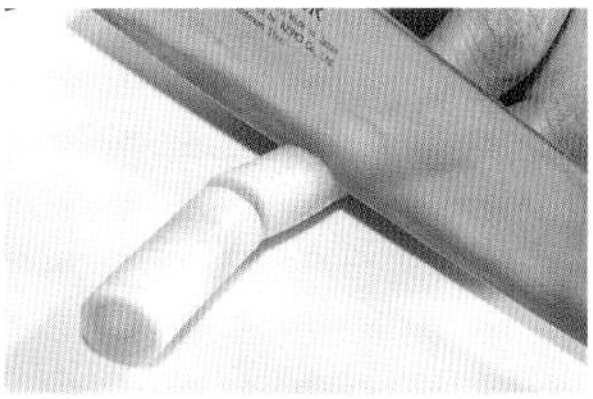

04 在蔥的表面淺淺地劃幾刀，切成 5cm 的小段。

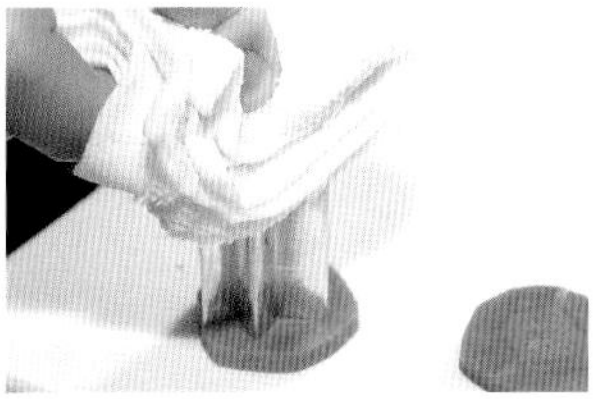

05 胡蘿蔔用壓模型壓出圖案。

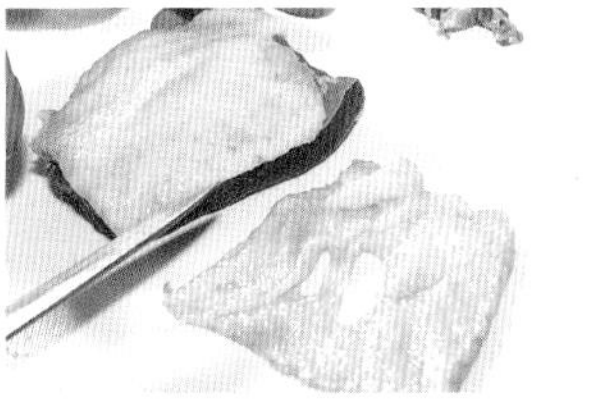

06 鴨肉去筋並去除多餘油脂，切成厚 1cm 的薄片。重鴨皮油脂較厚時，可留下 2 ～ 3mm 的油脂。

07 鴨肉輕輕拍上一層低筋麵粉。重一定要拍落多餘的粉。

08 高湯、酒、味醂放進鍋裡煮，轉中火加薄口醬酒、砂糖，再加胡蘿蔔、薄麵麩、蔥燉煮 5 分鐘。

09 加香菇一起煮，香菇變軟後取出所有材料。

10 鴨肉放進鍋裡，鴨肉變色後拌勻。若覺得不夠濃稠，可以用太白粉勾芡。

11 材料全部放進鍋裡，燉煮 5 分鐘後即告完成。與水芹、山葵泥（參考 P93）一同裝盤。

和食的秘訣與重點 ⑯

各式各樣的燉煮料理

增加燉煮料理的種類

帶有光澤的燉煮料理

一邊用材料的油脂、味醂製造光澤，一邊煮到完全收汁。調味以甜辣為主。

製作方法❶用洗米水煮削皮後切成六角形的芋頭（4個）、切成半月形的蕪菁（1個）。❷用P94的湯汁（150cc）燉煮雞翅（2根）。煮的時候要不時用湯汁淋雞翅，製造出光澤後裝盤，以磨碎的日本香柚裝飾。

先炸再煮的燉煮料理

材料炸過後用湯汁稍微煮過。油炸能為料理更增濃醇，且不易煮糊。日本稱此調理法為「荷蘭風」。

製作方法❶用酒（1小匙）、醬油（1小匙）、砂糖（1小匙）煮雞絞肉（50g）。❷去籽的南瓜（300g）切成容易食用的大小，油炸。❸用高湯（300cc）、砂糖（1/2大匙）、味醂（13cc）、薄口醬油（18cc）燉煮①、②。

加蘿蔔泥的燉煮料理

在湯汁裡加進去除水分的蘿蔔泥一同煮。蘿蔔泥不僅可以讓材料更入味，還具有幫助消化的效果。

製作方法❶油炸年糕切塊（2個）、做成花瓣形狀的胡蘿蔔（4片）。❷在秋刀魚（1/2尾）上灑鹽，將水分擦乾後輕輕拍上一層低筋麵粉，油炸。❸用鹽水汆燙山茼蒿（1/4把）後切成4cm的小段。❹一段蘿蔔（8cm）磨成泥後去除水分。❺用P94的湯汁（1杯）燉煮。

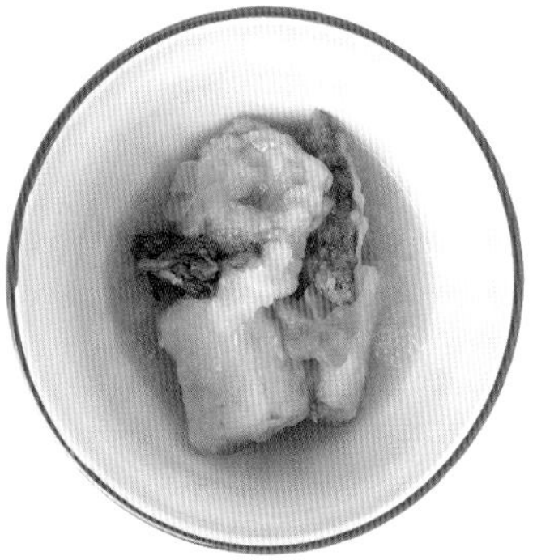

先炒再煮的燉煮料理

材料先炒過再用少量湯汁煮過，材料更容易入味。此類料理以羊栖菜、金平風小菜最具代表性。

製作方法❶用水泡軟的竹筍乾、曬乾的芋頭莖切成4cm的小段。❷用水將乾腐皮（1/3片）泡軟，切片，大小約為5×5cm。❸用沙拉油拌炒①。❹用P94的湯汁（2杯）將腐皮煮到完全收汁，以少許辣椒裝飾。

食材、調味料、調理方法決定燉煮料理的名稱

燉煮料理使用的調味料、調理方法、食材，組合起來有數也數不清的種類。像是甘煮、浸煮、具足煮等種類。所以我們要依照材料的特徵，來選擇適合的調理方法。

決定材料時要先決定主角，接著選擇能夠突顯主角味道的配角。可以搭配不同顏色、味道、軟硬的材料，配色、形狀也很重要。像是豬肉角煮搭配青菜時，由於滷豬肉味道較重，所以青菜的味道就要比較清爽，才會比較均衡。

製作燉煮料理時，落蓋是不可或缺的器具，不僅能避免材料碎裂，還可以讓料理確實入味、熟透，非常重要。

Tamagoyaki

煎蛋3種

只要記住傳統的煎蛋方法就不用害怕囉！

關東風煎蛋

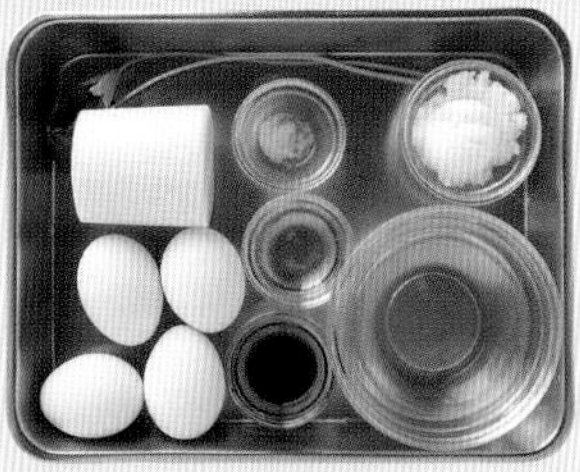

材料（2人份）

雞蛋…4 個
味醂…1 大匙
砂糖…3 大匙
薄口醬油…1 小匙
鹽…1 撮
沙拉油…適量

裝盤材料

白蘿蔔…1/10 根（100g）
三葉芹…2 根（2g）
甘醋…3/4 杯（150cc）

Point

煎蛋鍋
要確實熱鍋

所要時間
20分鐘

01 在碗裡打蛋，加砂糖、薄口醬油、鹽拌勻。

02 1 過篩。(重)用洞比較大的篩子，去除雞蛋半透明的部份（繫帶）。

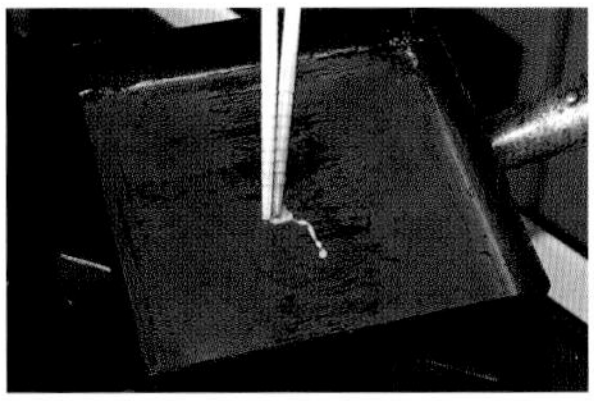

03 加熱後的煎蛋器用餐巾紙抹上一層沙拉油，如果滴上一點蛋液會發出「滋——」的聲音即可開始煎蛋。

04 蛋液的 1/4 倒入煎蛋器，使其均勻擴散。(重)移動煎蛋器，讓厚度平均。

05 表面起泡、定形後，調理長筷沿鍋緣移動，使蛋皮不要黏鍋。(重)由於砂糖很多，很容易焦掉，要特別留意。

06 往自己的方向折。(重)確實握住煎蛋器，以反作用力輕鬆折起蛋皮。

07 在空出來的空間抹上一層沙拉油，將煎蛋移動到另一邊後，再抹一層沙拉油。

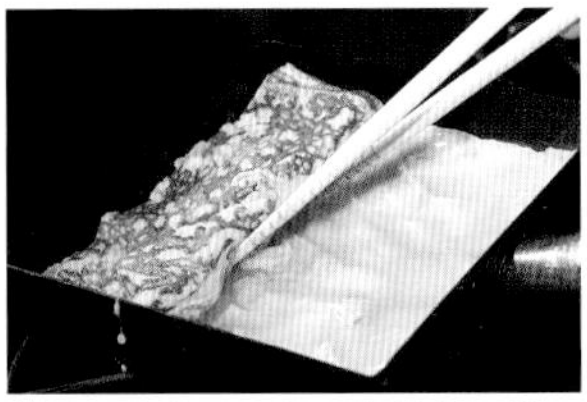

08 其餘蛋液的 1/3 倒入靠近自己這一邊，以調理長筷抬起 7，讓蛋液均勻擴散。(重)7 的下方也要有蛋液。

09 煎到起泡後，重複相同的動作，往自己的方向折。接著重複 2 次，直到蛋液用盡。

10 全部折起來之後，在空出來的空間抹上一層沙拉油，將兩面煎到變色。(重)傾斜鍋子，修整煎蛋的形狀。

11 參考 P135 修整形狀。參考 P27 用甘醋漬白蘿蔔與三葉芹製作紙軸捲，一同裝盤。

高湯煎蛋捲

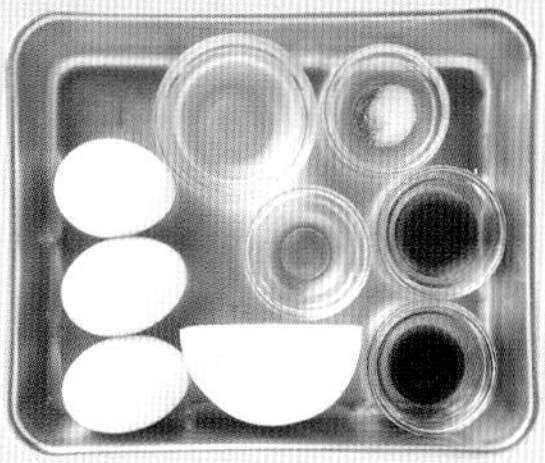

材料（2人份）

雞蛋…3 個
薄口醬油…1 小匙
鹽…1 撮
高湯…3/8 杯（75cc）
沙拉油…適量

上色蘿蔔泥材料

白蘿蔔…1/20 根（50g）
濃口醬油…1/2 小匙

Point

煎蛋用
壽司簾捲起來

所要時間
20分鐘

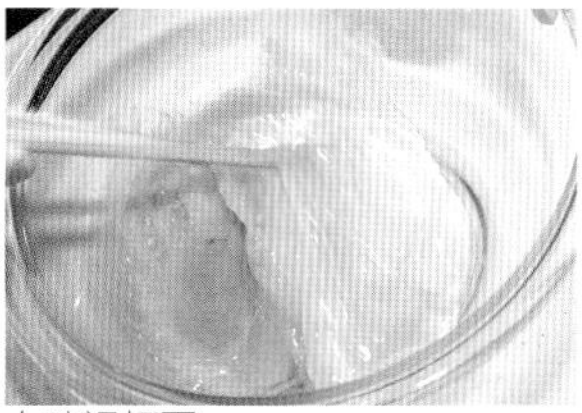

01 在碗裡打蛋。

02 加薄口醬油、味醂、鹽、高湯拌勻。

03 2過篩。(重)用洞比較大的篩子，去除雞蛋半透明的部份（繫帶）。

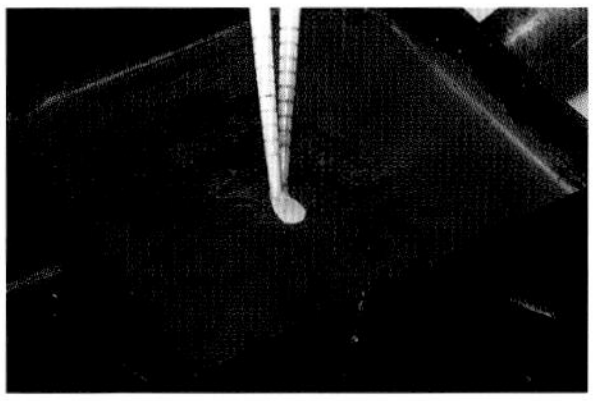

04 在煎蛋器上抹沙拉油。(重)煎蛋器要加熱到滴蛋液會發出「滋——」的聲音，若溫度太低容易黏鍋，要特別留意。

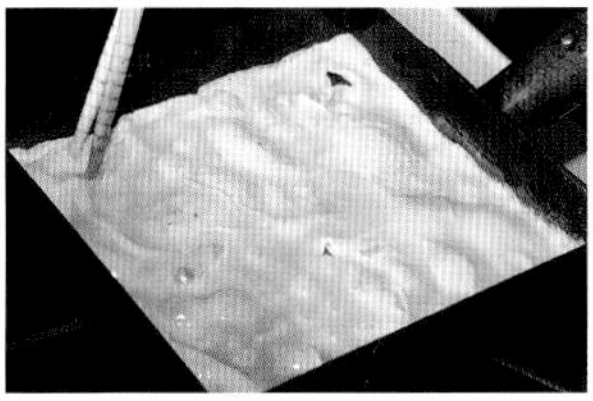

05 蛋液的 1/4 倒入煎蛋器，使其均勻擴散。表面起泡後往自己的方向折。(重)變色程度要輕一點。

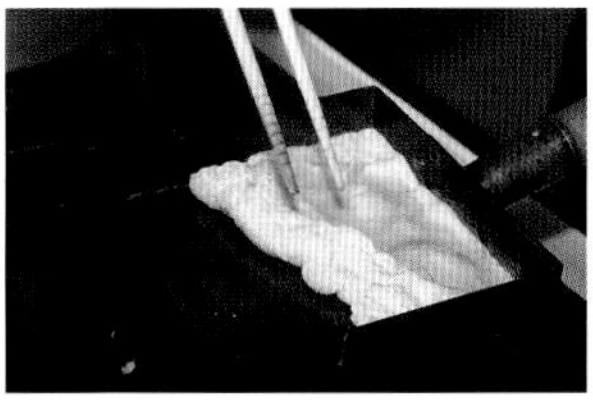

06 在空出來的空間抹油，將煎蛋移動到另一邊，抹油後再倒入蛋液。煎蛋要輕輕抬起，讓下方也有蛋液。

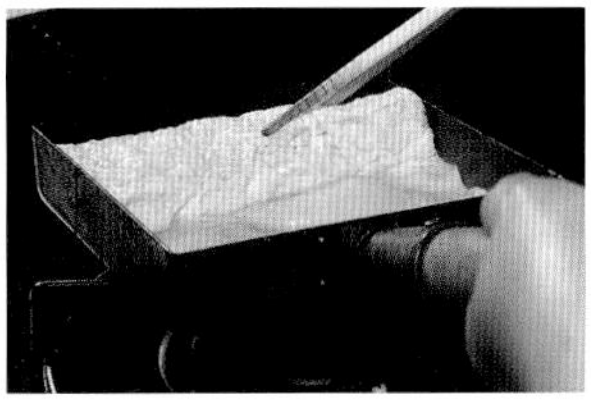

07 移動鍋子，以反作用力往自己的方向折。這個動作要重複 3 次，直到蛋液用盡。

08 全部折起來之後，在空出來的空間抹上一層沙拉油，兩面稍微煎一下。傾斜鍋子，修整煎蛋的形狀。

09 利用壽司簾將煎蛋修整成四方形。(重)趁熱修整形狀，就算之後稍微變形，感覺還是很漂亮。

10 用壽司簾將煎蛋捲起來後，用手仔細按壓，靜置 2～3 分鐘。形狀固定後取出，切片，厚約 1.5cm。

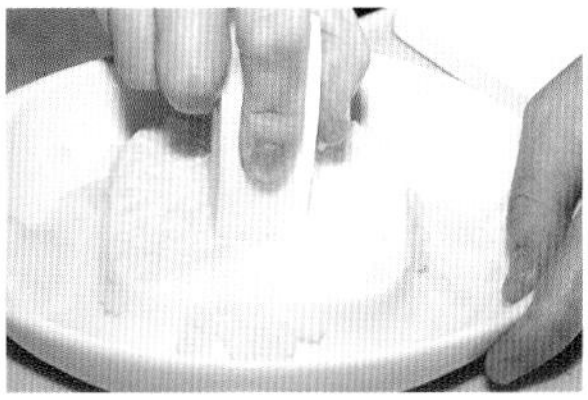

11 製作上色蘿蔔泥。白蘿蔔磨成泥後，輕輕去除水分。和煎蛋一起裝盤，淋上濃口醬油。

厚燒煎蛋

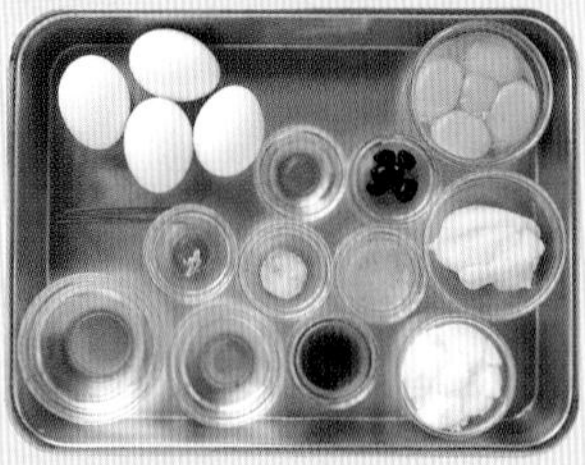

材料（2人份）

白肉魚泥…60g
砂糖…4 大匙
鹽…1/3 小匙
蛋黃…5 個
雞蛋…4 個
薄口醬油…2 大匙
煮過的酒（參考 P84）…1/2 杯（100cc）
昆布高湯…1/4 杯（50cc）
煮過的味醂（參考 P84）…1 大匙
A［蛋黃…1/2 個
　煮過的味醂…1/2 小匙

裝盤材料

松葉…2 根
黑豆…6 粒
金箔…少許

Point

蛋液要用洞比較大的篩子過濾才會光滑

所要時間 60 分鐘

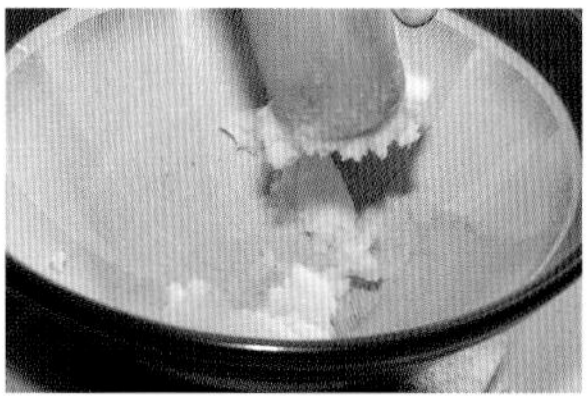

01 用研磨缽將白肉魚磨成泥。變得滑嫩後，加砂糖、鹽拌勻。

02 1 個蛋黃放入 1 的研磨缽中，拌勻後再加 4 個蛋黃。仔細拌勻，使其變得滑嫩。

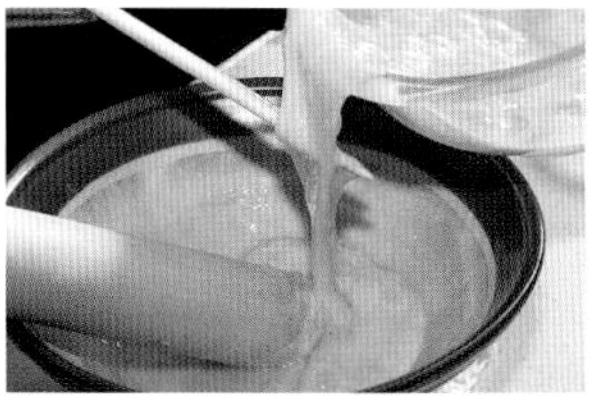

03 在其他碗裡打蛋，倒入 2。倒的時候，可以用調理長筷輔助。

04 用薄口醬油、煮過的酒、昆布高湯、煮過的味醂的順序，將調味料加進 3 裡。

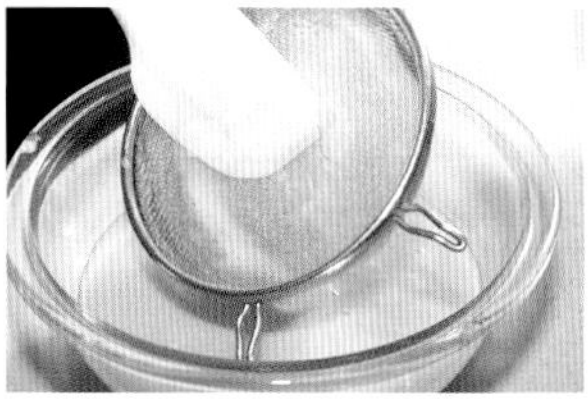

05 過篩。用洞比較大的篩子，去除雞蛋半透明的部份（繫帶）。

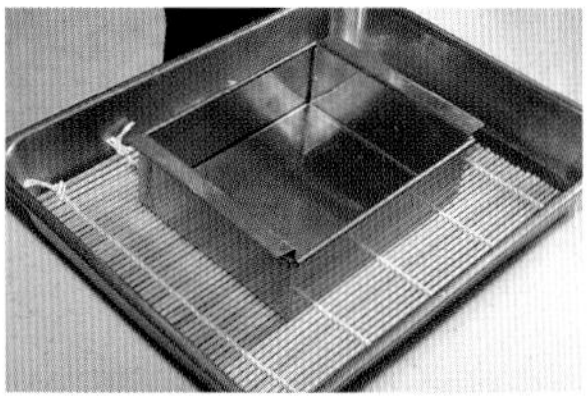

06 在淺盆上舖壽司簾，再放一個方形的容器。重使用金屬製容器，可以直接導熱，留住水蒸氣。

07 5 倒入容器，用湯匙戳破表面的氣泡。重無法戳破的氣泡，直接用湯匙撈起。

08 淺盆裡放熱水，接著放進烤箱，用 160 度烤 40 分鐘。重20 分鐘後取出，蓋上錫箔紙。

09 烤到用竹籤戳不會流出蛋液，即告完成。A 拌勻後趁熱抹在煎蛋上，利用餘溫收乾。

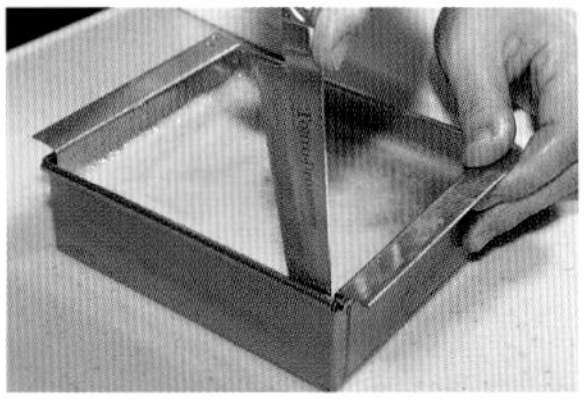

10 不這麼熱之後，在容器邊緣劃刀，使煎蛋與容器分開。修整形狀後，切成相同的大小。

11 用松葉串起黑豆，灑上一些金箔，和煎蛋一同裝盤。

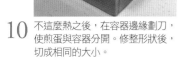

Mushimono

蒸物2種

鎖住美味與香氣的高級料理

蕪菁泥蒸腐皮蟹肉

清蒸甘鯛

蕪菁泥蒸腐皮蟹腳

材料（2人份）

蕪菁…3個（300g）
半生腐皮…1片（30g）
汆燙蟹腳…50g
百合…2片（6g）
去皮銀杏…2個
蛋白…1個
鹽…適量
日本青柚皮…少許

淋汁材料

高湯…5大匙
鹽…適量
薄口醬油…1/2小匙
酒…1/2小匙
太白粉…2小匙

Point

蛋白要確實
打到發泡

所要時間
30分鐘

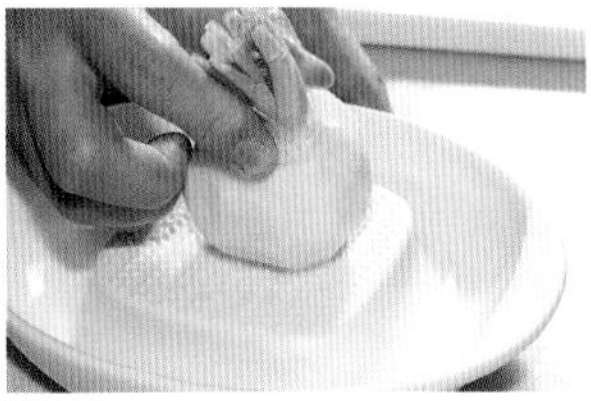

01 蕪菁去皮，去皮時切厚一點。握住蒂頭的部份，用磨菜板磨成泥。重只要握住蒂頭，就能完全磨成泥。

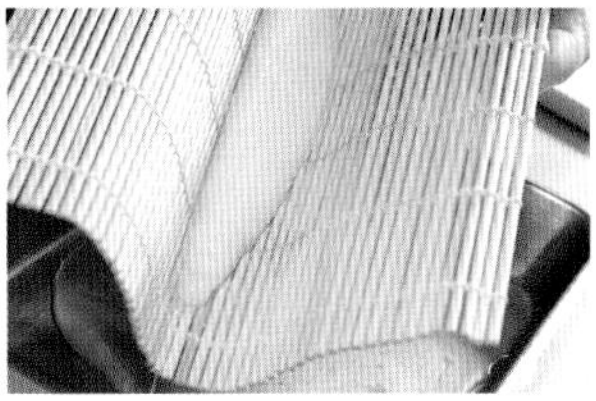

02 放在壽司簾上輕輕傾斜，確實去除水分，最後大約剩1/3的量。

03 半生腐皮切成2×2cm的大小。

04 用手撕開汆燙蟹腳。重如果撕得太細，口感會變差。

05 汆燙百合、銀杏，放在竹篩上去除水分。重百合加熱過度會變得太軟，要特別留意。

06 在蛋白裡加鹽打到發泡。重泡會消失，要迅速放進蒸籠或蒸鍋裡。

07 在6裡加2拌勻，加百合與直切成一半的銀杏。

08 豆腐皮、水煮蟹腳放進容器裡，接著放7。

09 不要用保鮮膜蓋起來，直接放進蒸鍋裡。蒸鍋的蓋子要用布包起來。以小火蒸10分鐘。重蒸過頭，蛋白會塌成一片。

10 製作淋汁。將高湯、鹽、薄口醬油、酒放進鍋裡煮沸，用等量的水與太白粉勾芡。

11 蒸好後淋上10，最後灑上磨碎的日本青柚皮。

清蒸甘鯛

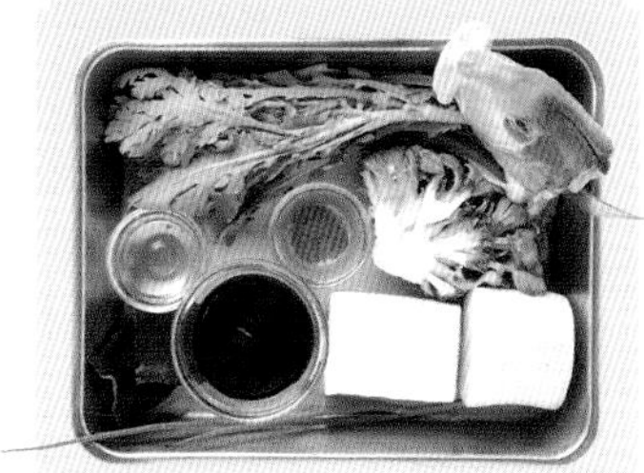

材料（2人份）

甘鯛頭…1個
山茼蒿…1/4把（20g）
舞菇…1/4袋（25g）
絹豆腐…1/4塊（75g）
昆布（5×5cm）…2片
酒…少許
白蘿蔔…1/10根（100g）
果醋…3又1/3大匙
蝦夷蔥…1根（4g）
辣椒粉…1/2小匙

Point

甘鯛頭要去鱗與內臟

所要時間 40分鐘

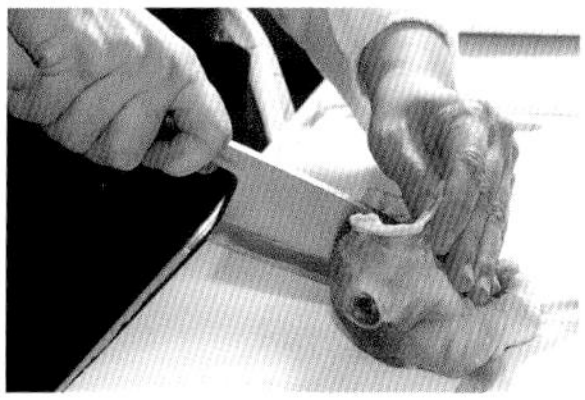

01 分解甘鯛頭。從兩顆前齒間下刀，將刀壓到最下方，對半切。

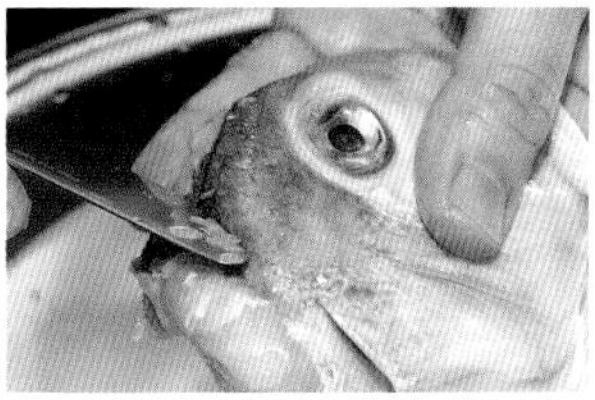

02 用放滿水的碗裡去鱗，清洗黏液、髒汙及內臟，用刀去除穢物。

03 用水汆燙山茼蒿、舞菇，切成容易食用的大小。絹豆腐切成5×5cm的塊狀。

04 昆布鋪在容器上，放甘鯛後淋上酒。

05 4放進蒸籠或蒸鍋裡，不要用保鮮膜蓋起來，蒸10分鐘。重甘鯛眼睛變白後表示已經熟透。

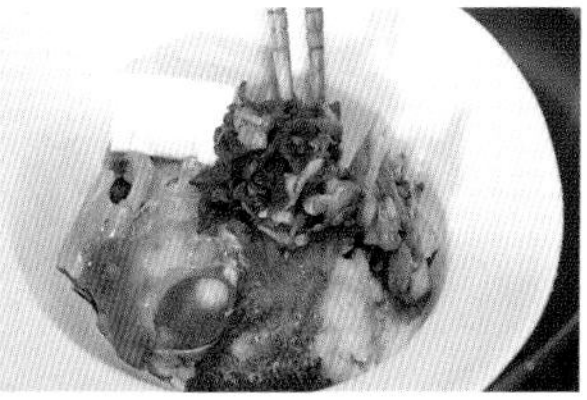

06 魚肉脫落後，加豆腐、山茼蒿、舞菇再蒸10分鐘。

07 果醋、切細末的蝦夷蔥、辣椒粉放進蘿蔔泥裡拌勻，放進小皿中，與6一同裝盤。

One More Recipe

使用甘鯛魚身作千里蒸

材料（2人份）

切片甘鯛…200g、山茼蒿…1/4把（20g）、舞菇…1/4袋（25g）、絹豆腐…1/4塊、昆布（5×5cm）…2片、酒…少許、A（白蘿蔔泥…100g、果醋…3又1/3大匙、蝦夷蔥…1根、辣椒粉…少許）

製作方法

❶甘鯛分成2等分，在魚皮上劃兩刀。❷山茼蒿、舞菇汆燙後，切成容易食用的大小。❸絹豆腐切成5×5cm的塊狀。❹昆布放進容器裡，放1，淋上酒。❺直接放進蒸籠或蒸鍋裡，蒸15分鐘。❻加山茼蒿、舞菇、豆腐再蒸10分鐘。❼A拌勻後當做沾醬使用。

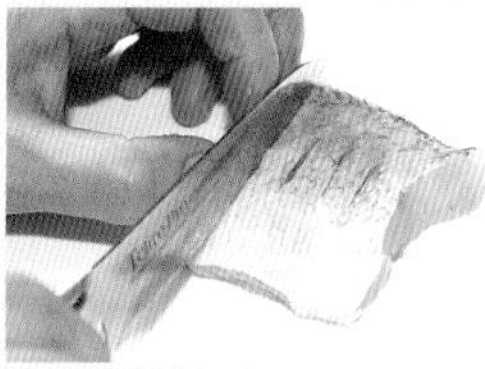

劃幾刀之後不僅容易熟透，蒸的時候皮也不會破。

摸摸看，如果魚肉還有點硬，就要蒸久一點。蒸到魚肉變軟就大功告成了。

Chawanmushi

茶碗蒸

關鍵是軟軟的銀杏

01 A放進鍋裡，煮沸後讓鹽溶解。

02 移到碗裡，用另一個碗隔水冷卻。重如果還沒冷卻就加蛋液，蛋液會固化。

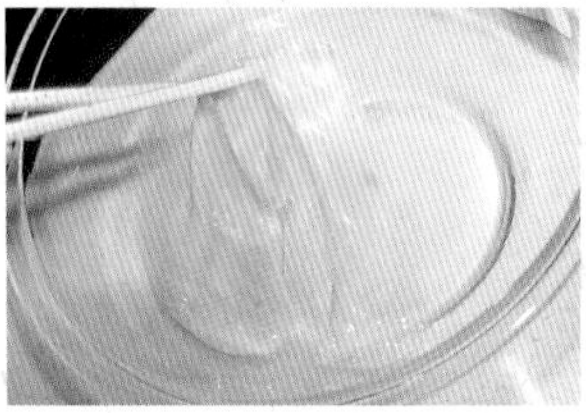

03 在碗裡打蛋。重仔細拌勻後過篩。

04 加2的高湯拌勻，留意不要起泡。重用膠鏟打蛋，會比較不容易起泡。

05 用漏斗型濾網或篩子過濾蛋液。重漏斗型濾網的洞比較小，比較容易起泡。

材料（四杯份）

A［高湯…1杯（200cc）、味醂…1小匙、薄口醬油…2小匙、鹽…1/5小匙

蛋液…75g、香菇…小1片、上級雞胸肉…1/2條、三葉芹…適量、芋頭…小1個、八方高湯…1杯、條狀年糕…1條、銀杏…2個、蝦子…2尾、日本香柚皮…2片（6g）

B 酒、薄口醬油…各1/2小匙

C 酒、薄口醬油…各1/2小匙

淋汁材料

高湯…50cc、薄口醬油…1/2小匙

味醂…1/2小匙、鹽…1小撮

太白粉…1小匙

所要時間
45分鐘

06 香菇、雞胸肉切成 3cm 的塊狀、三葉芹切成 3cm 的小段、芋頭切成 1cm的小丁、條狀年糕對半切。

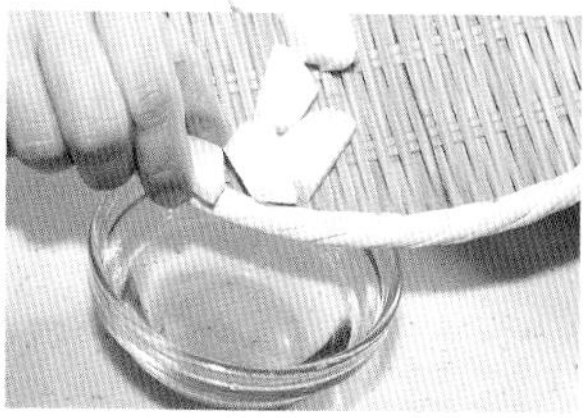

07 用鹽水汆燙芋頭，變軟後用一半的八方高湯浸泡。

08 年糕用鐵籤串起來，直接用火烤到變色。也可以用瓦斯槍烤。

09 用其餘的八方高湯浸泡香菇、去皮銀杏。

10 雞胸肉加 B，用手揉捏。重如果雞胸肉含有水分，就不會乾乾的。

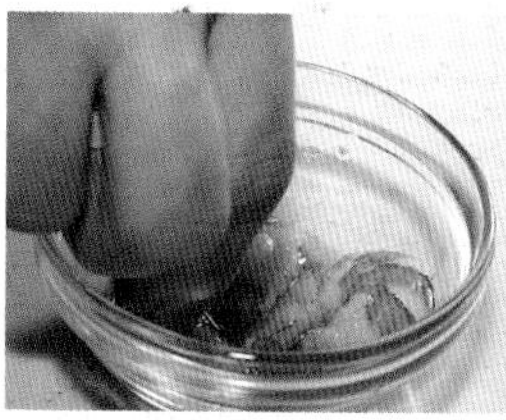

11 蝦子去殼後汆燙，變色後去尾、去腸泥，加進 C 輕輕揉捏。

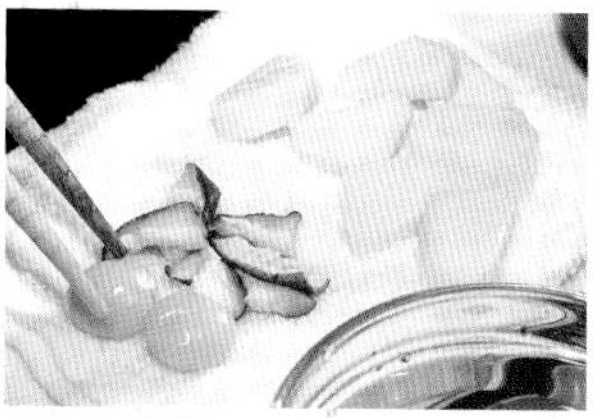

12 用布擦拭芋頭、銀杏、香菇上沾的八方高湯。

13 芋頭、香菇、雞胸肉、年糕、銀杏放進容器裡，倒入蛋液，直到八分滿。

14 放進蒸籠裡，先以中火蒸 2 分鐘，表面變白後轉小火，再蒸 15 ～ 20 分鐘。

15 製作淋汁。將高湯、薄口醬油、味醂、鹽放進鍋裡以大火煮沸，轉小火拌勻、勾芡。

16 蒸到用竹籤戳不會流出混濁的液體，而是流出透明的液體，即告完成。

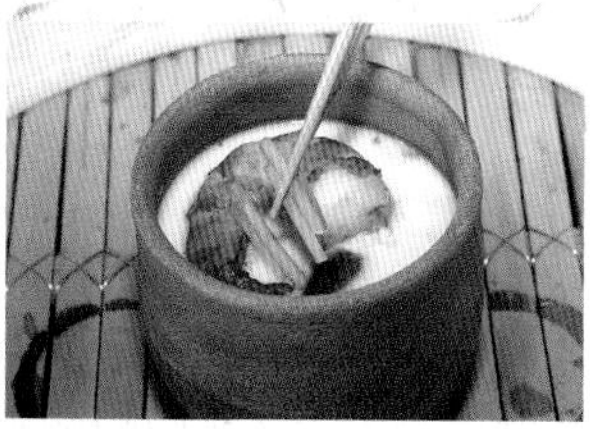

17 放上蝦子、三葉芹，再用蒸籠蒸 1 分鐘。

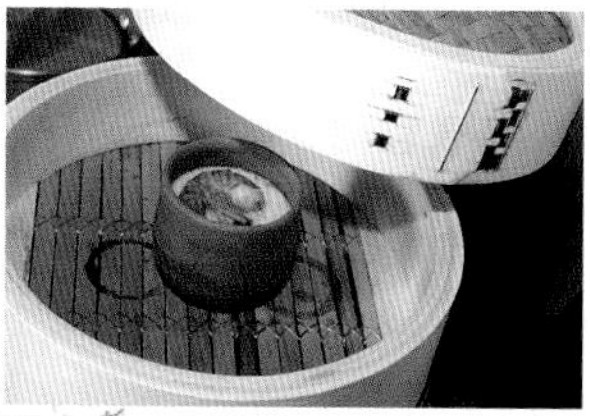

18 淋上 15，最後參考 P26，以做成松葉形狀的日本香柚裝飾。

Mistake!

蛋液和高湯會分離

將高湯加進蛋液裡時要留意，高湯一定要經過冷卻，否則蛋液、高湯就會分離。一旦分離，做出來的茶碗蒸就不好看。

不能只是稍微冷卻，溫度一定要低於 65 度，否則蛋液會固化。

和食的秘訣與重點 ⑰

學習蒸物的基礎

在家也可以蒸出美味的料理嗎？

Q1 一定要有蒸籠嗎？

用蒸鍋也可以。蓋子蓋緊時，壓力會使水蒸氣不容易散出，導致水分累積，記得用布把蓋子包起來，吸收水蒸氣。

Q2 為什麼下方要放水？

蒸籠下方的水沸騰後，水蒸氣會往上跑，將食材蒸熟。如果沒有水就不能蒸，所蒸品一定要有水。

Q3 容器要蓋上蓋子嗎？

蓋上蓋子或保鮮膜，蒸起來會花比較多時間，所以不蓋為宜。特別是蓋子邊緣蓋在容器內側的，會導致水分累積，不用為宜。

Q4 要蒸到什麼程度？

	調理程度	重點
魚類・肉	蒸到竹籤可以輕鬆穿透且用手壓還有彈性即可。	水分、油脂少的魚、肉易因受熱過度變硬，應留意。
蔬菜類	蒸到色彩變得鮮豔，全部的蔬菜都很軟即可。	如果是黃綠色的蔬菜，只需少量的水，且要蓋上蓋子。
蛋類	蒸到用鐵籤戳，拿出來之後貼著嘴唇覺得熱即可。	一開始以中火蒸，之後轉小火續蒸，避免蒸氣散出。

Point

蒸的時候鍋裡會充滿水蒸氣，用布把蓋子包起來，可以避免蓋子內側的水蒸氣就會滴在料理上。

只要知道調理程度 蒸物一點都不難

「蒸」是指將料理放在蒸籠或蒸鍋裡，利用沸水水蒸氣加熱的調理方法。不同於燒烤、燉煮料理，蒸品不會焦掉或糊掉。只要放進蒸籠或蒸鍋裡即可，完全不費時費工。

蒸品有各式各樣的種類，像是加調味料蒸的酒蒸或鹽蒸，或使用特殊容器蒸的土瓶蒸、茶碗蒸等。可以依照不同的種類來選擇蒸的方法。

最大的重點在於精確掌握調理程度。只要用竹籤戳會流出透明液體，或者用手指壓可以感覺到彈性，就表示食材中央亦有受熱。如果受熱過度，食材會變硬。特別是茶碗蒸等蒸蛋料理，如果長時間以大火蒸，表面會有洞，要特別留意。

第4章 小菜

季節水果一覽

和食的飯後點心非水果莫屬！

用當季水果為餐桌增添色彩

雖然調理和食時幾乎不會用到水果，但和食的飯後點心卻非水果莫屬。就算一般家庭食用，也要營造出季節感。夏季選擇水潤、酸味較強的水果，冬季選擇甜味較強的水果。切片、裝盤時記得多花一些巧思，讓水果更具和食的氣氛。

水果一定要去皮、去籽，切成容易食用的大小，用果凍凝固或用冰淇淋裝飾，看起來就會豪華許多。由於水果大多不會加熱，都是直接食用，所以要注重新鮮，選擇形狀、顏色、香氣皆好的水果。當季，也是選擇水果的重點。就像只有夏季才吃得到西瓜一樣，我們可以用當季水果有效地營造出季節感。

夏

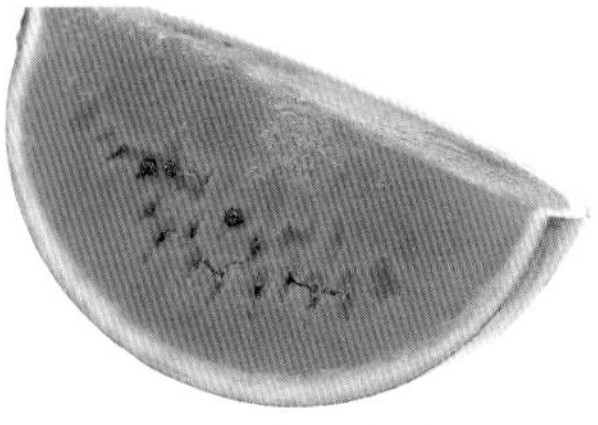

西瓜

夏季最具代表性的瓜類水果。靠近中心、有籽的部份最甘甜。

桃子

食用時可去皮後沿著中央的籽切開。由於容易變色，裝盤前再切為宜。

春

櫻桃

有日本山形縣的佐藤錦或美國櫻桃等種類，嬌小、色澤鮮豔的果實，是裝飾時非常重要的水果。

草莓

可以一整顆放進果凍裡，享受它特殊、可愛的形狀。

冬

橘子

有許多種類。購買時要選擇表面具有光澤、蒂頭較小的橘子。

蘋果

日本青森縣、長野縣生產的蘋果最有名。由於容易變色、皮又很硬，建議裝盤前再切為宜。

秋

葡萄

去除枝的部份，再以竹籤去籽。皮保留著也無妨。

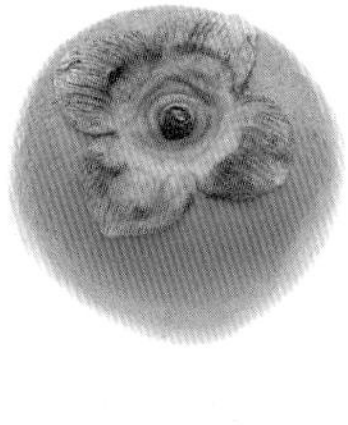

柿子

原產於中國與日本。除了直接食用，還可以去除帶澀味的皮做成柿乾，是深入人們生活的水果。

Touhu no kobachi

豆腐小菜2種

口感滑嫩的清涼小品

芝麻豆腐

材料(80cc模型2個份)

白芝麻…30g
葛粉…30g
鹽…1/4 小匙
山葵泥…1/2 小匙

淋醬材料

高湯…2 大匙
薄口醬油…1 大匙
味醂…1 小匙
鰹魚片…1 大匙

Point

白芝麻要炒到
散發香氣

所要時間
30分鐘

※ 冷藏凝固需要 1 小時

01 白芝麻炒到散發香氣後，在研磨缽中磨到感覺黏黏油油的。

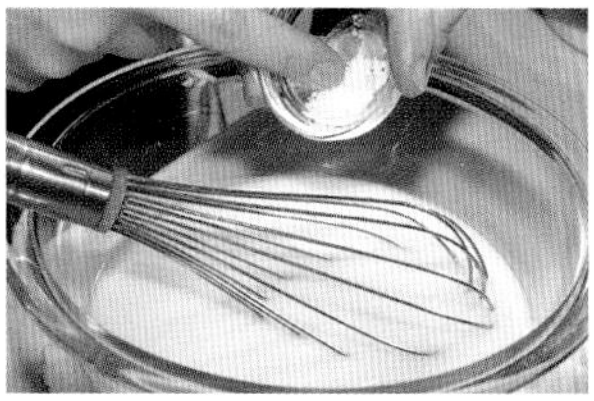

02 用 2 杯水溶解葛粉，以打蛋器拌匀後加鹽。

03 分數次在 1 中加 2，拌匀。重如果沾在研磨棒上，可以用膠鏟刮下。

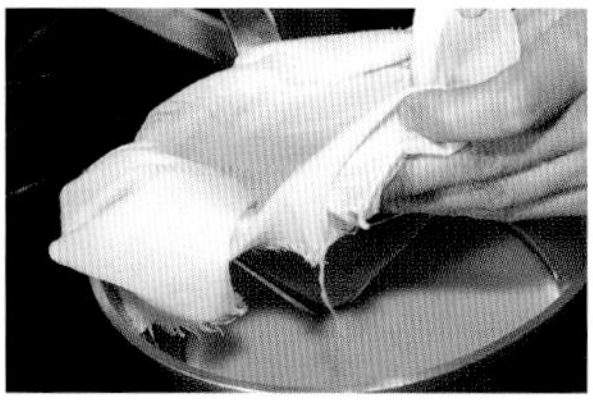

04 在漏斗型濾網上鋪棉布，將 3 倒在棉布上。

05 全部倒入去後，上方用調理長筷夾住，用力過濾出汁液。重最後用手用力捏出汁液。

06 過濾出來的汁液以大火煮沸，轉小火，一邊用膠鏟拌一邊煮 10 ～ 15 分鐘，直到剩下約 160cc。

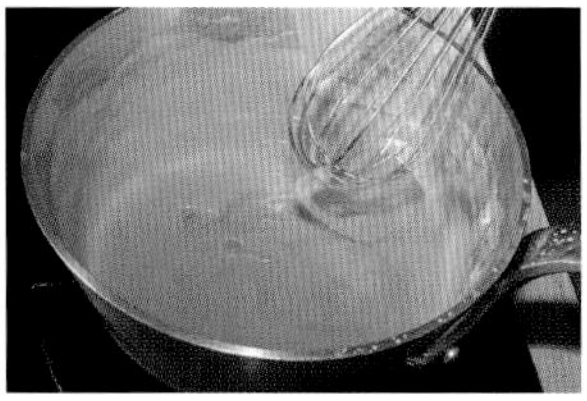

07 用打蛋器調整汁液的紋路。重要煮到感覺很濃稠，且隱約能看見鍋底。

08 倒入模型，表面以紙卡抹布。稍微降溫後冷藏 1 小時定形。

09 高湯、薄口醬油、味醂、鰹魚片放進鍋裡煮沸，過篩降溫，和山葵泥一同裝盤。

Mistake!

做出來的顏色不漂亮

如果把白芝麻炒焦或顏色不均匀，顏色就會不漂亮。一定要炒到呈現均匀的顏色。

不斷搖晃鍋子，一邊搖一邊炒，自然就能炒出均匀的顏色。

瀧川豆腐

材料（12×14cm的淺盆1個份）

瀧川豆腐材料
寒天棒…1/2 根
昆布高湯…1 杯（200cc）
吉利丁片…2g
鹽…1 小匙
木棉豆腐…1/2 塊（150g）

淋醬材料
味醂…1 又 1/3 大匙
高湯…3/5 杯（120cc）
薄口醬油…1 又 1/3 大匙
鰹魚片…1 大匙

裝飾材料
小黃瓜…1/2 根（50g）、蓴菜…2 大匙、鮭魚卵…1 大匙、魚子醬…1 小匙、日本香柚皮…少許

Point

寒天棒、吉利丁片
要確實溶解

所要時間
30分鐘

※ 浸泡寒天棒需要半天的時間。冷卻需要 1 小時（或 1 小時半）的時間。

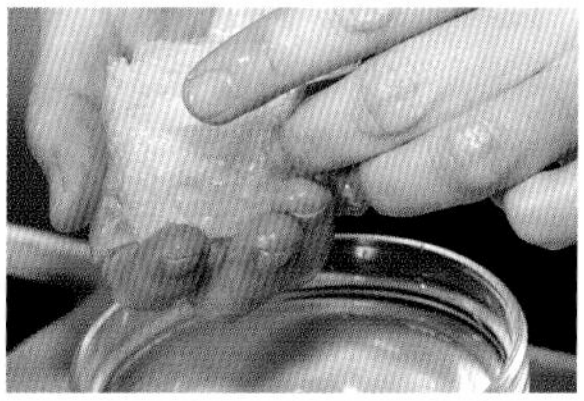

01 準 用水浸泡寒天棒半天的時間。泡軟後用手撕成小塊。吉利丁片浸在冷水裡備用。

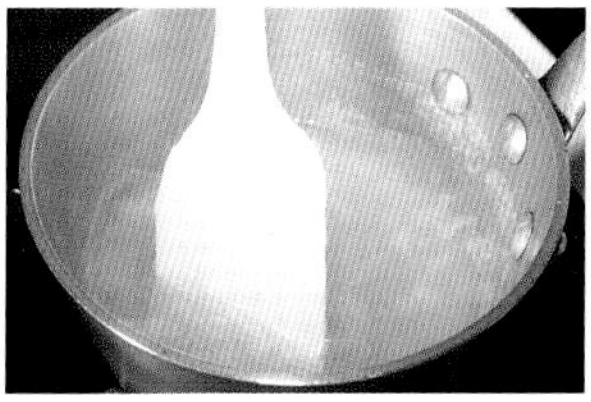

02 昆布高湯放進鍋裡煮沸後溶解寒天棒。一邊去除浮沫一邊煮到剩下九成。

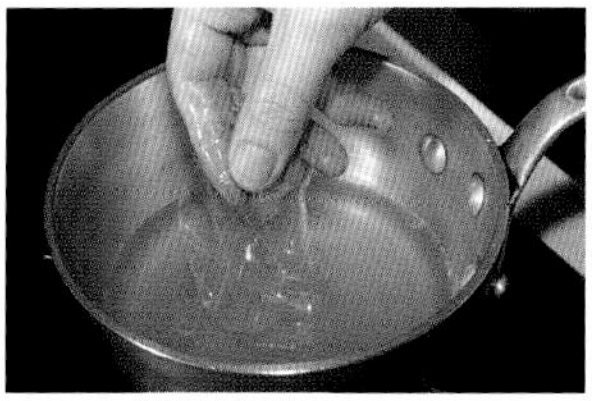

03 一定要先關火，再放進原本浸在冷水裡的吉利丁片，溶解後加 1/2 小匙的鹽，輕輕拌勻後過篩。

04 用手撕碎的木棉豆腐放進食物處理器裡，加鹽巴、3 一起打碎。

05 4 放進用水沾濕的模型裡，用模型輕拍鋪了布的調理台，去除空氣。

06 表面用湯匙背面抹平，迅速去除泡泡。用放了冰水的淺盆隔水冷卻 1 小時，若是冷藏則需要 1 小時半的時間。

07 味醂放進鍋裡加熱，加高湯、薄口醬油煮沸。加鰹魚片以關火，靜置一段時間後過篩。

08 準 用刀雕刻小黃瓜，如果有竹葉，可以用來裝飾。

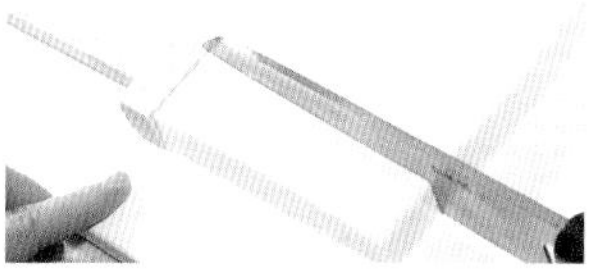

09 6 定形後，切成壓條器的大小。準 壓條器會吸收水分，所以要先用水沾濕再輕輕擦拭。

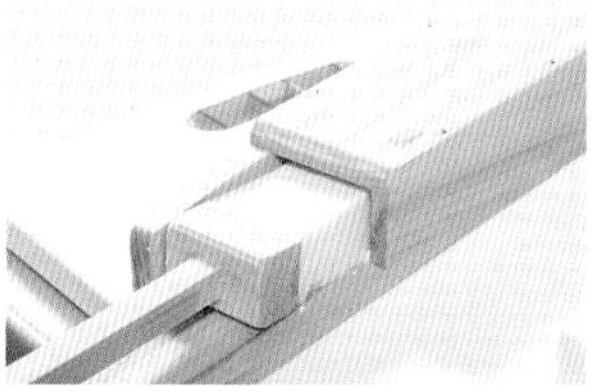

10 9 放進壓條器裡，慢慢壓。

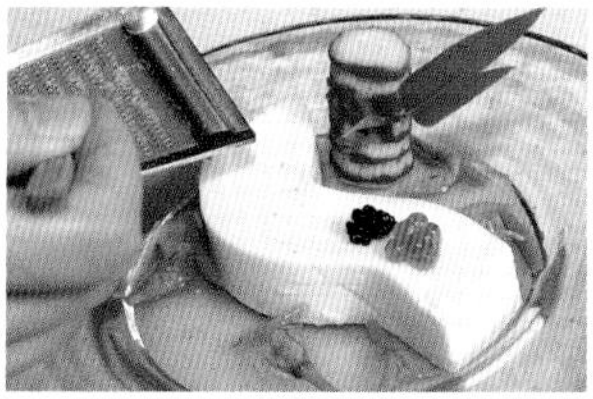

11 擺出瀧川的形狀，淋上冷卻的 7。和 8 的小黃瓜、蓴菜、鮭魚卵還有魚子醬一同裝盤，灑上磨碎的日本香柚皮。

富含營養的芝麻

使用加工後種類豐富的芝麻來製作料理

	黑芝麻 	白芝麻 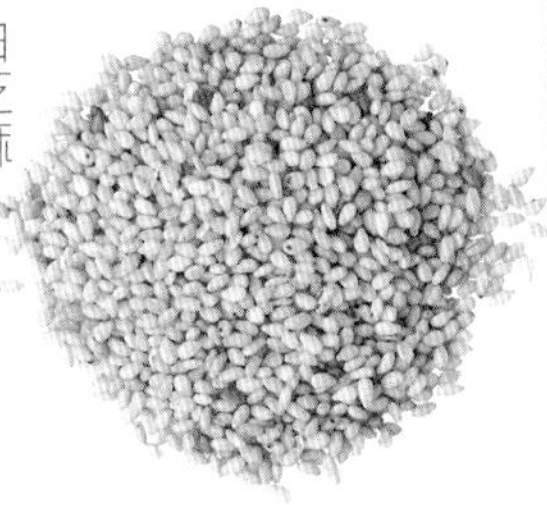	金芝麻 
特徵	香氣濃郁且粒粗	有濃醇感，適合各種料理	黏黏的口感別有一番風味
油脂	約 40 ～ 45%	約 50 ～ 55%	最多，約 60%
香氣	比白芝麻香	依種類而有所不同	與其他種類比較起來最香
用途	赤飯（紅豆飯）、萩餅、芝麻鹽、芝麻涼拌等	芝麻油、芝麻豆腐、芝麻醬、芝麻涼拌等	懷石料理、芝麻涼拌等

便於使用的加工芝麻

炒芝麻
芝麻炒到散發香氣後乾燥，可以省略炒芝麻的步驟。口感好，可以用來裝飾料理。

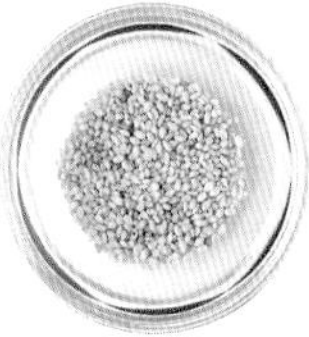

磨芝麻
芝麻炒到散發香氣後磨碎，不需要全部磨碎，部份芝麻要殘留形狀。

洗芝麻
芝麻洗淨後加熱、乾燥。由於還沒熟透，不能直接食用，食用前一定要加熱。

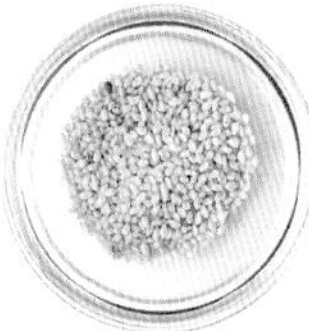

芝麻糊
用石臼等磨成糊狀，可以加進調味料裡，也可以用在芝麻口味高湯或芝麻醬裡。

去皮芝麻
白芝麻去皮。雖然和帶皮芝麻相比，風味略遜一籌，但能享受圓潤的口感。

讓芝麻散發香氣的秘訣

芝麻，亦稱為胡麻，是胡麻科植物的果實，依照皮的顏色可分為白芝麻、黑芝麻、金芝麻等三種。金芝麻生產於土耳其等地，亦稱為黃芝麻。芝麻富含蛋白質、醣類、維生素、礦物質、食物纖維，是和食經常使用的健康食品。

芝麻經過炒、磨，就會散發濃郁的香氣。此外，芝麻的顆粒口感很好，可以用在涼拌料理、油炸料理的麵衣以及芝麻豆腐等，變幻無窮。芝麻含有大量油脂，可以榨成芝麻油。

炒「洗芝麻」時，要將「洗芝麻」放進乾燥的鍋子裡，以小火仔細拌炒10～15分鐘，使其熟透，散發濃郁的香氣並具有彈性。炒的時候要記得搖晃鍋子，否則芝麻很容易焦掉。

Ohitashi

汆燙料理3種

菜單裡不可或缺的小菜之王

吻仔魚拌水菜

汆燙小松菜

香菇拌菊花

吻仔魚拌水菜

材料（2人份）

吻仔魚…30g
油豆腐…1/2 片（100g）
蒟蒻…約 1/4 片（70g）
水菜…2 根（200g）
酒…2 大匙
高湯…1 又 1/2 杯（300cc）
濃口醬油…2 大匙

Point

注意火侯
以保留水菜的口感

所要時間
30 分鐘

01 吻仔魚放進沸水中，輕輕汆燙 30 秒。放在竹篩上，去除腥味與水分。

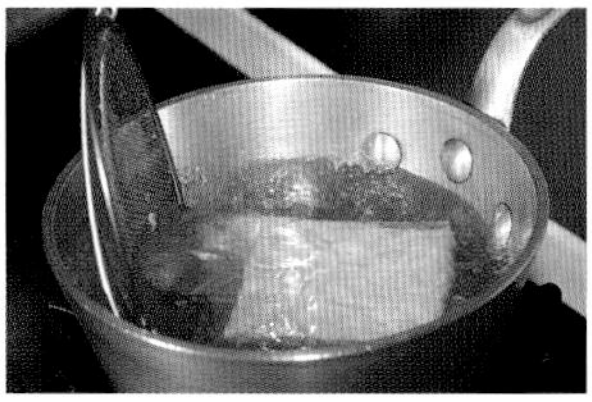

02 油豆腐也用沸水汆燙 1 分鐘。(重)這樣可以去除異味與多餘的油脂。

03 降溫後擦拭水分，切成 2×2cm 的塊狀，厚約 1cm。(重)下刀時不要遲疑，避免豆腐變形。

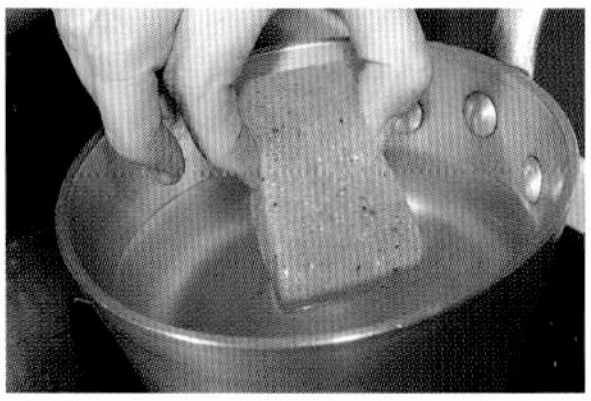

04 蒟蒻灑上適量的鹽後靜置，出水後用沸水燙 5 分鐘。(重)如果少了這個步驟，就會殘留異味。

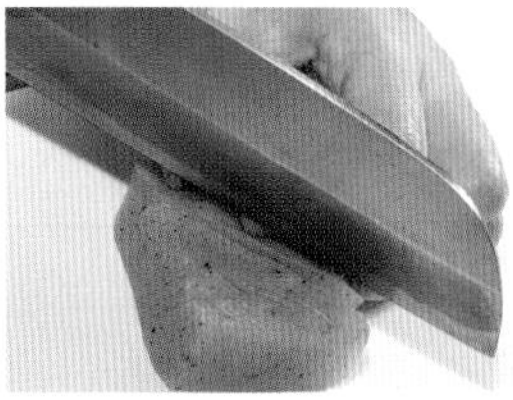

05 在表面劃格紋，方便入味。油豆腐也切成相同的大小。

06 水菜稍微清洗，切成 4～5cm 的小段。(重)使用前要先用水浸泡根部。

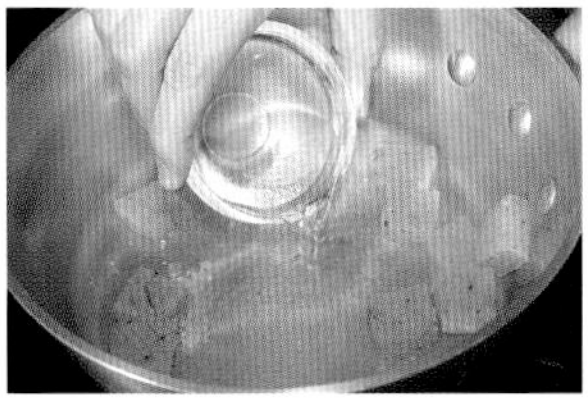

07 鍋子加熱後乾炒蒟蒻，水分蒸發後加酒。(重)加調味料前要先煮到熟透。

08 加吻仔魚繼續煮，煮軟後加高湯、濃口醬油、油豆腐，再煮 2～3 分鐘。

09 最後加水菜輕輕拌炒。(重)要保留水菜的口感。

Dish Up!

讓餐桌看起來不同以往
可愛的裝盤

使用圓盤，將油豆腐、蒟蒻放成圓形，感覺就很有趣。如果是拌勻後用小碗裝，高度可以超出小碗邊緣。

拌勻後盛裝，要留意每種材料的比例。

汆燙小松菜

材料（2人份）

小松菜…1/2 把（100g）
油豆腐皮（油揚）…1 片（15g）
酒…4 小匙
味醂…4 小匙
高湯…3/5 杯（120cc）
濃口醬油…4 小匙
細（乾）辣椒絲…1 撮
沙拉油…適量

Point

葉菜類要用以
粗鹽溶解的鹽水汆燙

所要時間
30分鐘

※ 用水浸泡小松菜需要 30 分鐘

01 準 調理前 30 分鐘用水浸泡小松菜，突顯清脆的口感。

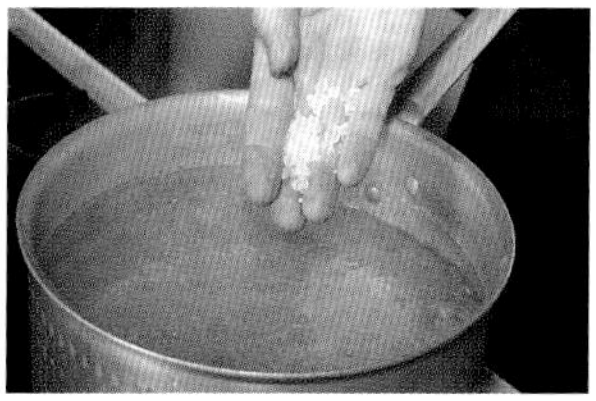

02 用熱水溶解適量粗鹽。重 粗鹽的礦物質比一般的鹽多，適合用來汆燙葉菜類蔬菜。

03 小松菜放進 2 裡汆燙。一開始先放莖，10 秒後再全部放進去。重 之後還要燉煮，所以不要汆燙過頭。

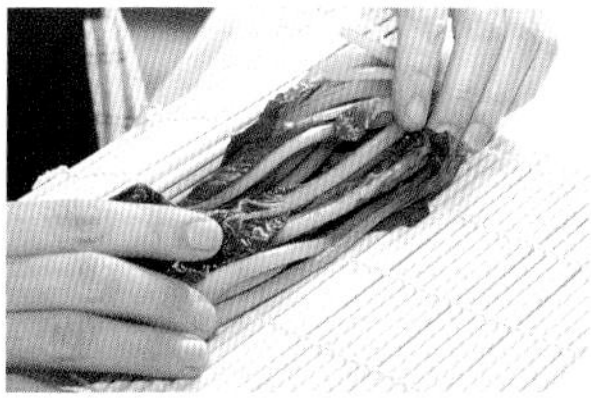

04 放在竹篩上降溫後，參考 P23 用壽司簾去除水分，切成 4cm 的小段。

05 用烤魚架將油豆腐皮兩面烤到呈現金黃色。重 烤過頭會裂開。

06 切成寬 1cm 的小段。重 表面烤至香脆會比較好切。

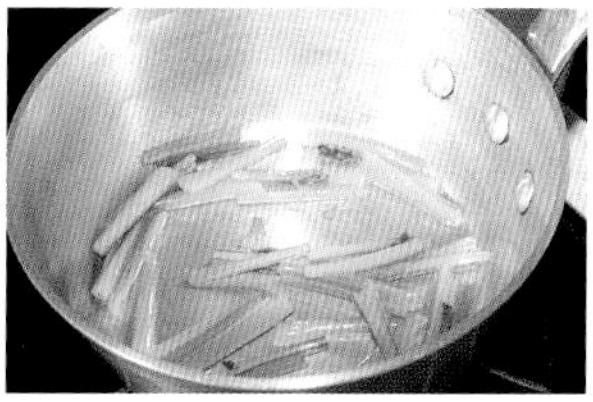

07 沙拉油放進鍋裡加熱，先拌炒小松菜的莖。重 如果鍋子太小，水分無法蒸發，要用大一點的鍋子。

08 接著放小松菜的葉子，繼續拌炒。

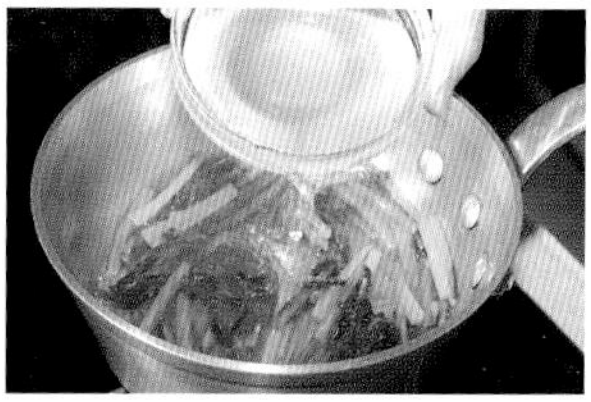

09 加酒、味醂，酒精揮發後，加高湯煮軟。

10 加油豆腐皮、濃口醬油繼續煮。重 煮過頭，顏色會不好看。要在小松菜變色前完成。

11 湯汁變少後關火，連湯汁一起盛裝，放上辣椒絲。

香菇拌菊花

材料（2人份）

食用菊花（黃・紫）…各2朵（20g）
山茼蒿…1/2把（100g）
鴻禧菇…1/2袋（50g）
杏鮑菇…小1個（30g）
金針菇…1/2袋（50g）
酒…2大匙
A 高湯…3/4杯（150cc）
薄口醬油…1大匙
味醂…1大匙
酒…2大匙
鹽…1/3小匙
日本香柚皮…1/8個

Point

菊花要迅速降溫

所要時間 30分鐘

01 使用食用菊花，用手取下花瓣。(重)單手拿著菊花，用慣用的手取下花瓣。

02 確實去除中央的部份。

03 適量酒放進沸水裡，汆燙菊花約15秒，接著放進冰水裡冷卻。(重)汆燙過頭會裂開。

04 在竹篩上鋪棉布，冷卻的菊花放在棉布上，輕輕地去除水分。

05 用手摘下山茼蒿的葉子，去除髒汙。以適量的鹽水汆燙後，放進冰水裡冷卻。

06 用手確實去除水分，切成4cm的小段。

07 去底的鴻禧菇、杏鮑菇切成4cm的小段。而去底的金針菇直接對半切。

08 菇類與酒一同放進鍋裡炒到變軟，靜置冷卻。

09 製作醃料。將A放進鍋裡加熱。(準)準備放了冰水的碗。

10 煮沸後關火，用放了冰水的碗隔水冷卻。(重)如果醃料溫溫的，菊花、山茼蒿的顏色會變得不好看，要特別留意。

11 菇類、菊花、山茼蒿放進10的一半裡入味，盛裝後淋上其餘的醃料，最後灑上磨碎的日本香柚皮。

Sunomono

醋漬料理3種

帶有清爽酸味的小菜

醋漬鰻魚

牛蒡佐芝麻醋

鮪魚佐醋味噌

醋漬鰻魚

材料（2人份）

蒲燒鰻魚…1/2 片
茗荷…2 根（40g）
小黃瓜…1 根（50g）
昆布（5×5cm）…1 片
青紫蘇…1 片（1g）
高湯…1/2 杯（100cc）
砂糖…1/2 大匙
鹽…1/4 大匙
薄口醬油…1 大匙
醋…1/4 杯（50cc）
生薑…1 段（10g）

Point

食用前再加醋

所要時間 30分鐘

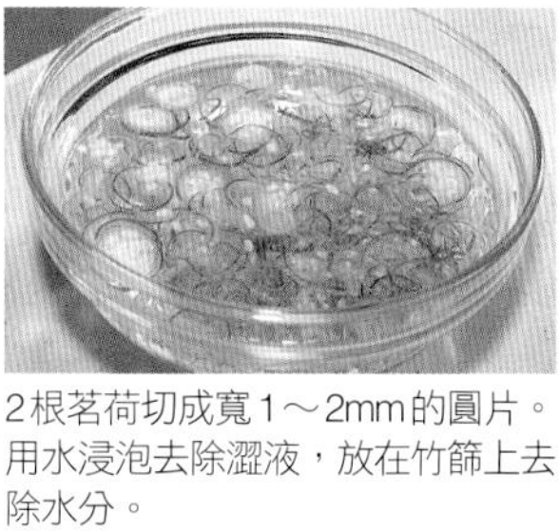

01 2根茗荷切成寬1～2mm的圓片。用水浸泡去除澀液，放在竹篩上去除水分。

02 參考 P23 磨擦小黃瓜去除澀液。用沸水汆燙，呈現漂亮的綠色後放進冷水裡。冷卻後去除水分。

03 小黃瓜切成寬約 2cm 的小段。並在小黃瓜表面斜切出多道刀紋，而且只切到 2/3 深，不要完全切斷。用適量放了昆布的鹽水醃漬。

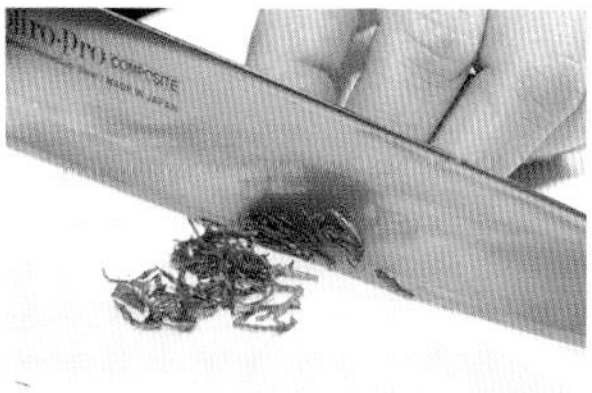

04 參考 P25，青紫蘇切絲後用水浸泡，去除澀液。接著去除水分。

05 高湯、砂糖、鹽、薄口醬油放進鍋裡加熱，砂糖溶解後加醋，關火。
準 先將生薑磨成泥。

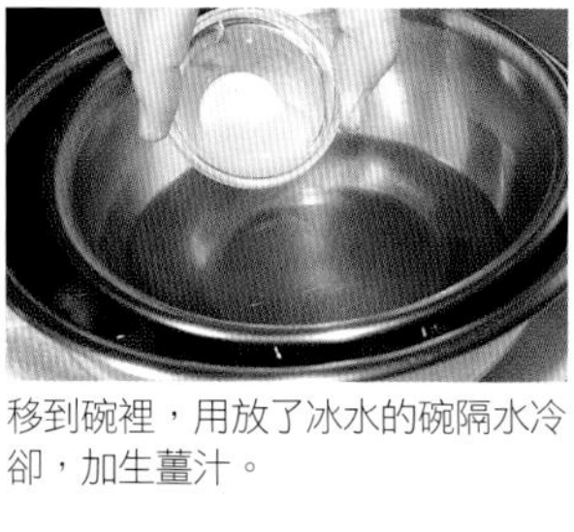

06 移到碗裡，用放了冰水的碗隔水冷卻，加生薑汁。

07 用少許 6 清洗 3 的小黃瓜後，去除水分。

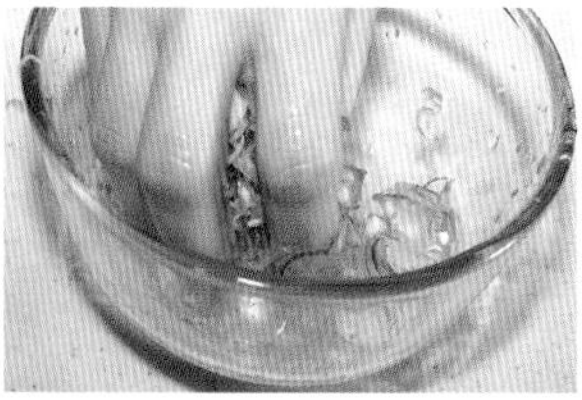

08 1 的茗荷去除水分後，也用少許 6 清洗，接著去除水分。

09 蒲燒鰻魚切成容易食用的大小，和小黃瓜一同裝盤。淋上其餘的 6，放上茗荷與青紫蘇。

Dish Up!

小黃瓜的切法會影響裝盤

小黃瓜可以切大一點放在容器裡，也可以切成薄薄的圓片和鰻魚拌在一起。只要能做出立體感，看起來就很漂亮。

小黃瓜加醋，時間一久會變色，要特別留意時間。

牛蒡佐芝麻醋

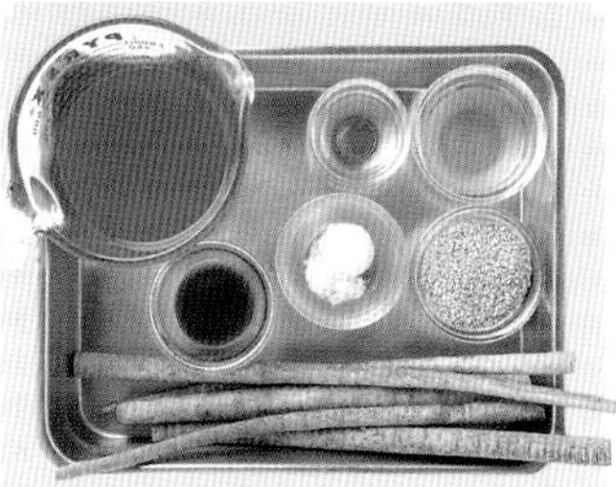

材料(2人份)

牛蒡…5根(500g)
八方高湯(參考P94)…2杯(400cc)
白芝麻…3大匙
高湯…2大匙
砂糖…1大匙
薄口醬油…1大匙
醋…2小匙

Point

牛蒡要確實拍到龜裂的程度才會入味

所要時間
30分鐘

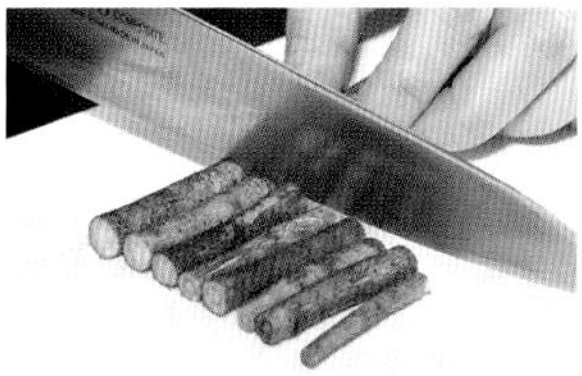

01 用刷子清洗牛蒡，切成4cm的小段。

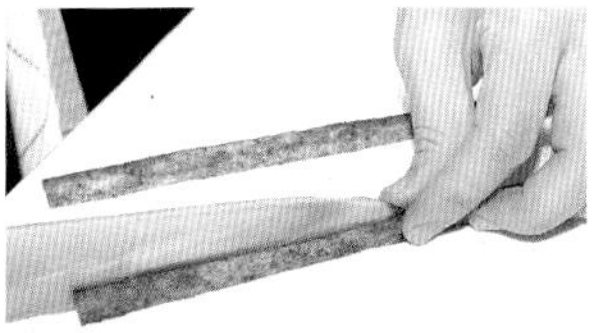

02 較粗的部份直切成一半或四半。重為了均勻受熱，粗細要統一。

03 用適量醋水浸泡，稍微變軟後輕輕搓揉。

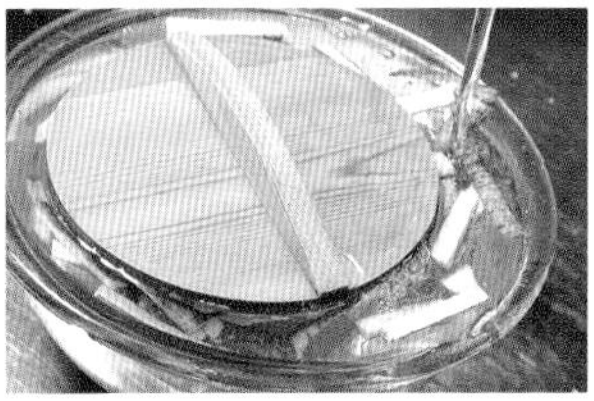

04 蓋上落蓋，用水沖洗。

05 八方高湯放進鍋裡煮沸，加去除水分的牛蒡。

06 繼續以大火煮到保留一點點口感，關火，在常溫下降溫。

07 降溫後過篩，確實去除水分。

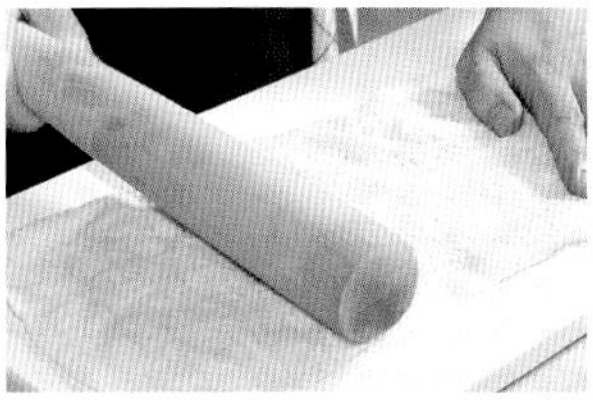

08 用布蓋住牛蒡，用研磨棒輕輕拍打。重出現裂縫的部份比較容易入味。

09 白芝麻炒到稍微變色。重炒得不夠會不好磨碎，香氣也會不足。

10 用研磨缽將9磨粗粒。以高湯、砂糖、薄口醬油、醋的順序加進拌勻。

11 8的牛蒡與10拌勻。重拌勻才會入味。

牛蒡佐芝麻醋

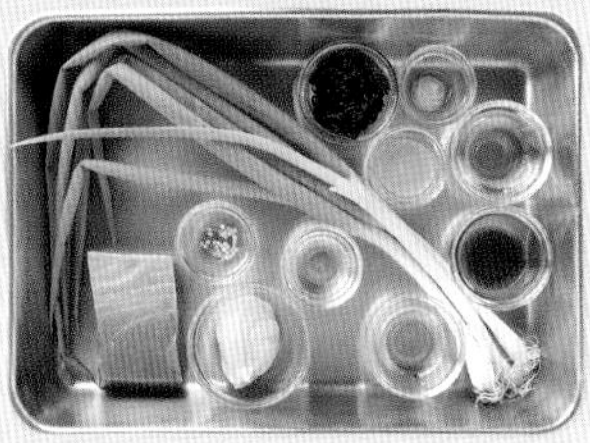

材料（2人份）

細香蔥（珠蔥）…3 根（30g）
帶鹽海帶芽…15g
鮪魚…120g
小米菓（あられ）…少許

醋味噌材料

白味噌…4 大匙
薄口醬油…1 小匙
酒…1 小匙
味醂…1 大匙
蛋黃…1/2 個
醋…2 大匙
和風黃芥末醬…1 小匙

Point

醋味噌要冷藏 2 ～ 3 小時

所要時間
30分鐘

01 製作醋味噌。將白味噌、薄口醬油、酒、味醂、黃蛋放進平底鍋，以中火拌炒。

02 炒到光滑後關火。稍微降溫後加醋、和風黃芥末醬拌勻，密封後冷藏 2 ～ 3 小時。

03 細香蔥去頭尾，去除髒汙與黏液。重汆燙後會分泌黏液，所以要切長一點。

04 用鹽水汆燙去除辣味。汆燙時先放根部，變軟後再放葉子。汆燙到還留有一點芯的時候，放在竹篩上降溫。

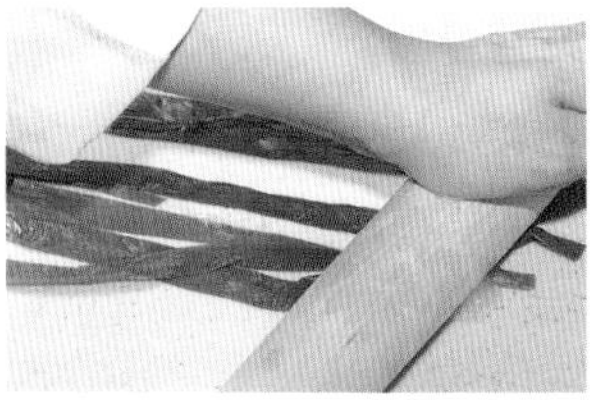

05 鋪在調理台上，用研磨棒往葉尖的地方滾壓，壓出黏液。切成 3cm 的小段。

06 帶鹽海帶芽用水清洗後，在水裡去除鹽分。重一邊用手攪動一邊換水，才能完全去除鹽分。

07 用手去除水分後用沸水汆燙 5 秒鐘。放在冷水裡冷卻後，確實去除水分。

08 去除會影響口感的莖，切成 3cm 的小段。重汆燙後大小會改變，所以一定要汆燙後再切。

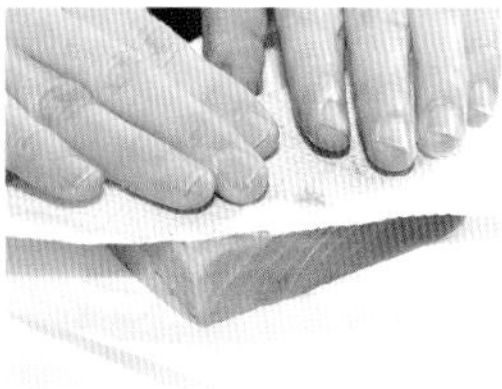

09 用餐巾紙徹底去除鮪魚表面的水分。重調理前冷藏備用。

10 用刺身包丁切成 1×1cm 的小丁。重動作要迅速，否則油脂會溶解。

11 細香蔥、海帶芽、鮪魚裝盤後，淋上 2，最後灑上圓形小米菓。

涼拌油菜花

菠菜拌芝麻

Aemono

涼拌料理4種

五花八門的種類有無限的可能性！

山茼蒿拌味噌

麻醬五目雞胸

菠菜拌芝麻

材料（2人份）

菠菜…3/4 把（150g）
白芝麻…3 大匙
砂糖…1/2 大匙
濃口醬油…1 大匙
味醂…1 大匙
高湯…1/2 大匙
細柴魚絲…1 大匙

Point

將白芝麻炒到散發香氣

所要時間
30 分鐘

※ 用水浸泡菠菜需要 30 分鐘

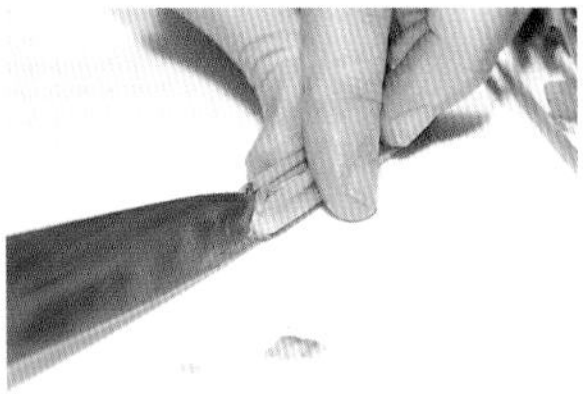

01 菠菜用水浸泡 30 分鐘，突顯清脆的口感。在莖的部份劃十字，在水中清洗。

02 用水沖洗去除澀液，用壽司簾捲起來去除水分，接著切成 4cm 的小段。

03 製作醃料。高湯、味醂、薄口醬油、鹽拌勻後煮沸，一邊用膠鏟攪拌一邊用冰水冷卻。

04 用少許冷卻的醃料清洗去除水分的油菜花，去除異味。重只要用醃料清洗，就不會水水的。

05 製作芥子糊。芥子粉加熱水仔細攪拌，直到出現辣味。重為避免風味變差，攪拌後可將容器倒放，密封。

06 去除 4 的水分後，用放了芥子糊的醃料醃漬。海苔用手撕碎、水煮蛋的蛋黃過篩，與油菜花一同裝盤。

涼拌油菜花

材料（2人份）

油菜花…1 把（200g）
烤海苔…1 片
水煮蛋的蛋黃泥…1 個
芥子粉（日本芥末粉）…1/4 小匙

醃料材料

高湯…1 又 1/2 杯 (300cc)
味醂…1 又 1/3 大匙
薄口醬油…2 大匙
鹽…1/6 小匙

Point

用兩種醬汁
醃漬材料兩次

所要時間
30 分鐘

※ 用水浸泡油菜花需要 30 分鐘

01 準油菜花用水浸泡 30 分鐘，突顯清脆的口感。切除莖比較硬的部份，用鹽水汆燙 1～2 分鐘，保留一些口感。

02 取下山茼蒿的葉子，去除髒汙。將粗鹽放進沸水裡，汆燙山茼蒿。接著放進冰水裡，用壽司簾去除水分後，切成 3cm 的小段。

03 白蘿蔔去皮，先切 2 片厚 5mm 的圓片，其餘磨成泥，用壽司簾去除水分。去除水分時，可以保留一點水分。

04 切成圓片的白蘿蔔，大致切成 5×5mm 的細末，用適量的鹽水浸泡。泡軟後去除水分，用甘醋醃漬。

05 山茼蒿、蘿蔔泥、1 的柚香醋放進碗裡攪拌。

06 拌勻後加去除甘醋的白蘿蔔、鮭魚卵，再稍微拌一下，與磨碎的日本香柚皮一同裝盤。

山茼蒿拌味噌

材料（2 人份）

山茼蒿…1 把（200g）
白蘿蔔…8cm（300g）
甘醋…1/4 杯（50cc）
鮭魚卵…2 大匙
日本香柚皮…少許

柚香醋材料

A
- 醋…1 大匙
- 高湯…1 大匙
- 煮過的味醂…1 大匙
- 濃口醬油…1 大匙
- 日本香柚…圓片 1 片

Point

用甘醋將白蘿蔔醃到入味

所要時間 30 分鐘

※ 製作柚香醋需要 2 ～ 3 小時

01 製作柚香醋。A 拌勻後靜置 2 ～ 3 小時，過篩。準 山茼蒿用水浸泡 30 分鐘，突顯清脆的口感。

02 用鹽水汆燙菠菜，先放莖，10 秒後再放葉子。等根部也變軟即可取出。

03 放在竹篩上，用扇子迅速降溫。確實去除水分後，切成4cm的小段。

04 白芝麻炒到散發香氣後移到研磨缽裡，磨到一半磨碎的程度。重 炒完要立刻磨。

05 4 趁熱加砂糖溶解，做出黏性，加濃口醬油、味醂、高湯拌勻後降溫。

06 5 與菠菜仔細攪拌，使其入味。灑上柴魚絲。重 食用前再炒芝麻，風味更好。

麻醬五目雞胸

材料（2人份）

雞胸肉…2 條（80g）
白芝麻…1 又 1/2 大匙
A ┌鹽…1/4 小匙
A │薄口醬油…1/2 大匙
A └砂糖…1 又 1/2 大匙
胡蘿蔔…1/20 根（20g）
香菇…1 個（15g）
蒟蒻（白）…約 1/6 片（40g）
豌豆…10 片（20g）
銀杏…4 個
八方高湯（參考 P94）…1 又 1/2 杯（300cc）
鹽…1/5 小匙
酒…1 小匙
木棉豆腐…1/2 塊（150g）

Point

留意溫度，
將雞胸肉煮到熟透

所要時間
60 分鐘

01 白芝麻炒到散發香氣，用研磨缽磨細，加 A 拌勻。

02 蒟蒻灑上適量的鹽後靜置，出水後用沸水汆燙，放在竹篩上降溫備用。

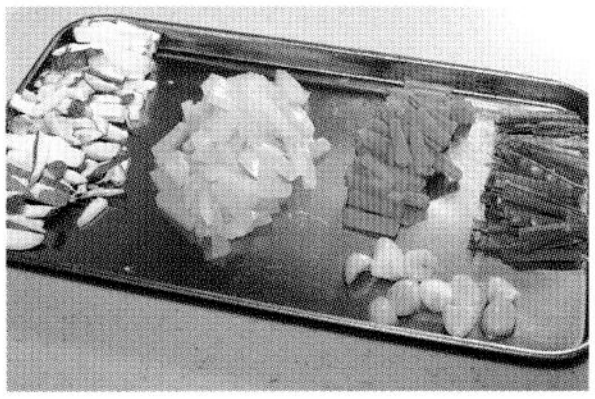

03 胡蘿蔔、去底的香菇、蒟蒻、去老梗的豌豆切成小段、銀杏去皮後分成 4 等分。

04 八方高湯煮沸，以胡蘿蔔、香菇、蒟蒻、銀杏、豌豆的順序放進材料，煮軟後過篩，降溫備用。

05 雞腿肉去筋，用手加鹽、酒輕拍，靜置 10 分鐘。

06 雞腿肉放進 4 裡，蓋上落蓋燉煮 15～20 分鐘。重溫度要低於 75 度。

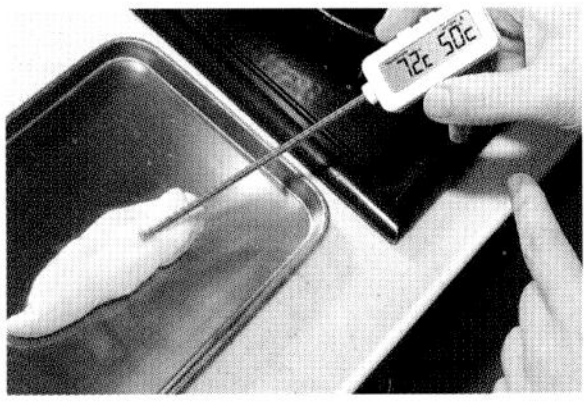

07 用溫度計戳，如果中央部份有 70 度，表示已經熟透。或者用鐵籤戳 3 秒，如果是熱的就沒問題。

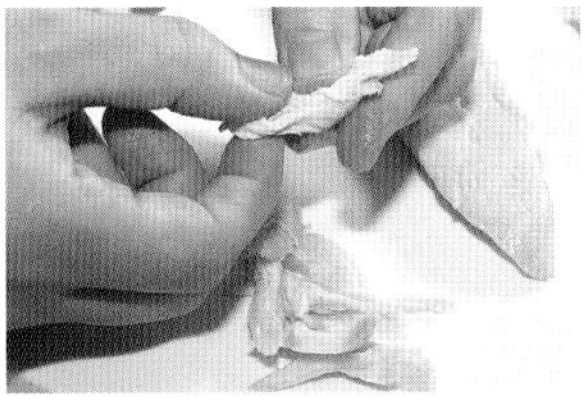

08 雞肉降溫後，用手撕成 3 的大小。重用手撕比用刀切更能入味。

09 將木棉豆腐包起來，並在上方放置重物。靜置 30 分鐘以上，去除水分後，再過篩。重只要去除 2 成的水分即可。

10 木棉豆腐加 1 的白芝麻，用研磨缽磨到具有黏性，拌勻。

11 加去除水分的 4、8 稍微攪拌一下。重如果沒有確實去除水分，攪拌後就會水水的。

Nimame

煮豆子3種

成功的關鍵在於豆子是否軟而不糊

黑豆煮

材料（2人份）

黑豆…80g
小蘇打…1/2 小匙
水…2 杯（400cc）
砂糖…240g
鹽…1/2 小匙
薄口醬油…2 小匙
金箔…少許

Point

黑豆用水浸泡一晚，確實泡軟

所要時間
2天120分鐘

※ 將黑豆泡軟需要一晚

01 準 挑除被蟲咬過或形狀不好的黑豆，清洗後用 5 倍的水加小蘇打浸泡。

02 蓋上保鮮膜，用水浸泡一晚。

03 換水移到鍋裡，以大火加熱。煮沸後轉小火。

04 去除浮沫。將浮沫聚集在鍋邊，會比較好去除。蓋上落蓋，將黑豆煮軟。

05 取出黑豆，用手確認軟硬度。重要煮到輕壓就會碎裂的程度。

06 黑豆煮軟後，用水沖洗、冷卻。接著再用適量水煮，煮沸後要再煮 30 分鐘。

07 2 杯水、砂糖、鹽、薄口醬油煮沸。砂糖溶解後，用冰水隔水冷卻。

08 黑豆過篩，去除水分後放進 7 裡。蓋上保鮮膜，避免空氣混入，在常溫下靜置一晚，使其入味。

09 黑豆過篩。湯汁加熱，水分減少一成後以冰水隔水冷卻。重煮湯汁的同時，用保鮮膜蓋住黑豆，以免黑豆變得乾燥。

10 接著用冷卻後的湯汁浸泡黑豆，蓋上保鮮膜後靜置 30 分鐘，使其更加進味。

11 重複 9、10 的動作 2～3 次，依照個人喜好調整甜度。黑豆確實入味後裝盤，灑上金箔裝飾。

雜豆煮

材料（2人份）

- 大豆…40g
- 水…2 杯（400cc）
- 昆布（5×5cm）…1 片
- 胡蘿蔔…1/5 根（40g）
- 牛蒡…1/4 根（40g）
- 乾香菇…2 片（8g）
- 蒟蒻…1/5 片（50g）
- 砂糖…1 又 1/2 大匙
- 酒…1 又 1/2 大匙
- 味醂…1 又 1/2 大匙
- 薄口醬油…1 又 1/2 大匙

Point

將蔬菜切成和豆子相同的大小

所要時間 60 分鐘

※ 將大豆泡軟需要一晚

01 準 大豆炒到散發香氣後冷卻，用適量水浸泡一晚，泡軟。

02 輕輕擦拭昆布的髒汙，用適量水浸泡後，切成 5×5cm 的大小。浸泡昆布的水備用。

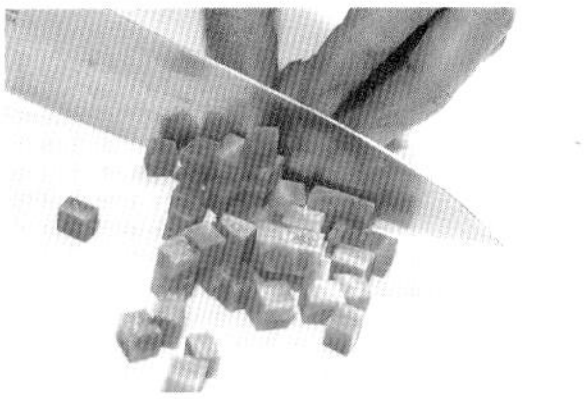

03 配合泡軟的大豆，將胡蘿蔔切成 8×8mm 的小丁。

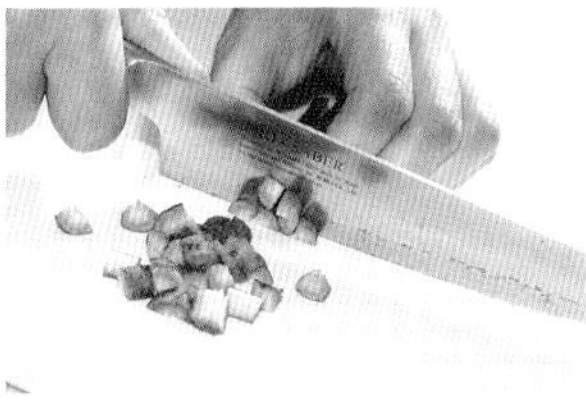

04 牛蒡直切成 4 等分，切成 8×8mm 的小丁。以適量醋水浸泡，去除澀液。

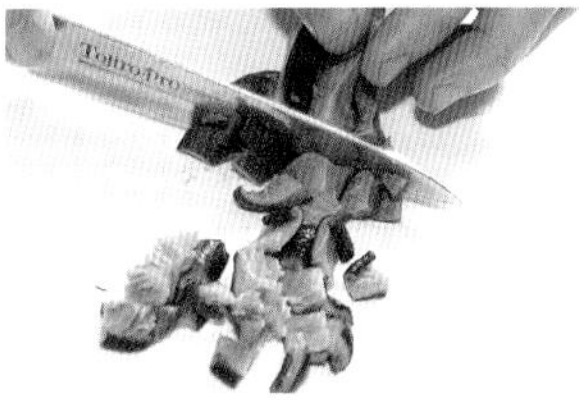

05 乾香菇用水浸泡後去除香菇頭，也切成 8×8mm 的小丁

06 蒟蒻灑上適量的鹽，出水後用水氽燙 2～3 分鐘，也切成 8×8mm 的小丁。

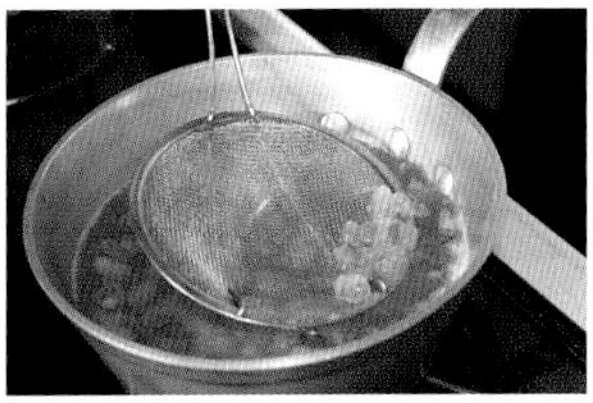

07 1 連同湯汁一起放進鍋裡，以中火加熱。重 如果皮浮起來，撈除乾淨。

08 過篩後用冷水浸泡，如果皮浮起來，用手去除乾淨。

09 大豆、切好的材料放進 2 杯水裡，蓋上落蓋煮 40 分鐘，記得不時去除浮沫。如果水分不足，可加 2 浸泡昆布的水。

10 大豆煮軟後加砂糖、酒還有味醂。

11 最後加薄口醬油，一邊攪拌一邊煮。確實入味後即告完成。

金時豆

材料（2人份）

花豆[1]…80g
水…1又1/4杯（250cc）
砂糖…250g
水飴…10g

Point

分數次加砂糖

所要時間 60分鐘

※將花豆泡軟需要3～4小時

01 挑除被蟲咬過或形狀不好的花豆。

02 準 輕輕清洗花豆，用適量水浸泡3～4小時。

03 花豆與1又1/4杯的水放進鍋裡煮沸，煮沸後轉微火，將花豆煮軟。

04 出現浮沫時，可將浮沫聚集到鍋邊，比較好撈除。

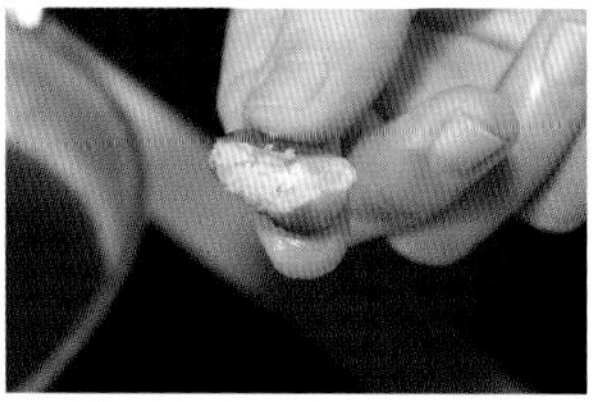

05 用手指確認軟硬度。重 要煮到輕壓就會碎裂的程度。

06 準 直接將水飴放進容器裡，水飴會附著在容器上，很難取出。所以要放在砂糖上，再移到別的容器裡。

07 在4裡放1/3分量的砂糖，蓋上紙製落蓋（參考P72）用小火煮約10分鐘。

08 再加1/3分量的砂糖，蓋上紙製落蓋，用小火煮10分鐘。

09 加最後1/3分量的砂糖，不需要蓋紙製落蓋，一邊攪拌一邊煮。

10 等湯汁減少1/4左右，加水飴煮3～5分鐘，完全溶解後即告完成。

Mistake!

皮破掉了 豆子碎裂了

如果用水浸泡太久，或煮的火力太強，皮很快就會破掉。豆子很容易碎裂，要特別留意火力與時間。

攪拌過度、煮太久都是皮破掉的原因。

[1]「金時豆」在日文亦即「花豆」。

Jyoubi no nimono

常備料理3種

放在冰箱裡，隨時都能端上餐桌

醬燒蜂斗菜

吻仔魚鞍馬煮

海瓜子佃煮

海瓜子佃煮

材料（2人份）

海瓜子肉…150g
水煮竹筍…2/3 根（80g）
生薑… 1 段（15g）
小蘇打…1/4 小匙
山椒果實…2 枝
（※ 山椒的果實成熟時的狀態，顆粒比較大，具有獨特的香氣與辣味）
味醂…1 大匙
濃口醬油…2 大匙
酒…2 大匙
砂糖…1/2 大匙

Point

汆燙、隔離後再燉煮

所要時間
30分鐘

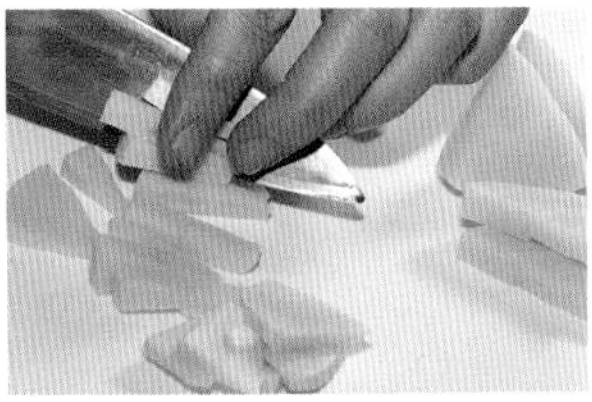

01 竹筍切片，厚約5mm，接著切細。

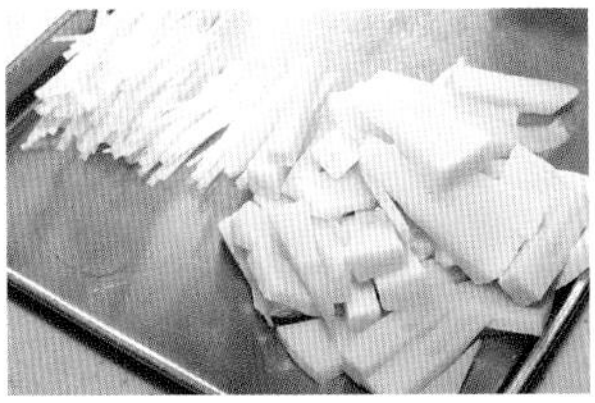

02 製作生薑絲。沿著生薑薄片的纖維切絲。

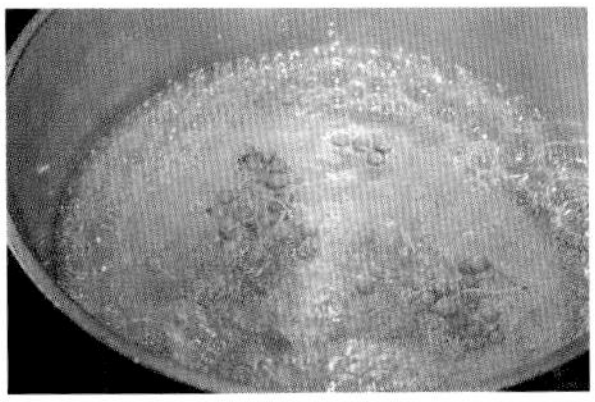

03 在沸水裡加小蘇打溶解，汆燙生的山椒果實 30 ～ 45 秒。

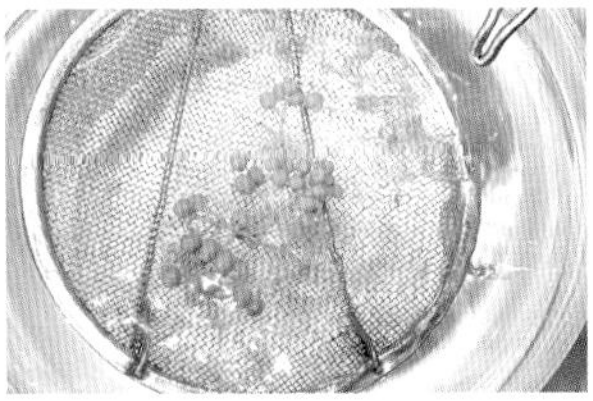

04 用篩子撈起後用冷水浸泡。

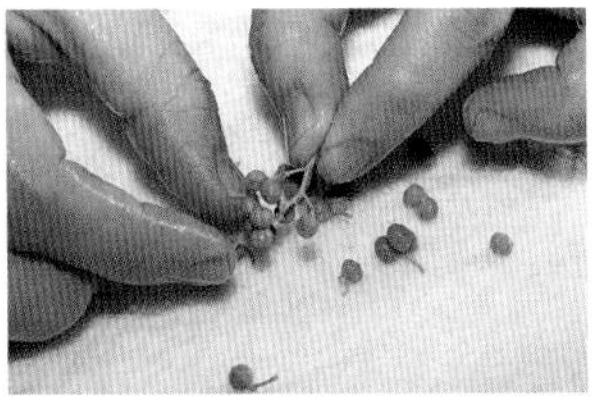

05 用手取下果實，用乾布去除水分。

06 味醂、濃口醬油、酒、砂糖放進鍋裡煮沸，放進生薑絲繼續加熱。

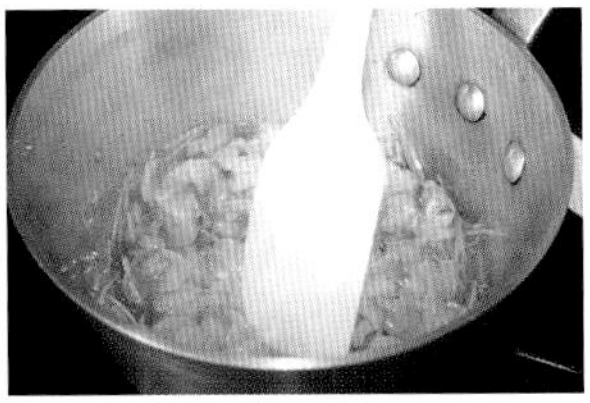

07 海瓜子肉，加熱到有點膨脹。

08 加竹筍拌勻。

09 材料全部煮透後過篩。重煮太久，海瓜子肉會變硬，所以要先取出。

10 用膠鏟輕壓，過濾出湯汁。

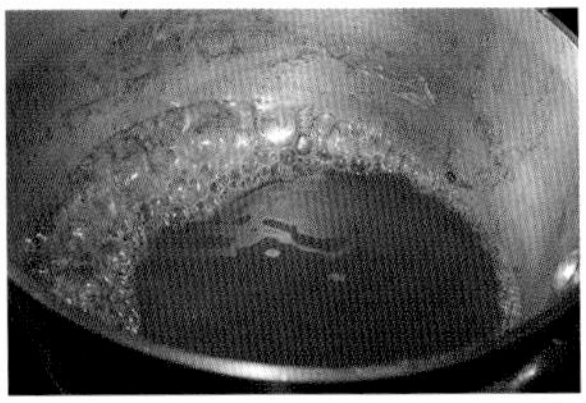

11 10 過濾出的湯汁放回鍋裡，用中火煮沸。

吻仔魚鞍馬煮

材料（2人份）

吻仔魚…100g
酒…約 3/5 杯（130cc）
砂糖…2 大匙
濃口醬油…2 又 1/3 大匙
有馬山椒…2 大匙
（※ 用濃口醬油、大豆醬油、冰砂糖燉煮山椒果實（參考 P166））
大豆醬油… 1 小匙
山椒嫩牙…適量

Point

拌炒到湯汁確實收乾

所要時間 30 分鐘

01 吻仔魚放進沸水裡。重汆燙後去除多餘的鹽分與腥味。

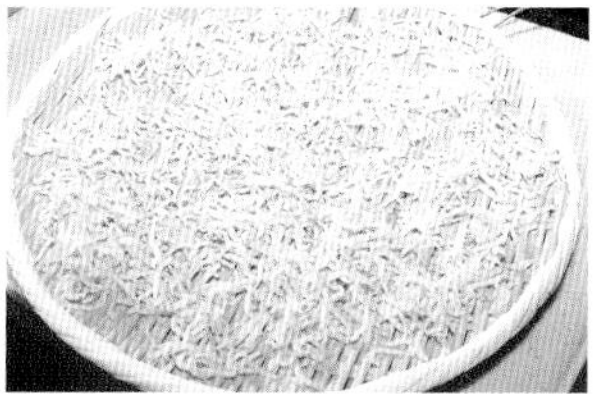

02 均勻攤在竹篩上，去除水分。

03 鍋子用大火加熱，將酒、吻仔魚放進鍋裡，用木鏟拌炒，使酒精揮發。

04 去除水分後轉小火，加砂糖煮到溶解。

05 煮到湯汁剩下一半，加濃口醬油拌勻。

06 湯汁減少後加有馬山椒、大豆醬油拌勻。煮到湯汁收乾後裝盤，以山椒嫩芽裝飾。

12 煮到水分變少後放回材料。

13 攪拌到湯汁收乾。

14 最後加山椒果實拌勻後即告完成。

Mistake!

一定要用新鮮的山椒果實

汆燙時間一長，山椒果實就會變色、走味。只要汆燙一下冷凍保存，即使經過一段時間，也能維持新鮮的狀態。

由於辣味、澀液太強，無法直接食用，一定要經過汆燙。

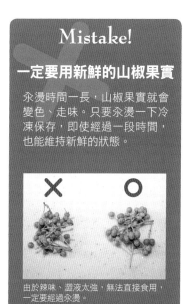

醬燒蜂斗菜

材料（2人份）

蜂斗菜梗（台灣款冬）…250g
酒…1/4 杯（50cc）
砂糖…1 大匙
濃口醬油…1/4 杯（50cc）
水飴…1 小匙

Point

蜂斗菜梗的澀液
要用水沖洗

所要時間
150 分鐘

01 準 蜂斗菜梗用水沖洗，突顯清脆的口感。重 如果軟軟的，煮的時候會變硬。

02 灑上適量的鹽，用兩手在砧板上磨擦，這樣做不僅顏色會比較鮮豔，還可以去除草味。

03 用網子或刷子磨擦，去除細毛。重 由於不去皮，若不確實去除細毛，會影響口感。

04 切除前端變色的部份後，切成 4cm 的小段。

05 準備足夠的沸水，加適量的鹽。再次煮沸後，將 4 放進水裡煮 10 分鐘。

06 用足夠的水沖洗，去除澀液。重 最好用細細的流水沖洗 1～2 小時。

07 酒放進鍋裡加熱，使酒精揮發。加砂糖、濃口醬油，煮到砂糖溶解。

08 蜂斗菜確實去除水分後放進 7 裡。

09 拌炒到入味。

10 不要蓋蓋子，一邊攪拌一邊用小火煮 10～15 分鐘。

11 維持小火繼續煮，加水飴拌勻。重 煮過頭會變硬，要特別留意。

12 加調味料拌勻，煮到湯汁快要收乾。重 煮到完全收乾，蜂斗菜會變硬。

Kinpira

金平風小菜2種

清脆的口感
讓人一口接一口

金平風蓮藕

金平風牛蒡

金平風牛蒡

材料（2人份）

牛蒡…約 3/4 根（130 根）
胡蘿蔔…1/10 根（20g）
豬五花肉…30g
鷹爪辣椒…1/4 根
酒…1 小匙
味醂…2 大匙
砂糖…1 大匙
濃口醬油…2 大匙
芝麻油…1 小匙
白芝麻…1 小匙
沙拉油…1 大匙

Point

材料全部煮軟後用餐巾紙去除多餘的油脂

所要時間
30 分鐘

01 用刷子清洗牛蒡，切絲，長約 4～5cm 重切好立刻用適量醋水浸泡。

02 用水清洗後過篩，去除水分。重用製作沙拉專用的脫水器可以更確實地去除水分。

03 胡蘿蔔、豬五花肉也切成長 4～5cm 的條狀。

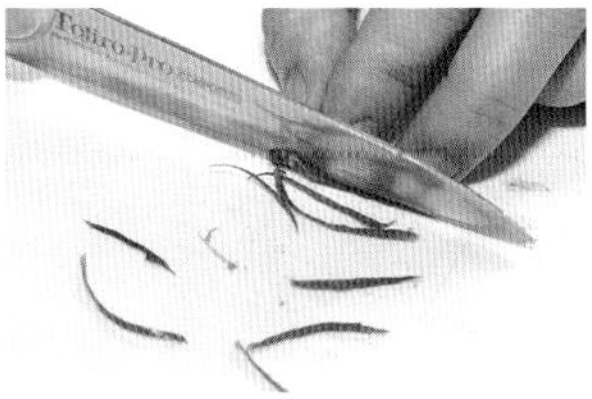

04 鷹爪辣椒去籽後用溫水浸泡，變軟後切絲。重如果直接切很容易碎裂。

05 沙拉油放進鍋裡加熱，放鷹爪辣椒用中火拌炒，直到散發香氣。

06 牛蒡放進鍋裡，炒到變軟。接著放胡蘿蔔、豬五花肉繼續拌炒。

07 全部材料都變軟後，用餐巾紙去除表面多餘的油脂。

08 加酒、味醂、砂糖、濃口醬油拌炒。重試吃，依照個人喜歡調整口感，再加調味料。

09 鍋底空出一些空間，倒入芝麻油，增加料理的香氣。最後灑白芝麻拌勻。

Mistake!

無法做出清脆的口感

各位在拌炒時，是不是會因為材料很硬而加水呢？一旦加了水，牛蒡的口感就會變差。覺得材料太硬的時候，可以多加一點油仔細拌炒。

加水就不再是「炒」而是「煮」，兩者的口感完全不一樣。

金平風蓮藕

材料(2人份)

蓮藕…1～2段(150g)
蔥…1/2根(50g)
櫻花蝦…2大匙
砂糖…1大匙
味醂…2大匙
薄口醬油…2大匙
柴魚絲…2大匙
沙拉油…1大匙

Point

蓮藕去除澀液後
徹底去除水分

所要時間
30分鐘

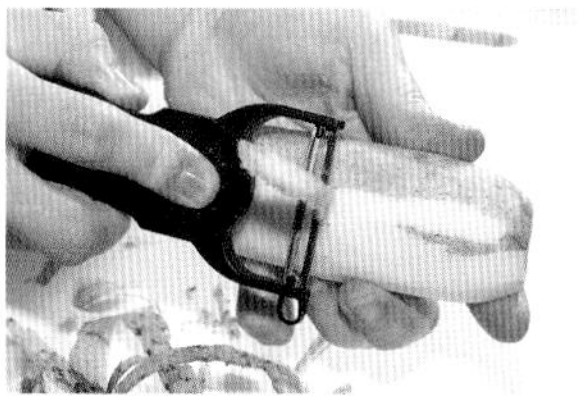

01 蓮藕去皮。重蓮藕的皮很硬，要使用削皮器。

02 切成厚2～3mm的圓片。

03 時間一久，蓮藕就會變色，所以要立刻用適量的醋水浸泡，去除澀液。

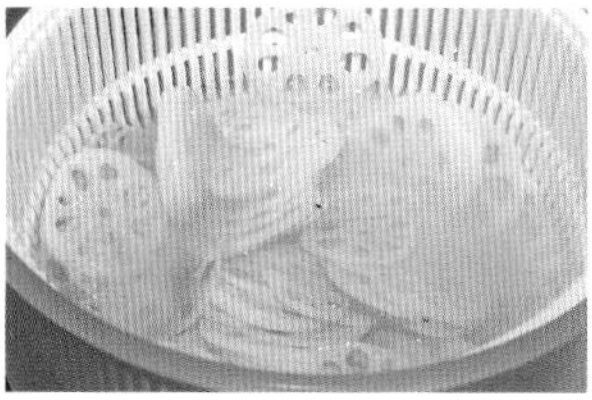

04 去除澀液後，用水洗淨並確實去除水分，避免油炸時油亂噴。

05 蔥斜切成片，厚約5mm。

06 沙拉油放進平底鍋裡加熱，轉中火拌炒蓮藕。

07 蓮藕呈現透明感，加蔥繼續拌炒。

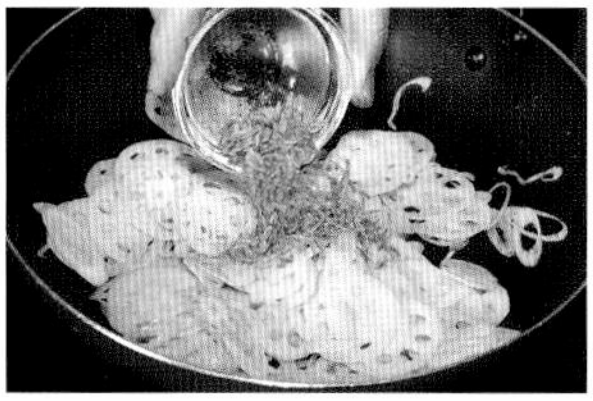

08 炒軟後加櫻花蝦。

09 加味醂、砂糖、薄口醬油拌勻。

10 湯汁收乾後加柴魚絲。

11 拌勻後裝盤。

和食的秘訣與重點 ⑲

徹底使用多餘的蔬菜！

蔬菜的皮、莖等切除下來的部份都是重要的材料

使用南瓜、銀杏的殘塊

蔬菜煎蛋

製作方法❶多餘的蔬菜（100g）切細末。❷雞蛋（6個）、八方高湯（2大匙）、醬油（1小匙）、砂糖（3大匙）、鹽（1/2小匙）拌勻。❸1、2拌勻後以煎蛋器煎出形狀。❹用壽司簾調整形狀後切片。

使用獨活皮、香菇頭

金平風小菜

製作方法❶多餘的蔬菜（90g）放在竹篩上曬乾。❷用芝麻油拌炒①。❸炒軟後加砂糖（1又1/2大匙）、味醂（1大匙）、酒（1大匙）、醬油（2大匙）繼續拌炒，最後以白芝麻裝飾。

使用白蘿蔔皮、白蔥梗

湯品

製作方法❶多餘的蔬菜（40g）切絲。❷八方高湯（500cc）煮滾後將1煮軟。❸用鹽、胡椒調味。

使用根莖類、山茼蒿的殘塊

千層天婦羅

製作方法❶多餘的蔬菜（110g）切絲。❷用雞蛋（1個）、低筋麵粉（6大匙）、水（3/4杯）製作天婦羅麵衣。❸①、②拌勻後用180度油炸（油炸方法參考P45）。❹淋上以八方高湯、鹽製作的醬汁。

使用茗荷芯、紫蘇梗

炸魚餅

製作方法❶多餘的蔬菜（20g）切細末。❷竹筴魚、秋刀魚等魚與①拌勻。❸加味噌（1大匙）拌勻。❹捏成圓形用烤箱烘烤。❺容器鋪上青紫蘇後裝盤。

把還可以用的蔬菜丟掉實在太浪費了

殘塊、香菇頭等多餘的蔬菜，都可以留下來好好運用。如果想也沒想就說「反正不能吃」直接丟棄，實在太浪費了。一定要徹底使用多餘的蔬菜。

像是香菇頭、胡蘿蔔皮，雖然無法直接食用，但只要切細炒過、炸過，就會變得很美味。此外，可以把這些多餘的蔬菜放進藥材袋裡，用來煮火鍋料理或味噌湯的高湯。不僅如此，也可以用來製作米糠醃菜。

最重要的是，儘管我們希望可以徹底使用蔬菜，還是要留意新鮮度。用刀切過的蔬菜很容易變質，所以一定要在冷藏保存2～3天內使用完畢。

第5章 各式白飯

季節容器一覽

裝盤從選擇容器開始

裝盤是一種心意
要讓用餐的人高興

選擇容器時可以依照人數漂亮地裝盤、避免料理上桌時變涼或變形等幾個重點。其中最大的重點是——營造季節感。和食的容器無論材質、形狀、顏色、圖案等，都有許多象徵四季的選擇。

最簡單明瞭的就是形狀。春季使用櫻花或梅花、秋季使用楓葉或菊花等具象徵性的形狀。此外，材質也能營造季節感，像是夏季適合使用玻璃、瓷器等讓人覺得很清涼的容器、冬季適合使用顏色比較深、感覺比較厚的陶器等。

重點是「讓用餐的人光是看，就能感覺到季節的流轉」，若是能用當季的植物，像是銀杏或楓葉來裝飾，更能增添季節感。

夏

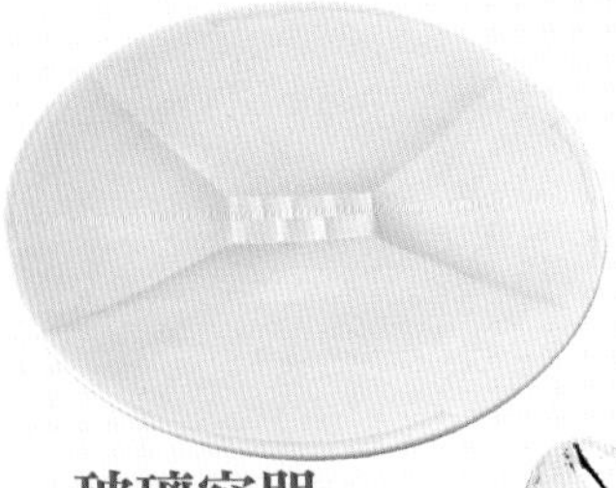

青瓷器

瓷器、青瓷器等有一定的硬度，若選擇水藍色、深藍色等感覺很清涼的顏色，就能營造冰冷的感覺。

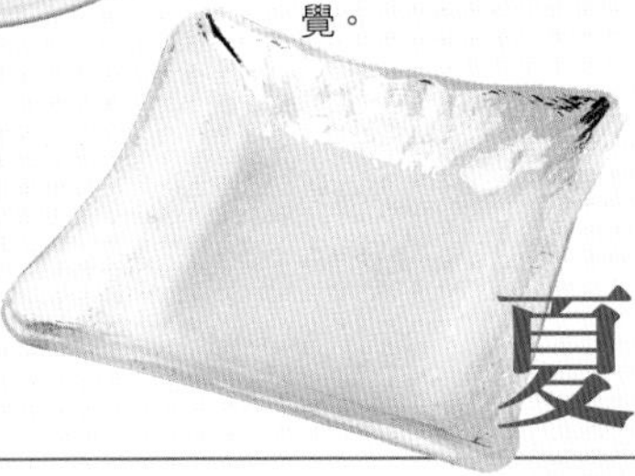

玻璃容器

光是看就覺得很清涼，若是跟冰塊一起裝盤，更能提升清涼感。此外，還可以使用竹籠。

春

淡色的容器

可以選擇讓人聯想到櫻花的粉紅色、嫩綠色等，感覺很可愛的容器。

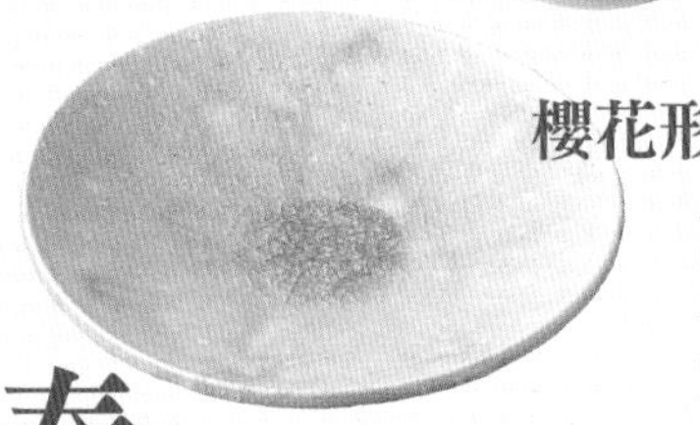

櫻花形狀的容器

以象徵日本春季的櫻花為形狀的容器，一次使用好幾個感覺也很可愛。

冬

重箱

一提到冬季，就讓人想到年菜。就算不是年菜，也可以把重箱當做是便當盒來使用。

陶器

以土燒製而成的陶器又重又厚，建議選擇黑色、茶色等比較深的顏色。

秋

楓葉形的容器

不只是形狀，顏色也要講究。此外，象徵山椒果實的「割山椒」[1]也很美。

秋季感的容器

畫上月亮、樹葉轉紅的樹木、落葉等象徵秋季圖案的容器。

[1]「割山椒」形狀為裂開的山椒果實。

赤飯

Okowa

炊飯2種

家常、宴會兩相宜

山菜拌飯

赤飯

材料（2人份）

糯米…3 杯（480g）
紅菜豆…80g
A ┌黑芝麻…1 大匙
　│鹽…1 小匙
　└水…2 大匙
酒…1 大匙
鹽…1/3 小匙

Point

確實掌握蒸的時間與程度

所要時間 90 分鐘

※ 浸泡糯米需要一天的時間

01 (準)糯米清洗後浸泡 24 小時，使用前過篩去除水分。

02 紅菜豆用水清洗，用足夠的水煮，煮沸後轉小火再煮 40 分鐘。(重)煮到紅菜豆變軟即可。

03 製作芝麻鹽。將 A 放進鍋裡，以大火煮。(重)用幾根筷子拌炒，直接水分完全蒸發，試吃時能感覺到香氣即可。

04 2 的紅菜豆與湯汁分開。將糯米、湯汁 250cc、酒、鹽放進平底鍋裡加熱，攪拌讓糯米吸收水分。

05 讓糯米吸收水分的同時，記得用保鮮膜將紅菜豆包起來，避免乾燥。(重)一定要先降溫，才能將紅菜豆與湯汁分開。

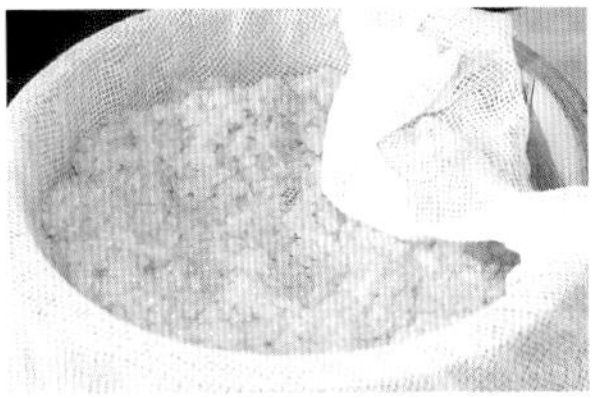

06 棉布沾濕後用力擰乾，鋪在蒸籠裡，加 4 的糯米。中間要有點凹陷。

07 用棉布將糯米蓋起來，以大火蒸 15 分鐘。(重)若蒸之前就加紅菜豆，紅菜豆會裂開，一定要蒸好再加。

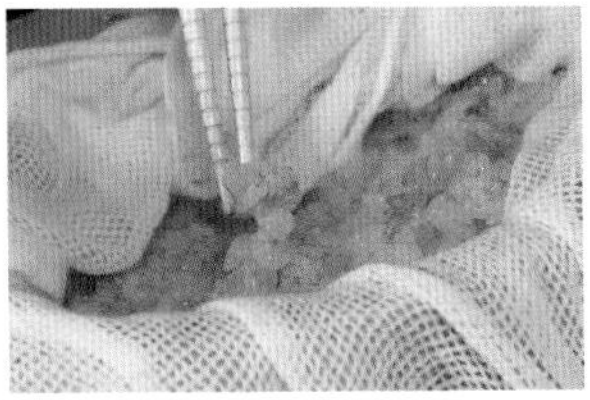

08 15 分鐘後，如圖用筷子夾取，有黏性即可關火。如果沒有黏性，就要再蒸一段時間。

09 蒸好後加紅菜豆，拌勻後即告完成。最後灑 3。

Dish Up!

只用碗裝太可惜了

由於木便當盒會吸收適量水分，所以比塑膠便當盒更具保溫效果。

木便當盒不僅是便當盒，擺在餐桌上也很漂亮。

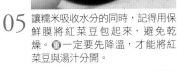

山菜拌飯

材料（2人份）

糯米…2杯（320g）
刺椒芽…3根（30g）
劍筍…2根（40g）
蒟蒻…約1/8片（30g）
油豆腐皮…1/2片（15g）
莢果蕨…4根（14g）
蕨菜…4根（24g）
小蘇打…1/2小匙
A 薄口醬油…2大匙
A 高湯…1又1/4杯（250cc.）
A 味醂…1大匙
A 鹽…1/2小匙

Point

仔細處理山菜

所要時間
60分鐘

※浸泡糯米需要一天的時間

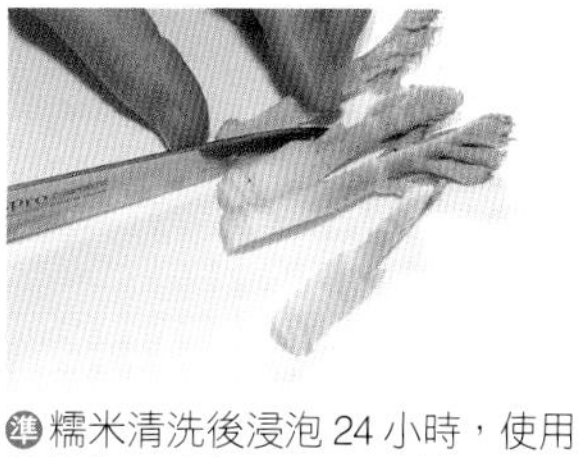

01 準 糯米清洗後浸泡24小時，使用前過篩去除水分。切除刺椒芽比較硬、無法食用的部份，再直切成4等分。

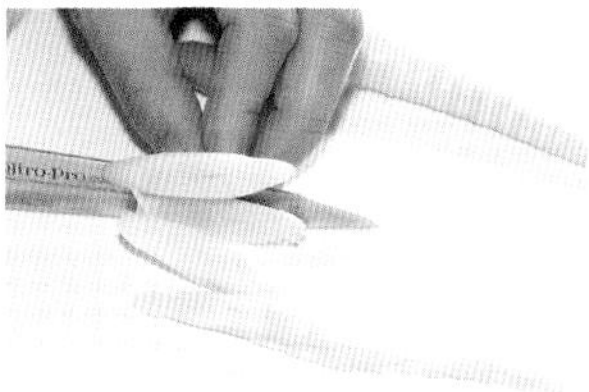

02 劍筍斜切成薄片，放進適量的鹽水裡加熱，煮沸後取出，過篩用水沖洗。

03 蒟蒻灑上適量的鹽後靜置，出水後用沸水汆燙2分鐘，降溫切成小段。

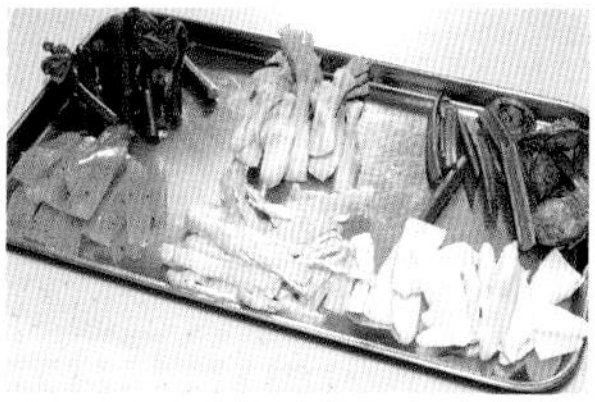

04 油豆腐皮汆燙後確實去除水分，切小段。莢果蕨、蕨菜參考P46處理，切成長3～4cm的小段。

05 A放進鍋裡煮沸。先放細竹、蒟蒻，1分鐘後放山菜、油豆腐皮煮2～3分鐘。

06 過篩，將材料與湯汁分開。材料用扇子降溫。重 迅速降溫，可使山菜維持鮮豔的顏色。

07 6的湯汁、糯米放進平底鍋裡加熱，攪拌讓糯米確實吸收水分。

08 棉布沾濕後用力擰乾，鋪在蒸籠裡，加7。用棉布蓋起來，以大火蒸15分鐘。

09 用筷子夾取，有黏性即告完成。最後加6的材料拌勻。

Mistake!

炊飯、山菜要拌勻

炊飯、山菜要輕輕拌勻，但不能拌過頭，拌過頭會變得黏黏的。

先裝進拌勻的山菜拌飯，再放上山菜，看起來會更漂亮。

和食的秘訣與重點 20

用微波爐輕鬆製作炊飯

就算沒有蒸籠，也可以輕鬆製作炊飯

準備物品

材料　糯米…3 杯（480cc）、紅菜豆…80g、酒…1 大匙、鹽…1/3 小匙
器具　微波爐、耐熱容器、保鮮膜

1 參考 P176，汆燙紅菜豆後，用汆燙紅菜豆的水 300cc 仔細拌炒糯米。

2 糯米吸收水分後，放進耐熱容器裡蓋上保鮮膜，用微波爐 500w 加熱 5 分鐘。

3 取出後觀察米的硬度，淋上汆燙紅菜豆的水 50cc。拌勻後再用微波爐加熱 3 分鐘。

耐熱容器、保鮮膜是輕鬆製作炊飯的好幫手

在使用蒸籠或蒸鍋的料理中，炊飯是最具代表性的白飯料理。糯米加熱後會產生黏性，吸收湯汁後口感更具彈性。

就算沒有蒸籠或蒸鍋，只要使用微波爐，就能輕鬆製作。首先，將吸收湯汁的糯米移到耐熱容器裡，蓋上保鮮膜加熱5分鐘。接著觀察糯米的硬度，加進湯汁拌勻，再加熱3分鐘即可。最後拌入色彩鮮豔的紅菜豆，就大功告成了。

使用耐熱容器加熱時，重點是要蓋上保鮮膜。如果不蓋保鮮膜，表面的水分會蒸發、變硬。所以一定要確實蓋上保鮮膜，讓糯米充滿水分，均勻受熱。

Sushi

壽司2種

使出全力做出不同
以往的豪華料理！

太卷壽司

鯖壽司

鯖壽司

材料（2人份）

青花魚…1尾（200g）

A
- 醋…3/4 杯（150cc）
- 水…1 又 1/4 杯（250cc）
- 砂糖…2 小匙
- 昆布（5×5cm）…1 片
- 薄口醬油…1 小匙

昆布（21×5cm）…2 片
竹葉…2 片
有馬山椒（參考 P176）…1 小匙
壽司飯（參考 P184）…360g
白板昆布（※ 去芯後削薄片的昆布）…3 片

B
- 醋…1/2 杯（100cc）
- 水…1/2 杯（100cc）
- 砂糖…3 大匙、鹽…1 小匙

甘醋漬生薑…適量

Point

確實去除青花魚的腥味

所要時間
200 分鐘

※ 分解青花魚後去除水分需要 4 小時半

01 準 參考 P30，將青花魚分解成 3 片。青花魚放進灑了鹽的淺盆裡，再從距離 30cm 的高處灑上適量的鹽。

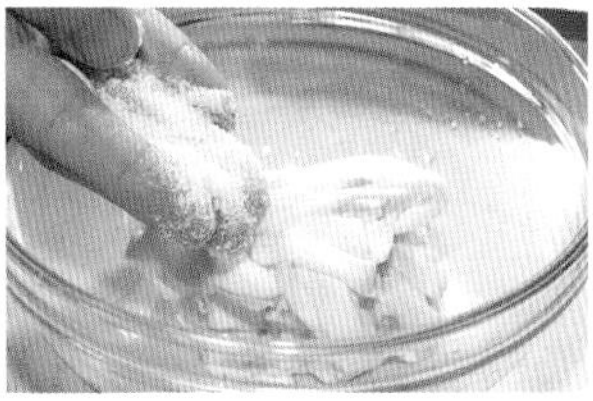

02 葫蘆乾用水浸泡，變軟後加鹽清洗。放進鍋裡和 A 同煮，水分只剩一半後加醬油。

03 乾香菇用水浸泡半天，去除香菇頭。乾香菇連同浸泡的水、B 一起煮 15 ～ 20 分鐘，直到湯汁收乾，切成薄片。

04 蝦子去殼，用竹籤串起來汆燙，降溫後去除腸泥，直切成一半。三葉芹汆燙備用。準 參考 P184 製作壽司飯。

05 海苔、壽司飯鋪在壽司簾上，材料整齊排列。重 海苔留 2cm，用飯粒將海苔黏起來。

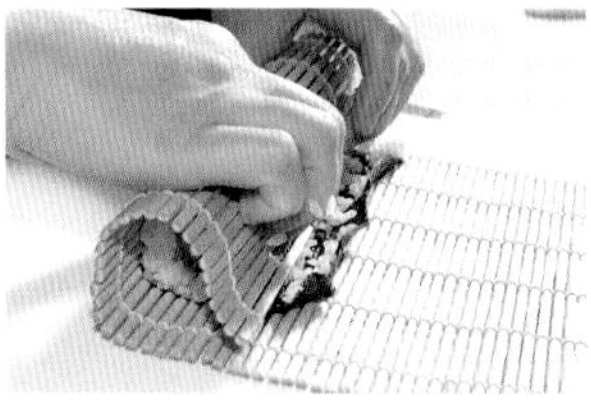

06 一邊壓一邊捲，捲的時候要確實壓好。用濕布將兩邊突出的壽司飯推進去。

太卷壽司

材料（2人份）

葫蘆乾…15g

A
- 高湯…1 杯（200cc）
- 砂糖…2 大匙、酒…1 大匙
- 濃口醬油…1 又 1/2 大匙

乾香菇…4 片（16g）

B
- 砂糖…2 大匙
- 濃口醬油…1 大匙

蝦子…2 尾（16g）、海苔…2 片
三葉芹…1/4 根（25g）
白飯…320g、昆布（5×5cm）…1 片
醋…3 大匙、砂糖…25g、鹽…7g、山葵…少許（依照個人喜好調整）

煎蛋材料

雞蛋…2 個、蛋黃…1 個
鹽…1 撮、砂糖…2 小匙

Point

以恰到好處的力量卷壽司

所要時間
60 分鐘

※ 將乾香菇泡軟需要 60 分鐘

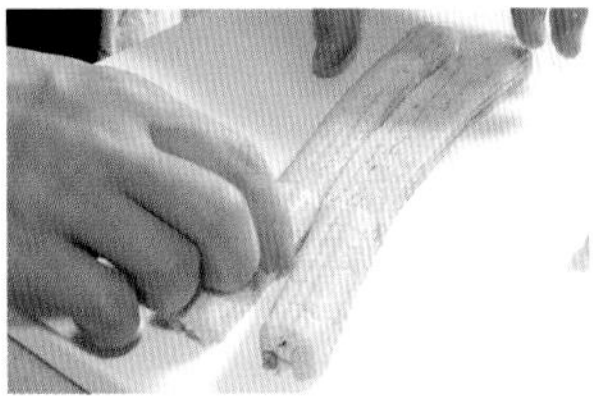

01 煎蛋材料拌勻後煎蛋。（製作方法參考 P134）。用壽司簾修整形狀，切的時候要配合海苔的大小。

One More Recipe

昆布棒壽司

材料

和鯖壽司相同

製作方法

❶前 6 個步驟與鯖壽司的製作方法相同。
❷在壽司簾上鋪棉布，放青花魚時魚皮朝下，和碎屑一同組合成長方形。有馬山椒在中心排成一直線。
❸壽司飯捏成棒狀，放在青花魚上，用壽司簾捲起來。
❹稍微按壓，使其定形。用參考鯖壽司 10 準備的白板昆布捲起來。
❺切成適合的大小，和甘醋漬生薑一同裝盤。

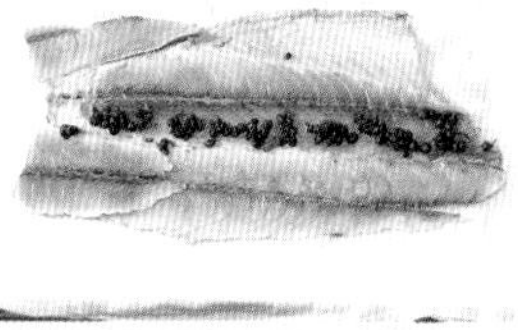

昆布棒壽司使用的青花魚要壓壽司使用的稍微大一點，並在中心將有馬山椒排成一直線。

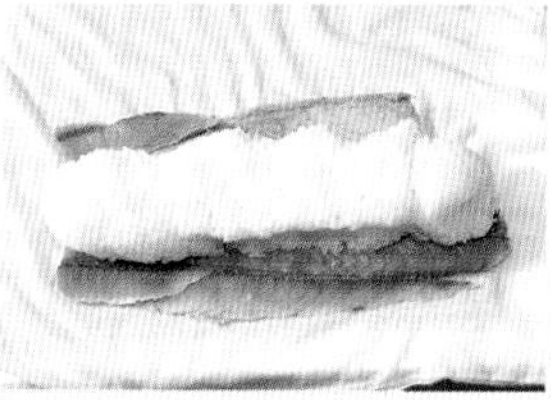

雙手用醋沾濕後拿壽司飯，配合青花魚的大小捏成棒狀。

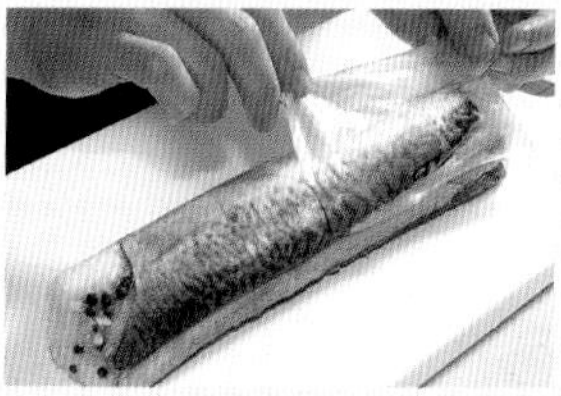

白板昆布要放橫來捲，只要表面伏貼，看起來就很漂亮。

02 出水後繼續灑鹽。原本含血合骨的那片要確實抹鹽。靜置 4 小時，途中要不時去除水分。

03 變硬後用適量的醋或水清洗鹽分。重用醋洗能使魚肉確實緊縮。

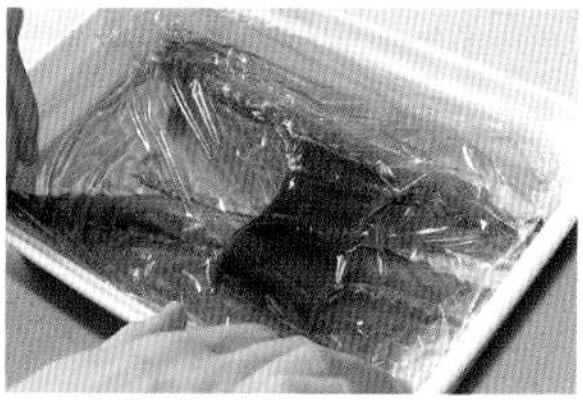

04 A 在碗裡拌勻，醃漬去除水分的青花魚。蓋上保鮮膜，兩面各醃 30 分鐘。顏色變白後即可取出。

05 魚皮朝下放進淺盆以去除水分。昆布用濕布包起來，約 30 分鐘後昆布會變軟。用昆布包青花魚，再用保鮮膜將兩者包起來，靜置1小時。

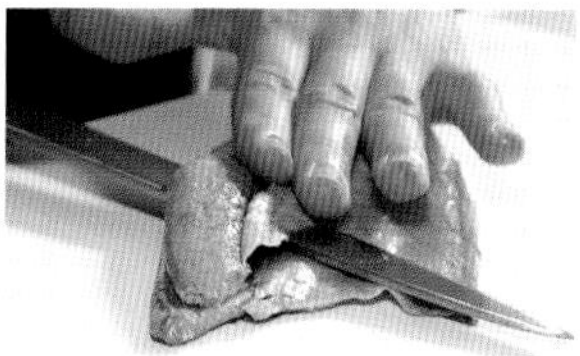

06 去皮青花魚選擇肉比較厚的部份，配合模型修整大小。竹葉亦同。

07 依序將用水沾濕的竹葉、魚皮朝下的青花魚放進模型，有馬山椒要排成直線。重如果青花魚比較小，可原本切除但可食用的碎屑補充。

08 雙手用醋沾濕後，拿起壽司飯並去除空氣。做成大小像棒球的圓球，放進模型裡，稍微壓一下。

09 鋪上竹葉後蓋上蓋子壓，在調理台上敲打後，將模型打開。重反覆翻面敲打數次，就能輕鬆打開。

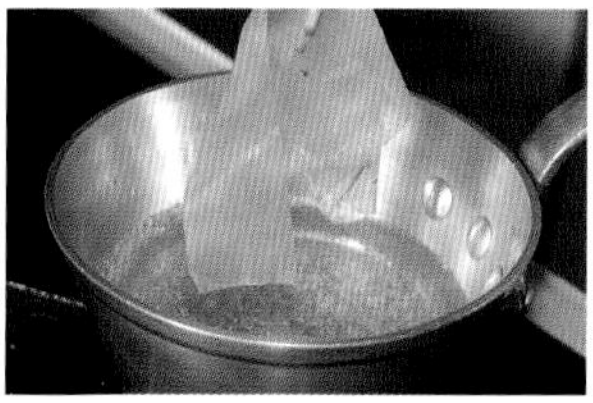

10 白板昆布用布擦拭後，用熱水汆燙，放在竹篩上去除水分。B 放進鍋裡，稍微煮一下白板昆布，迅速降溫。

11 拿掉蓋子、竹葉，用去除水分的 10 捲起來。切成容易食用的大小，和甘醋漬生薑一同裝盤。

和食的秘訣與重點 ㉑

增加一些巧思就能當做宴客料理

只要稍微改變食材與捲法，就能創造各式各樣的種類

裏卷

材料

青紫蘇…4片
鮭魚…1片
炒蛋…1個
鮭魚卵…3大匙

❶在海苔表面鋪上一層壽司飯。❷上方鋪一層保鮮膜，翻面。❸內側也鋪上一層壽司飯，材料整齊排列。❹捲起來切片，放上鮭魚卵。

↓

伊達卷煎蛋太卷

材料

煎蛋…海苔大小1片、小黃瓜…1/4根、鰻魚…70g、水煮葫蘆乾…3片、胡蘿蔔…1/4根、田麩[2]…2大匙

❶煎蛋放在壽司簾上。❷小黃瓜、鰻魚、葫蘆乾、煮香菇、胡蘿蔔配合煎蛋大小切段，整齊排列。❸灑上田麩後捲起來。

↓

花壽司

材料

野澤菜[3]切細末…1大匙
梅肉田麩（梅肉與市售的田麩拌勻而成）…1大匙
胡蘿蔔…1/4根

❶用海苔將梅肉田麩捲起來，做成6根直徑約1.5cm的海苔捲。❷用拌了野澤菜的壽司飯上將胡蘿蔔還有1捲起來。

↓

精進卷壽司技巧

卷壽司是在慶祝、節日時經常食用的宴客料理，有許多種類，像是細卷壽司、裏卷、伊達卷煎蛋卷壽司等。

卷壽司的重點在於確實壓緊，不要讓料鬆開。捲好後要用手壓一下，靜置一段時間，使其定形。此外，海苔要留2cm，利用壽司飯飯粒的黏性，將海苔黏起來，避免壽司捲變形。修整形狀後，用濕布將兩邊突出的壽司飯推進去，看起來就會很漂亮。此外，切片時一邊用濕布擦拭菜刀一邊切，會比較好切。

製作卷壽司，在選擇材料時要考慮配色以及客人的喜好，營造出華麗的感覺。

2 「田麩」是類似「魚鬆」的食材，圖中為粉紅色。
3 「野澤菜」為生產於日本野澤溫泉的蔬菜。

Chirashizushi

散壽司

充滿豪氣、讓人開心的喜慶料理

散壽司

材料（2人份）

乾香菇…2 枚（8g）
高湯…3/4 杯（150cc）
砂糖…2/3 大匙
濃口醬油…1/2 大匙
鮪魚…100g
扇貝的貝柱…2 個（60g）
蝦子…2 尾（16g）
豌豆…4 片（8g）
比目魚上半身…40g
昆布（5×10cm）…1 片
雞蛋…1 個
鹽…1 撮
青紫蘇…2 片、白芝麻…1 大匙
碎海苔、鮭魚卵、紅薑片…各 1 大匙
山椒芽…適量、山葵…1 小匙（依照個人喜好調整）
沙拉油…適量

壽司飯材料

鹽…3g、砂糖…10g
醋…1 又 1/3 大匙、昆布（5×5cm）…1 片
米…1 杯（160g）

Point

最後灑上山椒芽等綠色蔬菜

所要時間 120 分鐘

※ 將香菇泡軟需要半天的時間

01 製作壽司飯。用打蛋器將鹽、砂糖、醋拌勻後放進昆布，待昆布的體積是原本的兩倍大後取出（壽司醋）。

02 飯台用水沾濕，避免事後飯粒黏在飯台上。確實沾濕後用布擦乾。準參考 P14、15 煮飯。

03 飯煮好直接倒扣在飯台上，趁熱淋上 1 的壽司醋。淋的時候迅速地切，讓醋均勻分布。

04 用扇子降溫。大幅度翻動，讓飯翻面，均勻降溫。重降到體溫即可。

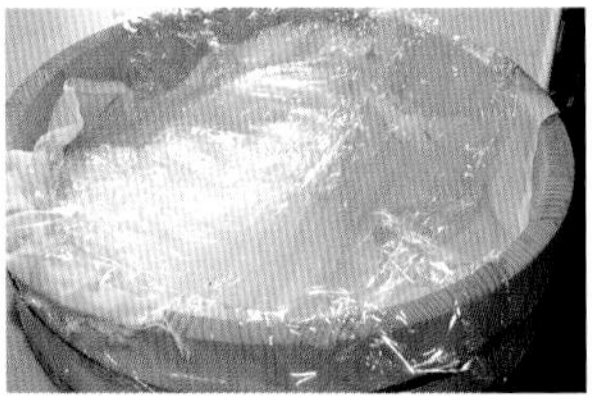

05 將壽司飯聚集到一邊，蓋上棉布、保鮮膜，防止乾燥。重此時若冷藏，飯會變散、變硬。

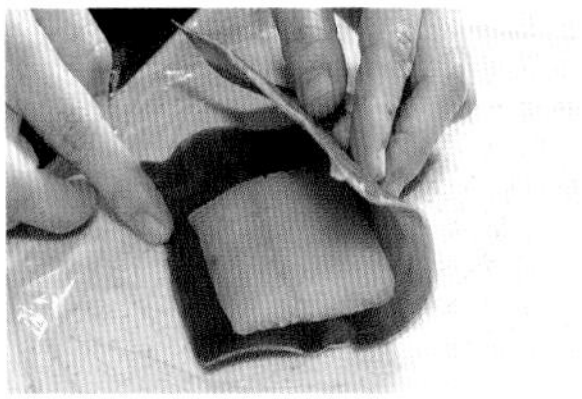

06 製作昆布比目魚。比目魚上半身灑鹽斜放，出水後用布擦乾。用沾濕的昆布夾著，再用保鮮膜包起來，靜置 1 小時。

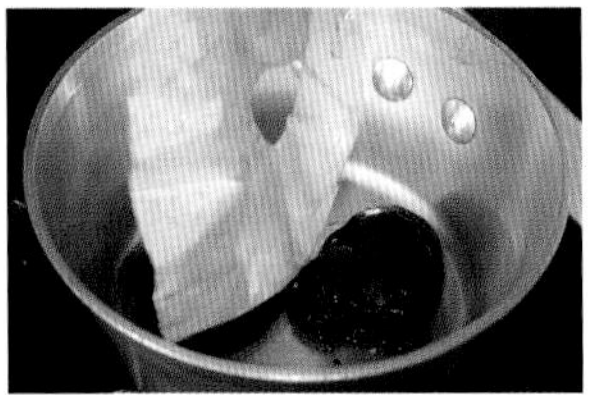

07 乾香菇用水浸泡半天的時間，去除香菇頭。將高湯、砂糖放進鍋裡，蓋上落蓋，以小火煮。

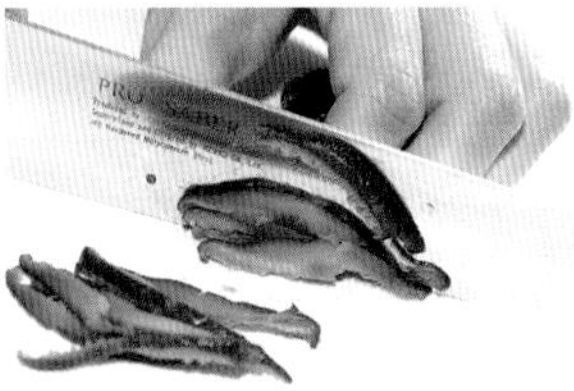

08 待湯汁剩下一半，加濃口醬油再煮 15 分鐘，湯汁收乾後切成薄片。

09 鮪魚用沸水汆燙，用適量的醬油、酒醃漬。蓋上保鮮膜，在常溫下兩面各醃 1 分鐘。

10 鮪魚切片，每片厚約 5mm ～ 1cm。切的時候動作要快，並大幅度地移動。

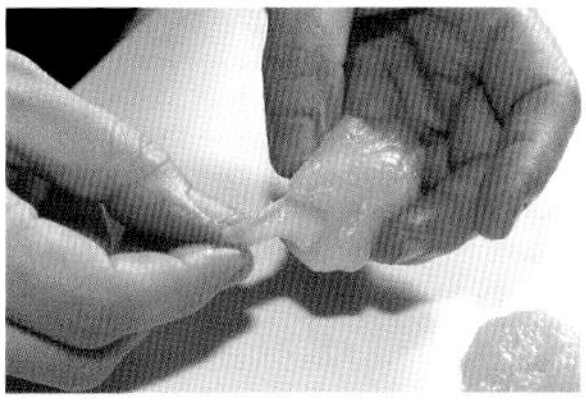

11 去除扇貝貝柱比較白、硬的部份，用鹽水浸泡 2 ～ 3 分鐘。輕輕清洗，去除髒汙後將水分擦乾。

12 用鐵籤串起來，直接用火烤到變色。就算裡頭還是生的也無妨。用冰水浸泡，去除焦掉的部份後橫切成一半。

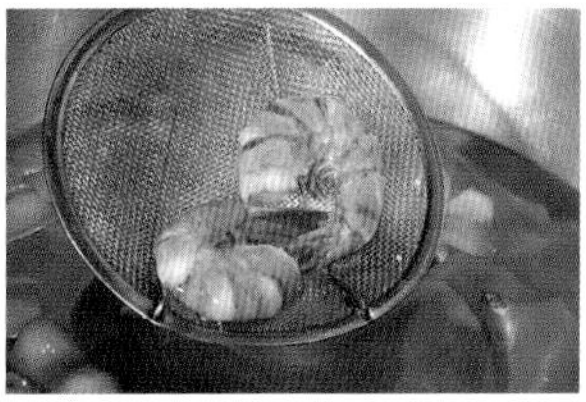

13 蝦子去殼後，汆燙到變紅色、變蜷曲後，用冰水浸泡。

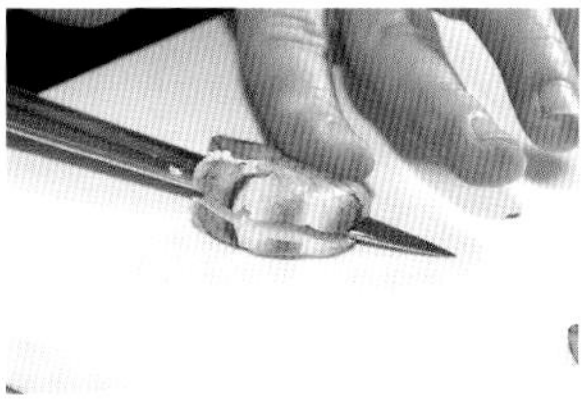

14 確實降溫後，去尾、去腸泥，將水分擦乾，橫切成一半。

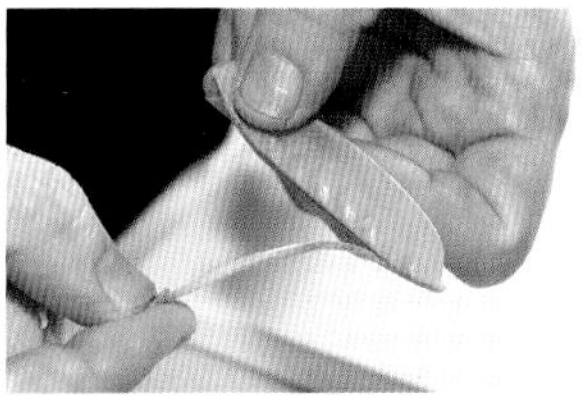

15 豌豆去老梗，用鹽水汆燙。放在竹篩上降溫，切成寬 1cm 的大小。

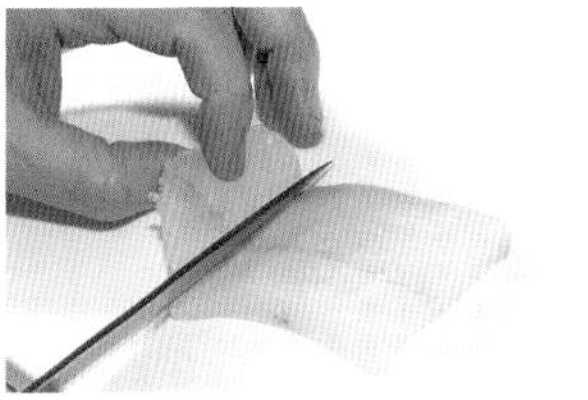

16 比目魚吸收昆布風味後切成薄片。重切好之後再用昆布夾起來，靜置到裝盤前。

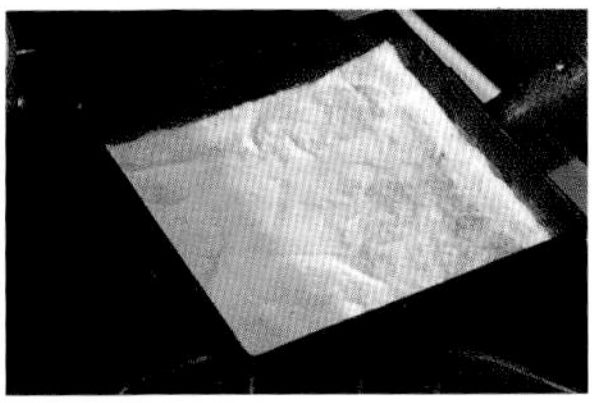

17 製作蛋皮。蛋加鹽拌勻後過篩，用煎蛋器熱油，倒入一半的蛋液，使其均勻分布。

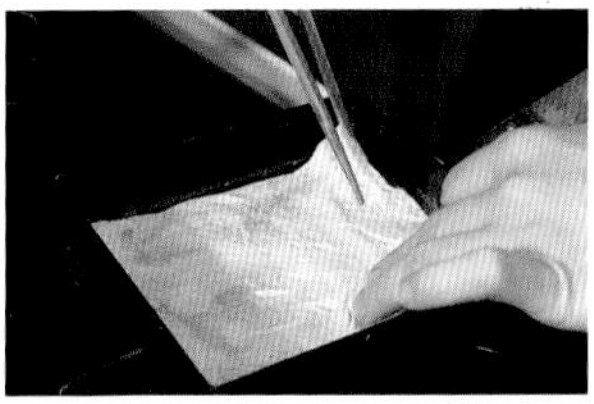

18 以小火加熱，表面變乾後翻面。重兩面都煎好後放在竹篩上，用餐巾紙夾住去除多餘的油脂。接著再煎一片。

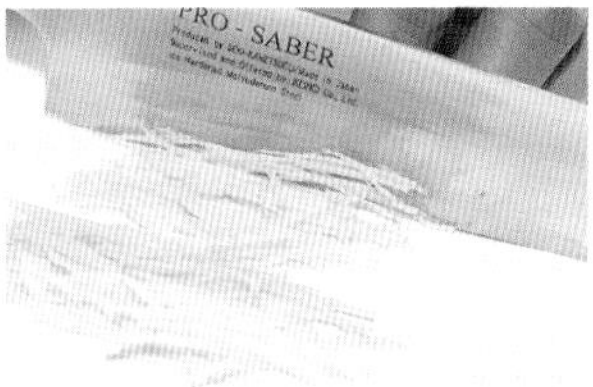

19 用保鮮膜包起來冷藏，避免蛋皮乾燥。使用前切絲，寬約 1 ～ 2mm。

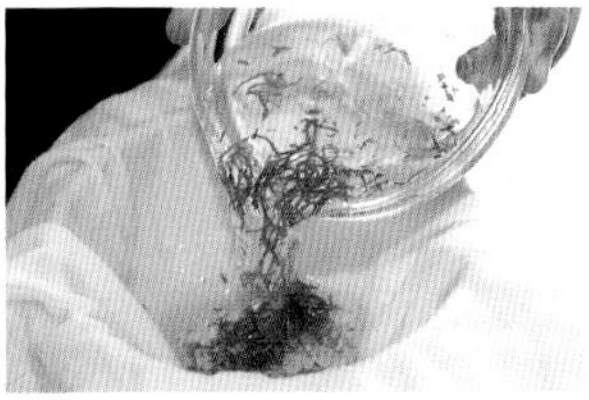

20 青紫蘇切絲，用水浸泡。用鋪了棉布的竹篩濾水，再緊握棉布確實去除水分。

21 8 的乾香菇、20 的青紫蘇、炒過的白芝麻放進壽司飯，拌勻。

22 21 裝盤，灑上海苔絲、蛋皮絲，使其均勻分布。

23 放上鮪魚、扇貝、蝦子、比目魚、鮭魚卵、紅薑。重豌豆、山椒芽碰到醋會變色，所以要最後再放。

Mistake!

壽司飯不能加太多水

會變得黏黏的，灑上醋、拌勻後才能用扇子搧，如果還沒有拌勻就用扇子搧，會導致水分蒸發而無法拌勻。

拌勻後用扇子搧，壽司飯就會充滿光澤。

和食的秘訣與重點 ㉒

日本人的主食——米的種類知多少

鬆鬆的炊飯最是美味

糙米

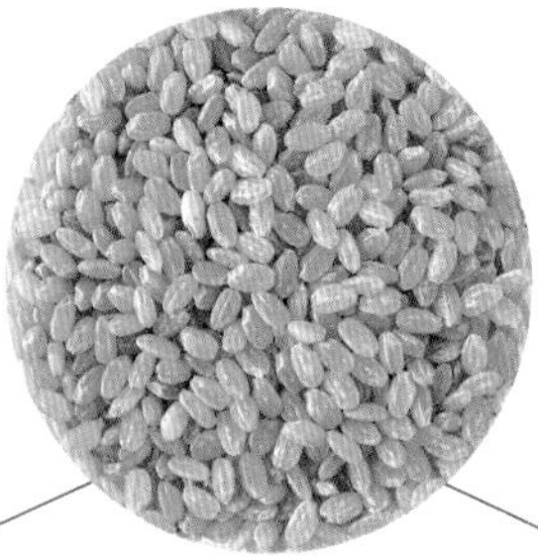

稻米去穀後未精碾，留有米糠、胚芽，富含維生素、礦物質。

發芽糙米

使胚芽發芽0.5～1mm，富含維生素、食物纖維。

精米

去除所有米糠、胚芽，使稻米很容易食用。營養價值比糙米少。是人們最常食用的米。

赤米・黑米

亦稱為「古代米」，含有紅色或黑色色素。富含蛋白質與維生素。

五穀米

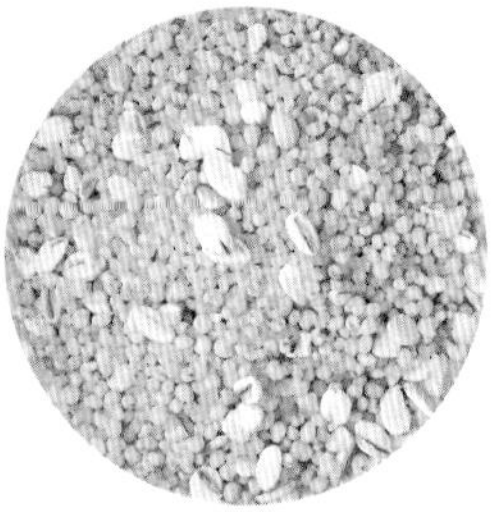

混合米、小麥、小米、稗子、黃米而成。可以和精米一起煮。此外還有十穀米、雜穀米等種類。

糯米

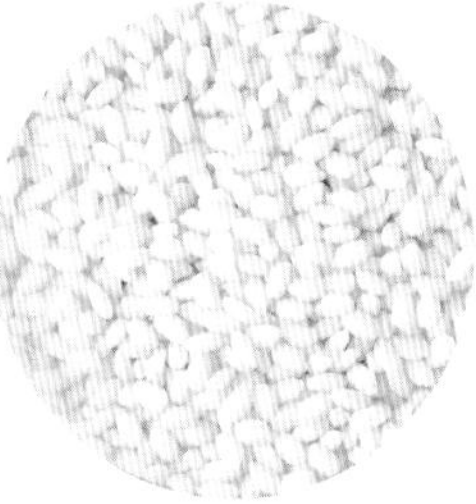

富含名為支鏈澱粉的成分，口感具有彈性，吃起來感覺黏黏的。適合用在製作麻糬或炊飯。

日本人的主食——米 對身體非常好

對日本人來說，米是非常重要的主食。米只要洗過放進水裡煮，調理起來很簡單。富含蛋白質，是很好的能量來源。營養吸收率高達98％，可以攝取到維生素等營養。

「白飯」是以去除米糠、胚芽的精米煮成，很容易食用。此外還有保留所有米糠、胚芽的糙米、去除一半米糠、胚芽的五分白米、去除七成米糠、胚芽的七分白米。

糙米的米糠、胚芽富含維生素等營養。由於糙米含有米糠，煮的時間會比精米長，所以要用很大的火力煮。此外，糙米越是咬，就越是能感受到米的美味，可以訓練牙齒和下巴。

Taimeshi

鯛魚飯

一整隻鯛魚看起來相當氣派

鯛魚飯

材料（2人份）

鯛魚…1 尾（500g）
味醂…2 小匙
酒…2 小匙
薄口醬油…2 小匙
米…1 又 1/2 杯（240g）
高湯…1 又 1/2 杯（300cc）
A 酒…1/2 大匙
A 薄口醬油…1/2 大匙
A 鹽…1/4 小匙
生薑…1 段（10g）
山椒芽…適量
海苔細絲…1 大匙

Point

米和調味液的分量要相同

所要時間 90 分鐘

※ 米要靜置 30 分鐘

01 準 參考 P14，洗米後過篩，靜置 30 分鐘備用。

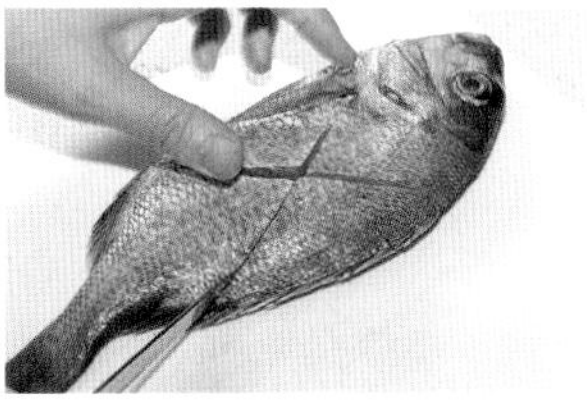

02 去除鯛魚的魚鱗、內臟，用水清洗。重 為了讓魚肉膨鬆，正面劃十字、背面劃兩刀。

03 味醂、酒、薄口醬油放進淺盆裡，兩面都確實醃漬 30 分鐘。

04 3 放在烤魚架上以大火烤，烤到魚肉還沒熟透，但表面呈現金黃色即可。

05 洗好的米放進量杯並確實按壓，以確認正確分量。高湯、A 拌勻後製作與米同量的調味液。

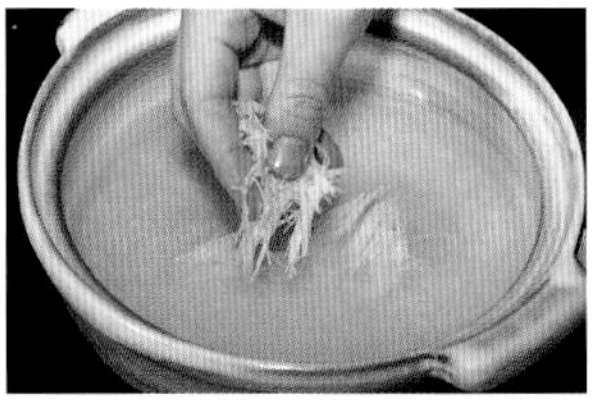

06 米、調味液、生薑絲放進土鍋。

07 放進鯛魚，若太大可切除魚尾。重 切除的魚尾也能煮出高湯，所以還是要放進鍋裡。

08 蓋上蓋子煮。一開始先以大火煮，煮沸後轉小火，再煮 10 分鐘。

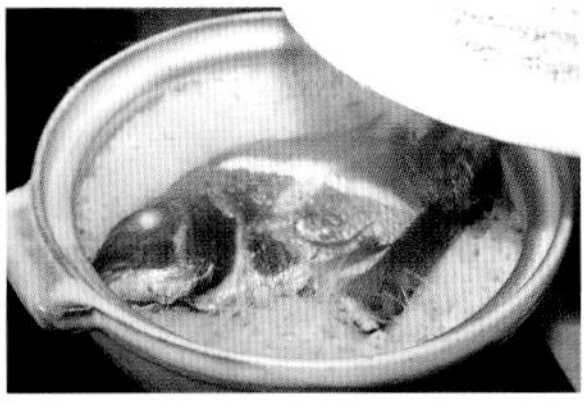

09 10 分鐘後轉大火，讓多餘的水分蒸發。關火後取出鯛魚，蓋上蓋子蒸 10 分鐘。

Dish Up!

除了炊飯裡 上面也要放鯛魚

事前將鯛魚肉弄鬆，與 2/3 的白飯拌勻後裝進碗裡，接著放上鯛魚、山椒芽與海苔細絲。

將山椒芽撕成一片一片的，再放上大量海苔細絲，使香氣更為突顯。

Mamegohan

豆拌飯

色彩鮮豔的蠶豆實在可愛

材料（2人份）

蠶豆…300g
米…1杯（160g）
鹽…1/2小匙
酒…1大匙

Point

飯蒸好之後再加蠶豆拌勻

所要時間
45分鐘

※米要靜置30分鐘

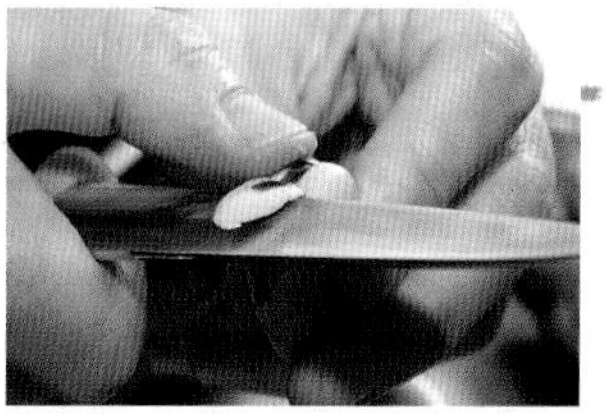

01 自豆莢裡取出蠶豆，用刀切除突出的部份。準 米參考P14清洗後過篩，靜置30分鐘。

02 用熱水溶解適量粗鹽，汆燙蠶豆2分鐘，放在竹篩上降溫。

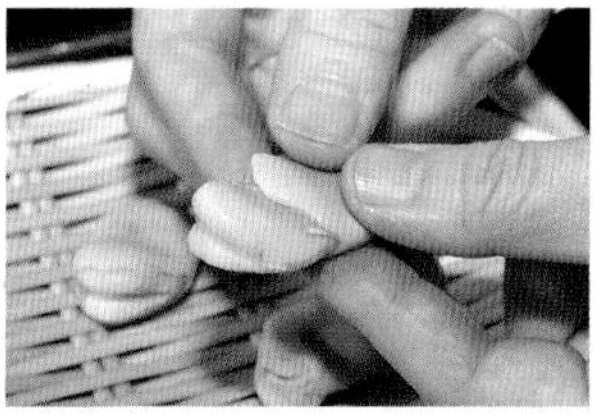

03 去除薄皮。重 只要按壓下方，就能輕鬆去除。

04 參考P15用鹽水煮米。煮好後淋上酒。

05 讓蠶豆均勻分布，蓋上蓋子蒸10分鐘。重 如果蒸之前就拌入蠶豆，飯會變得黏黏的。

06 蠶豆放進飯裡拌勻。

和食的秘訣與重點 ㉓

炊飯、拌飯等種類

只要材料不同，就要調整高湯的比例

牡蠣飯

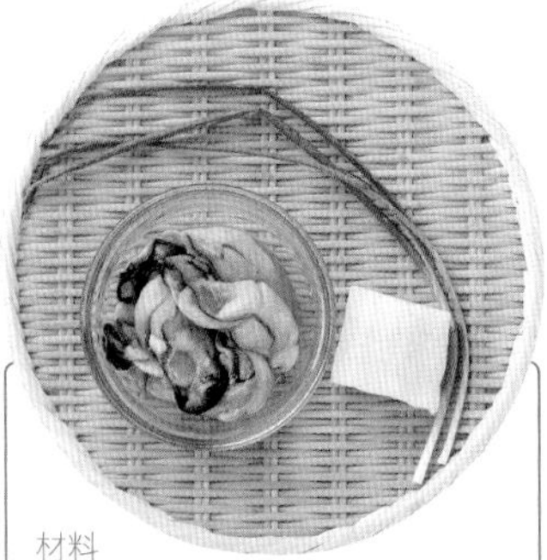

材料
牡蠣肉…6 個
米糠醃白蘿蔔…3 片
蝦美蔥…2 根

調味液
高湯…和米同量
薄口醬油…1 大匙
鹽…1 小匙

製作方法❶用適量的蘿蔔泥清洗牡蠣後用水沖洗。❷米糠醃白蘿蔔切細，用芝麻油拌炒。❸①加高湯、薄口醬油、鹽輕輕攪拌，取出牡蠣。❹用③的湯汁煮米（180cc）、米糠醃白蘿蔔。❺加③蒸熟後，灑上切細的蝦美蔥。

章魚飯

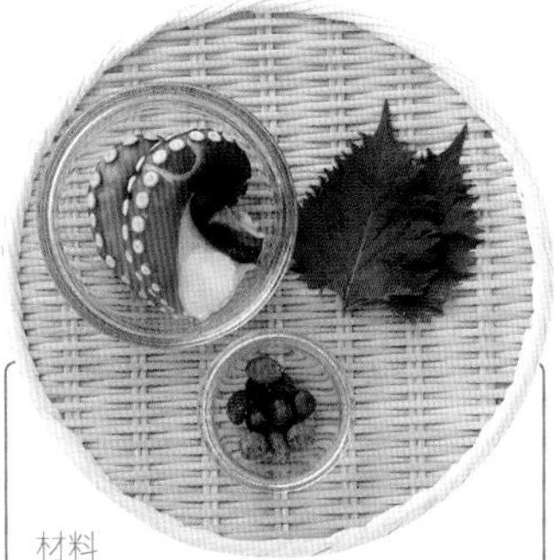

材料
水煮章魚…2 根（145g）
山藥珠芽…10 粒
青紫蘇…2 片

調味液
昆布高湯…和米同量
濃口醬油…1/2 大匙
鹽…1/2 小匙

製作方法❶古代米（1 大匙）用水浸泡 1 小時。❷白米（180cc）加古代米、昆米高湯、切薄片的章魚、山藥珠芽一起蒸。❸青紫蘇切絲，用水浸泡。❹飯蒸好後去除水分，灑上③。

櫻花竹筍飯

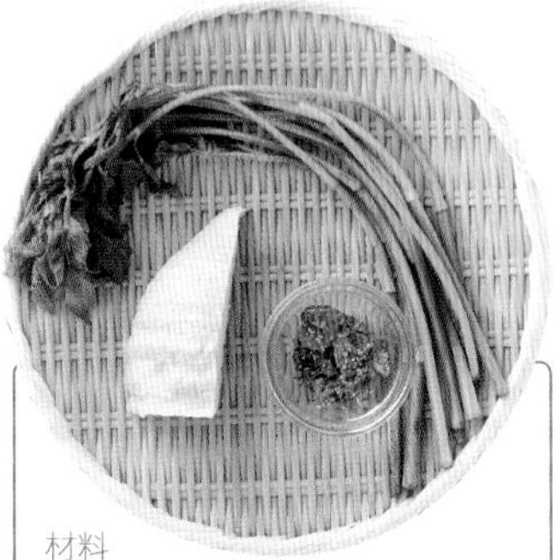

材料
水煮竹筍…1/4 根
鹽漬櫻花…20g
水芹…1/4 把

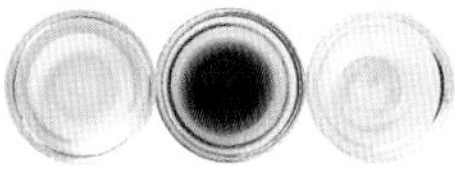

調味液
高湯…1 杯（200cc）
薄口醬油…1 大匙
味醂…2 大匙

製作方法❶竹筍切成容易食用的大小。❷竹筍加高湯、薄口醬油、味醂一起煮。❸鹽漬櫻花用水浸泡後，去除水分。
❹水芹用鹽水汆燙後降溫，切成 3cm 的小段。❺飯（180cc）蒸好與鹽漬櫻花拌勻，灑上水芹。

決定材料後再選擇調味料

只要改變材料，炊飯就能有數也數不清的種類。只要處理好材料和飯一起蒸，就能做出美味的炊飯。此外，也可以將調理好的材料和飯拌在一起，做成拌飯。

然而，調味也很重要。調味料的種類與分量會依照材料而有所不同。若材料是豆子、栗子、根莖類等澱粉較多的材料，建議以鹽調味；若是海鮮、肉、蔬菜，則建議以醬油調味。只要依照材料來調味，就能提高成功機率。

此外，並非所有材料都能一起蒸。柔軟、容易碎裂的材料加熱後，顏色、味道都會變差，建議先煮好飯再拌勻。

Chazuke

茶泡飯2種

最後一定要來碗茶泡飯

烤飯糰茶泡飯

鮭魚茶泡飯

鮭魚茶泡飯

材料（2人份）

鹽漬鮭魚…大 1 片（120g）
烤海苔…1/2 片（3g）
三葉芹…2 根（2g）
白芝麻…1 大匙
白飯…280g
小米菓（あられ）…1/2 大匙
鹽…適量
山葵泥…1 小匙
煎茶…2 杯（400cc）

Point

弄鬆鮭魚時不要弄得太細

所要時間
30分鐘

01 烤海苔以小火烤，感覺很像在擦瓦斯爐。重以大火烤會燒起來，要特別留意。

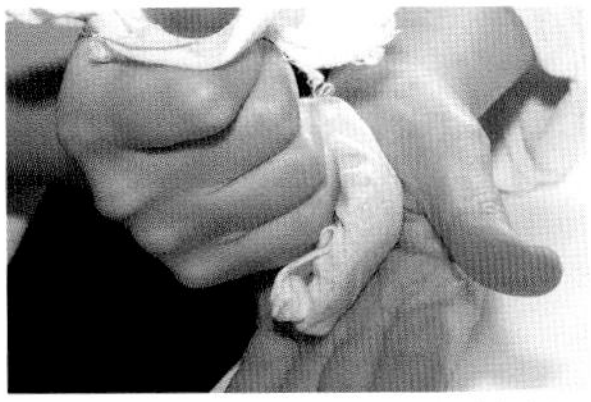

02 烤好的海苔用手撕碎，包在棉布裡輕搓，讓海苔變得更碎。

03 用烤魚架烤鹽漬鮭魚，兩面都要烤。重烤到魚皮微焦即可。

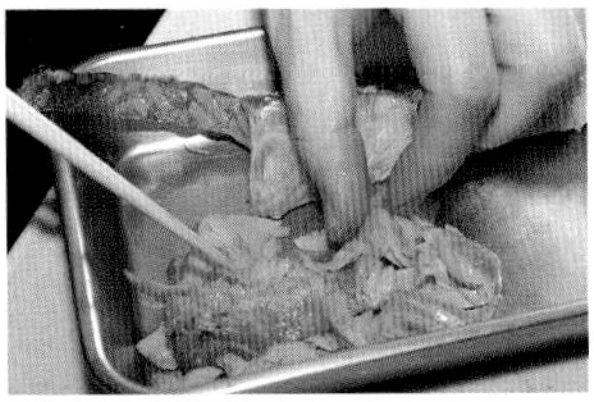

04 鹽漬鮭魚去皮、去骨，魚肉撕碎。重不要撕得太細，會影響口感。

05 三葉芹切成 2cm 的小段。重可以用切絲的青紫蘇、水煮豌豆代替三葉芹。

06 白芝麻以小火炒到散發香氣。

07 飯裝進容器後，放上鹽漬鮭魚。重飯可以在中央堆成一座小山。

08 灑上小米菓。重如果想享受脆脆的口感，可以倒入煎茶後再灑。

09 灑上三葉芹、海苔、白芝麻與鹽。

10 在鹽漬鮭魚上放山葵泥。重山葵泥要放在顯眼的位置。

11 食用前慢慢倒入溫熱的煎茶（參考 P194）。重倒的時候不要沾到山葵，食用時再依照個人喜好拌入。

烤飯糰茶泡飯

材料（2人份）

茗荷…2根（40g）
青紫蘇…3片
梅乾…3個（15g）
白飯…280g
濃口醬油…1大匙
味醂…1又1/2大匙
山葵泥…1小匙
高湯…1又1/2杯（300cc）
沙拉油…適量

Point

烤飯糰的時候要
一邊烤一邊抹醬汁

所要時間
30分鐘

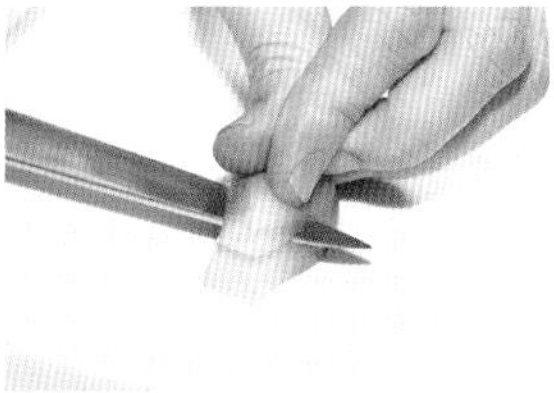

01 茗荷切絲。先在根部較硬的部份劃幾刀，就可以切得很漂亮。

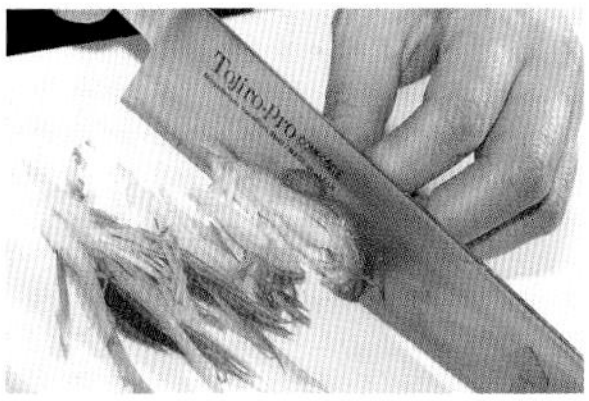

02 切成1～2mm的絲後用冷水浸泡，去除辣味與澀液。

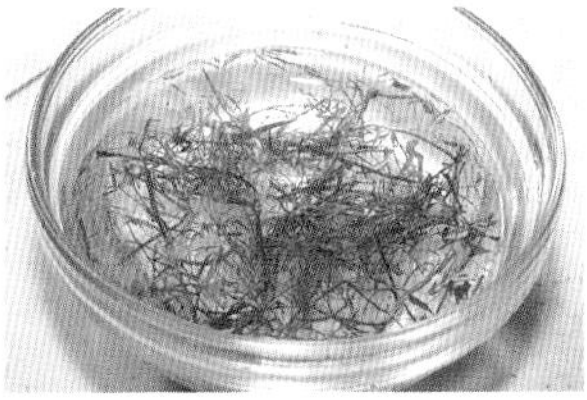

03 參考P25，青紫蘇切絲後用冷水浸泡，去除澀液。

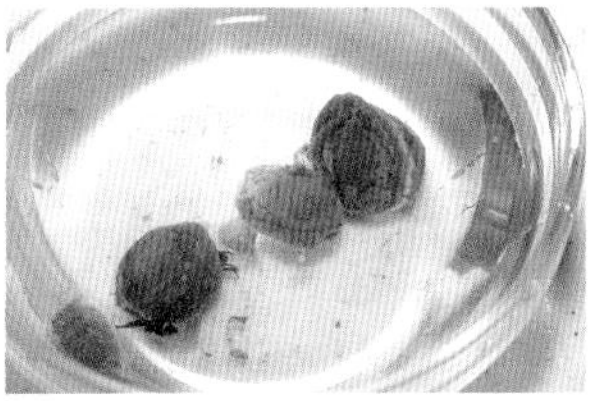

04 梅乾用水浸泡去除鹽分。重每種梅乾鹽分不同，可以依照個人喜好調整。

05 去除水分後用手去籽，菜刀橫放，將梅乾壓碎。

06 用刀輕剁成糊狀。重不時用菜刀壓，剁起來會更快。

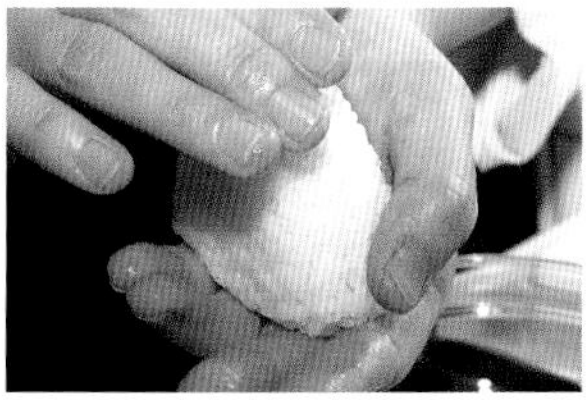

07 雙手沾水後，將飯捏成飯糰。依照人數，一個人準備兩個（一個用來續碗）重由於之後會倒入湯汁，可以捏得稍微硬一點。

08 濃口醬油、味醂拌勻。

09 烤魚架抹沙拉油，放上飯糰烤5分鐘，變色後翻面繼續烤。兩面都要抹8，烤到呈現金黃色。

10 烤飯糰放進容器裡，放上茗荷、青紫蘇、梅肉、山葵。

11 食用前自容器邊緣倒入溫熱的高湯。

和食的秘訣與重點 24

品嘗各式各樣的日本茶

最重要的關鍵是熱水的溫度

煎茶

煎茶要用 70 ～ 80 度的熱水泡。若是玉露則要用 50 ～ 60 度的熱水泡。溫度會影響味道，要特別留意。

1

在茶壺裡放茶葉。依照人數，每個人放 1 匙茶葉。

2

在杯子裡倒入沸水，稍微降溫。由於茶葉會吸收水分，所以可以倒多一點。

3
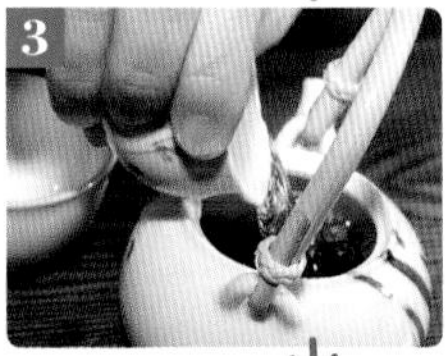
待杯子裡的水降溫到70～80度，倒入茶壺裡，靜置30秒。

4

為了使味道、分量平均，所以要分邊分次倒入。可以使用濾網，避免茶葉跑出來。

焙茶

買來放了一段時間，或是因為接觸空氣變得太乾燥的茶葉，只要經過烘焙，就能變得很美味。

1

茶葉放進比較淺的土鍋或鍋子裡，將茶葉炒到呈現焙茶的顏色。若是用鍋子炒，底部要鋪上和紙。

2

在杯子裡倒入沸水。若是焙茶，不需要冷卻。

3

在茶壺裡放茶葉，將之前倒入杯子裡的水倒進茶壺。靜置 1 ～ 2 分鐘，讓茶葉吸收水分。

4

為了讓分量平均，要分邊分次倒入。如果不把茶倒乾淨，第二泡會變苦。

冷茶

泡冷茶時，每個人的茶葉要多 3g。第二泡不用放冰塊，倒水即可。

1

在茶壺裡放茶葉，加進一半沸水。如果不用熱水，會沒有味道。

2

冰塊放滿。冰塊可以抑制澀味。

3

慢慢地倒水，靜置 3 分鐘冷卻。途中可以搖晃茶壺。

4

確實冷卻後倒進玻璃杯裡，為了使味道、分量平均，所以要分邊分次倒入。

日本茶 要品嘗到最後一滴

日本茶的茶葉有煎茶、焙茶、玉露等各種種類，品嘗方法也都不一樣。泡日本茶的關鍵在於水的溫度，如果不依照茶調整水溫，味道就會改變。

茶當然是甘甜的第一泡最好喝，但第二泡之後也有獨特的風味。若是要喝第二、第三泡，一定要把前一泡的茶倒乾淨。如果水留在茶壺裡，茶葉的成分會讓茶漸漸出現澀味。

日本料亭的料理基本上都適合配酒，如果客人不喝酒，料亭會在餐前提供煎茶或昆布茶。喝冷茶會使味覺變得遲鈍，而無法好好品嘗料理，所以餐廳大多是提供熱茶。

第6章 湯品

節氣料理與飲酒日曆

日本有許多自古流傳下來的節氣料理

四季傳統的節氣料理與酒

日本每個季節都有不同的節氣料理，像是正月吃年菜、七草粥，三月的女兒節吃散壽司，七月的土用[1]吃鰻魚等。此外，和搭配食材的酒一同享用，也是一種樂趣。

正月時吃的年菜、雜燴，含有希望今年健康、幸福的意義。除夕吃的過年麵很長，含有長壽的意義……每項節氣料理都有其獨特的理由。

這些料理和當季的酒一同享用，有祈願健康、繁榮的意義，也是日本自古以來的習慣。像是鹽漬櫻花要搭配加了櫻花的日本酒、加進烤河豚鰭後加熱的魚鰭酒、加進蟹腳加熱的螃蟹酒等。

1月

節氣料理：年菜、雜燴、七草粥、花瓣餅
酒：屠蘇酒

2月

節氣料理：福豆、稻荷壽司、燉蔬菜

3月

節氣料理：散壽司、菱餅、牡丹餅
酒：白酒

4月

節氣料理：櫻餅
酒：櫻酒

5月

節氣料理：柏餅、粽子
酒：菖蒲酒

6月

節氣料理：水無月豆腐

7月

節氣料理：蒲燒鰻魚

8月

節氣料理：蕨餅、水羊羹
酒：果實酒

9月

節氣料理：赤飯、月見烏龍麵、萩餅
酒：菊酒

10月

節氣料理：新麵
酒：松茸酒

11月

節氣料理：千歲飴
酒：初酒

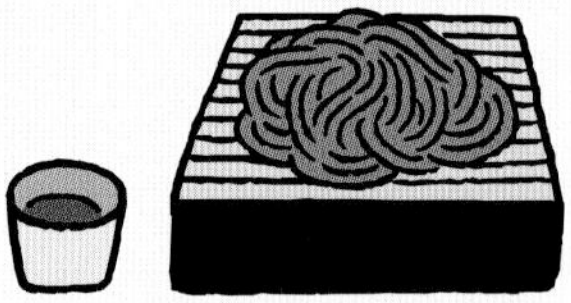

12月

節氣料理：過年麵
酒：魚鰭酒、螃蟹酒

[1]「土用」指的是「立春、立夏、立秋、立冬」等四個節氣的前 18 天，目前多指「立秋」的前 18 天。

Misoshiru

味噌湯3種

只要有高湯，就能做出豐富美味的味噌湯

鮮蜆味噌湯

腐皮白味噌湯

滑菇紅味噌湯

腐皮白味噌湯

材料（2人份）

胡蘿蔔…1/4 根（50g）
小哈密瓜…1 個（50g）
（※ 哈密瓜尚未成熟的果實。夏季時可在日本的大型超市、水果專賣店購買）
白蘿蔔…2 根（20g）
芋頭…2 個（120g）
生腐皮捲…1/4 根（30g）
高湯…2 杯（400cc）
白味噌…3 大匙
芥子糊…1/2 小匙

Point

裝盤時要注重配色

所要時間
45 分鐘

01 胡蘿蔔切成厚 5mm 的圓片，用壓模器將中央挖空。

02 小哈密瓜表面抹上適量的鹽，用手磨擦到呈現漂亮的綠色。重這樣做不僅能去除異味，還能讓皮變得柔軟。

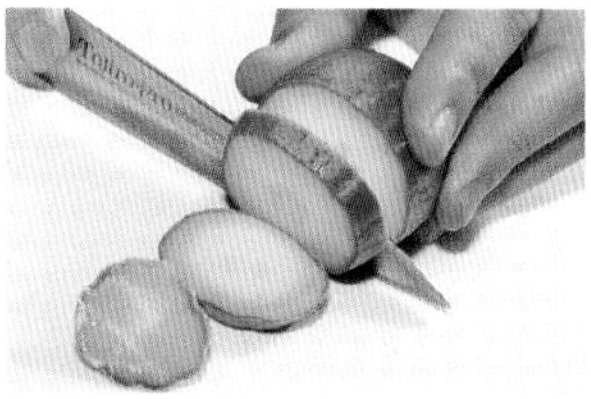

03 小哈蜜瓜同樣切成厚 5mm 的圓片，中央也用壓模器挖空。

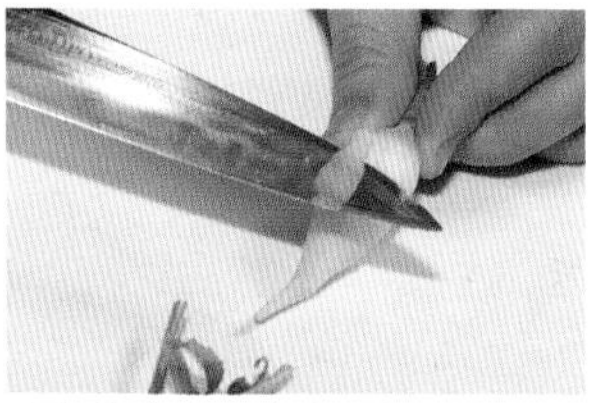

04 白蘿蔔去皮，修整形狀。重保留 2cm 的葉子，用刀將根部的髒汙去除乾淨。

05 芋頭在乾燥的狀態下去皮，切成六邊形。將六邊修整成相同的寬度。

06 適量的洗米水、芋頭放進鍋裡，煮到用竹籤可以輕鬆穿透。變軟後用水沖涼。

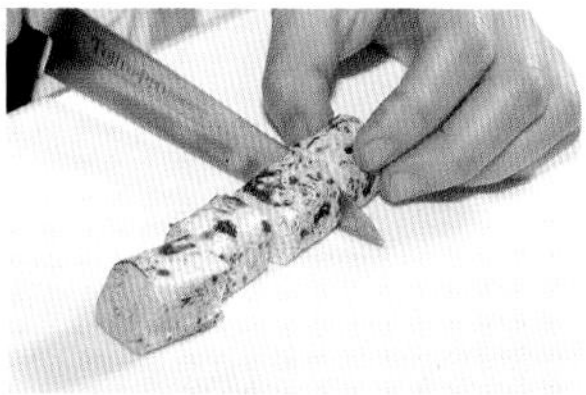

07 腐皮捲放在烤魚架上，烤到表面變色後切成 4 等分。

08 用鹽水將胡蘿蔔、白蘿蔔、小哈密瓜煮軟。

09 高湯放進鍋裡，以大火煮。煮沸後轉中火，用打蛋器將白味噌過篩，加進鍋裡。重用洞比較小的篩子，湯喝起來會比較細緻。

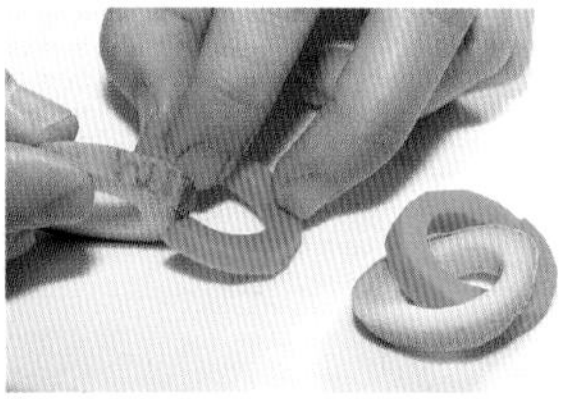

10 在胡蘿蔔環上劃一刀，用胡蘿蔔環套住小哈密瓜環。

11 用預熱過的碗裝湯，裝進配料再倒入 9 的味噌湯，放上芥子糊。重倒入味噌湯時，留意不要讓配料垮下來。

鮮蜆味噌湯

材料（2人份）

蜆…120g
帶鹽海帶芽…8g
昆布高湯…2杯（400cc）
混合味噌…2大匙
青蔥…1根（5g）

Point

事前要確實處理好蜆

所要時間 30分鐘

※處理蜆需要2小時

01 準 蜆用適量的鹽水浸泡2小時，使其吐砂。口蓋打開或外殼破損的要丟掉。

02 用適量的鹽抹蜆，用牠們的外殼互相磨擦，去除髒汙與黏液。重 磨擦、清洗數次。

03 帶鹽海帶芽用足夠的水浸泡，去除鹽分。去除水分後切成容易食用的大小。

04 昆布高湯放進鍋裡，以大火煮。煮沸後轉中火，用打蛋器將混合味噌過篩，加進鍋裡。

05 稍微沸騰後維持火力，將蜆放進鍋裡。去除浮沫，煮到蜆口蓋打開後。

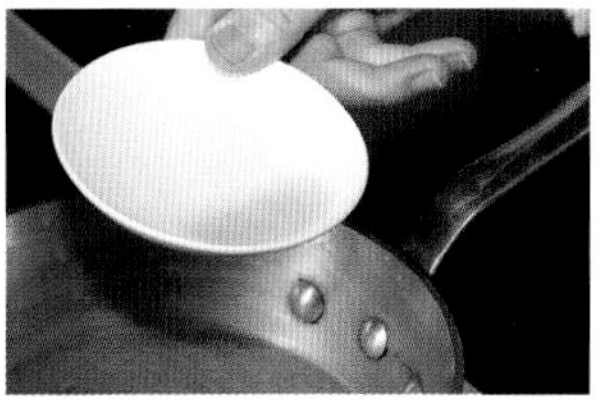

06 試喝，若覺得味道太淡就再加味噌。

07 最後加海帶芽，稍微加強即可。用預熱過的碗裝湯，灑上切細的青蔥。

One More Recipe

滑菇紅味噌湯

材料（2人份）

絹豆腐…1/8塊（40g）
滑菇（珍珠菇）…40g
三葉芹…2根（2g）
高湯…2杯（400cc）
紅味噌…2大匙
山椒粉…少許
（※山椒果實乾燥後磨成粉，具有增添香氣、消除異味等效果）

製作方法

①絹豆腐切1×1cm的小丁。
②滑菇用水輕輕清洗，放進沸水裡一邊攪拌一邊煮。煮好過篩，確實去除水分。
③三葉芹清洗，切成3～4cm的小段。
④高湯放進鍋裡以大火煮，煮沸後轉中火。
⑤用打蛋器將紅味噌過篩，加進鍋裡。
⑥加滑菇、豆腐，煮1分鐘。
⑦用預熱過的碗裝湯，灑上三葉芹、山椒粉。

滑菇用水清洗，用沸水汆燙。

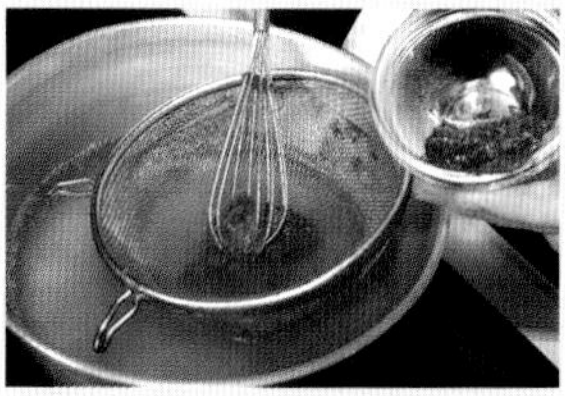

味噌不要一次全部放進去，可以留一些，之後再依照個人喜好調整味道。

Kenchinjiru

蒟蒻蔬菜湯

配料豐富的蔬菜湯適合宴客

01 木棉豆腐放在竹篩或壽司簾上，蓋上棉布後用重物壓，去除多餘的水分。

02 去除水分後用手撕成大塊。

03 豬肉切細。

04 用刷子清洗牛蒡，參考 P25 切薄片。用適量醋水浸泡，去除澀液後用水沖洗。

05 蒟蒻抹上適量的鹽以去除異味，出水後用沸水汆燙，放在竹篩上降溫備用。

材料（2人份）

木棉豆腐…1/6 塊（50g）、豬肉…30g
牛蒡…1/8 根（20g）、蒟蒻…約 1/8 片（20g）、南瓜…1/6 個（20g）、胡蘿蔔…1/10 根（20g）
油豆腐皮…1/4 片、青蔥…1 根（5g）
辣椒粉…適量
沙拉油…適量

高湯材料

高湯…2 杯（400cc）、鹽…1/4 小匙、薄口醬油…1 大匙、酒…1 小匙

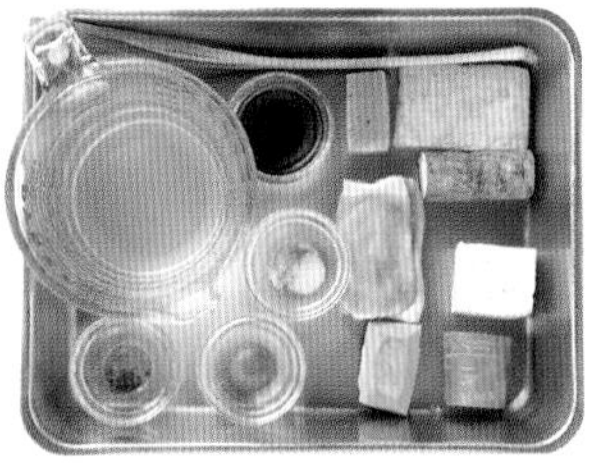

所要時間 60分鐘

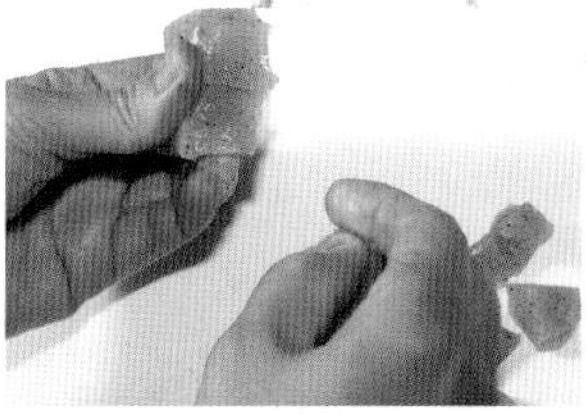

06 用手將蒟蒻撕成容易食用的大小。這樣比用刀切容易入味。

07 南瓜、胡蘿蔔切成 4cm 的小段。

08 用熱水去除多餘油脂的油豆腐皮，切成和其他蔬菜相同的大小。

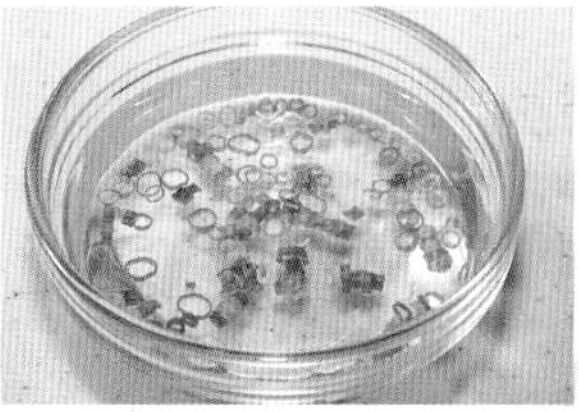

09 青蔥切細，用水浸泡去除辣味。

10 沙拉油放進平底鍋裡加熱，拌炒胡蘿蔔、牛蒡，使水分蒸發。

11 水分蒸發後，加豬肉拌炒到豬色變成白色。

12 加南瓜、蒟蒻、油豆腐皮繼續拌炒。

13 全部配料變軟後，加豆腐輕輕拌炒。

14 加調味好的高湯，一邊用木鏟攪拌一邊煮到熟透。

15 去除浮沫。將湯勺裡的浮沫吹掉，湯汁要再放回鍋裡。

16 用預熱過的碗裝湯，灑上辣椒粉。

Mistake!

豆腐變得糊糊的

若豆腐沒有確實去除水分，加熱後就會碎裂。用來去除水分的重物若是太輕，就要增加重量，而且最少要壓 30 分鐘以上。輕壓時不會出水，表示水分已經確實去除。

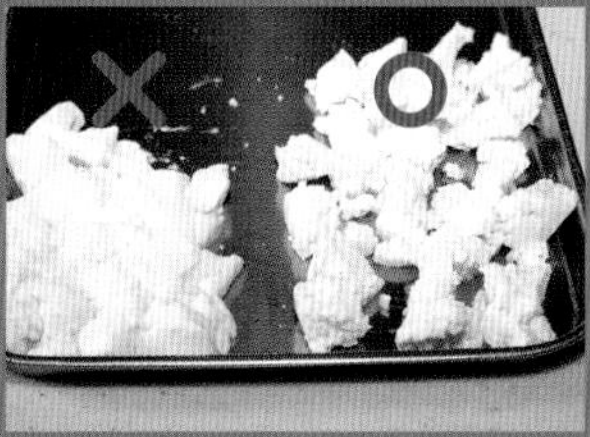

左邊是水分未確實去除的豆腐。只要用微波爐加熱，就能確實去除水分。

南瓜煮得爛爛的

配料拌炒後還要再煮，所以很容易碎裂。尤其是南瓜，所以南瓜的加熱時間要盡量縮短。其他根莖類蔬菜亦同，要特別留意。

如果一開始就放南瓜，南瓜會黏在鍋底，甚至焦掉。

和食的秘訣與重點 ㉕

鰹魚片的製作方法

在使用前削出需要的份量

1 清除表面髒汙

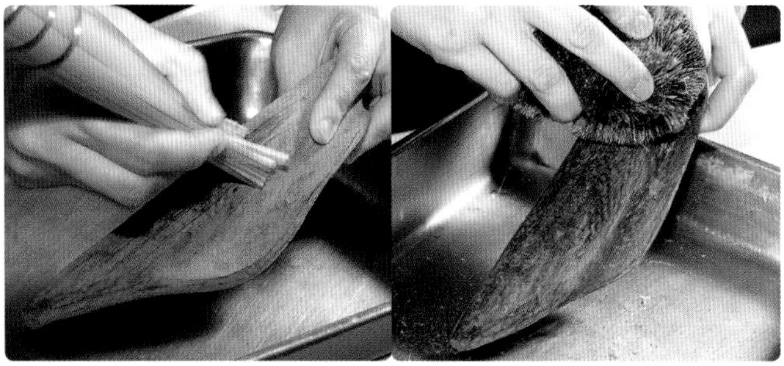

用乾刷子或茶筅清除表面髒汙。凹陷處的髒汙也要用茶筅清除。由於乾鰹魚很容易發霉，所以不能帶有濕氣。

當髒汙嚴重時

無法用刷子清除的黴菌、髒汙，可以用水浸泡過後再清除。乾鰹魚很容易發霉，所以削好後確實乾燥。

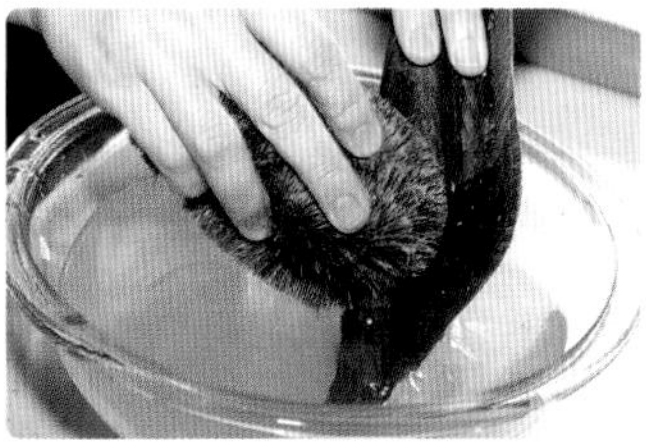

2 用刀削除血合

黑色的部份是血合，用火直接烤一下會比較容易清除。比較難清除的部份，可以用刀貼住表面來削。

3 削鰹魚片

在削片器下方鋪防滑墊，使其固定。用手抓著鰹魚，大幅度地移動。

先將血合削細，放進藥材袋裡。

越削就越能削出具有厚度的鰹魚片。

用鰹魚片煮出正統高湯

用自己削的鰹魚片煮高湯，會比用市售的鰹魚片煮來得美味。要不要挑戰看看呢？有些削片器的尺寸比較小，價格大約是日幣兩千圓，可以在料理器具店購買。

關鍵在於鰹魚。選擇鰹魚時，要選互相敲打會發出清脆聲響、香氣濃郁的。此外，鰹魚要用乾淨、質硬的刷子清潔，若是殘留髒汙、黴菌或血合，都會導致風味變差。

各位可能會覺得既然要削，那就一次削多一點。但鰹魚片會隨時間氧化，導致味道變差。最好在使用前削出需要的分量。此外，一定要密封保存，避免鰹魚發霉。

Suimono

湯品3種

宴客時為餐桌增添色彩

百菇蛋花湯

高纖蔬菜湯

冬瓜蝦球湯

冬瓜蝦球湯

材料（2人份）

冬瓜…1/4 個（500g）
小蘇打、鹽…各 1/2 小匙
蝦子…4 尾（50g）
白肉魚…25g
蛋白…1 小匙
大和芋…10g
昆布高湯…2 大匙
鹽…1 撮
酒…1 小匙
四季豆…1 根（8g）
胡蘿蔔…四季豆大小 1 根
柚子皮…適量

湯底材料

昆布高湯…2 杯（400cc）、鹽…1/4 小匙、薄口醬油…1/2 小匙、酒…1 小匙

Point

冬瓜削皮，
露出漂亮的綠色

所要時間
45 分鐘

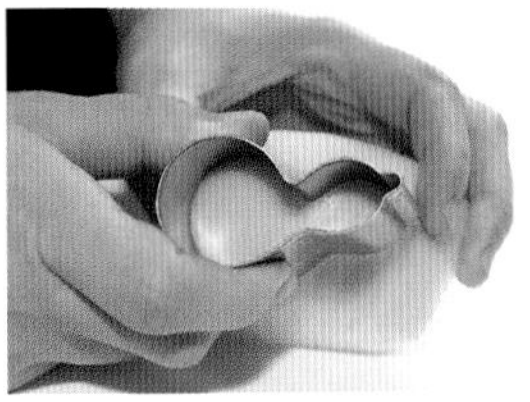

01 冬瓜去籽，削皮。削皮時不要削得太厚。用壓模器壓出圖案，背面也要用刀修整。

02 皮的那面用混合的小蘇打、鹽磨擦，靜置一段時間。出水、變軟後用熱水汆燙，接著用水浸泡。

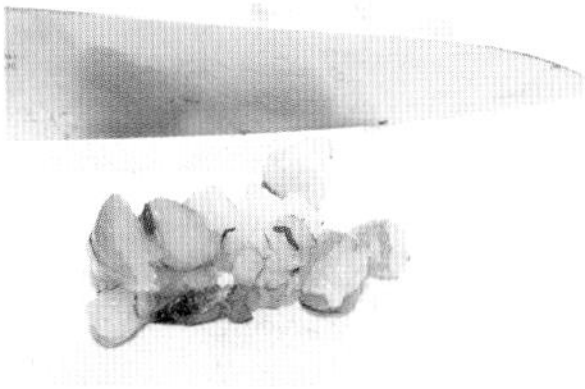

03 製作蝦泥。為了方便磨成泥，蝦子去除殼後切小塊，白肉魚也切小塊。

04 切好的蝦子 1/2、白肉魚放進研磨缽裡，磨成泥。分數次加鹽、蛋白、大和芋、昆布高湯、酒拌勻。

05 途中再加其餘切好的蝦子。重蝦子分兩次加，會因為磨的程度不同，讓口感更有彈性。

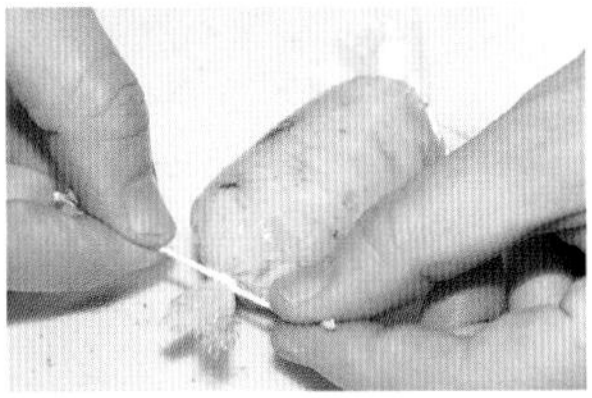

06 5 分成 2 等分，分別用保鮮膜包起來，捏成球形。一邊去除空氣一邊修整形狀，兩邊用繩子綁起來。

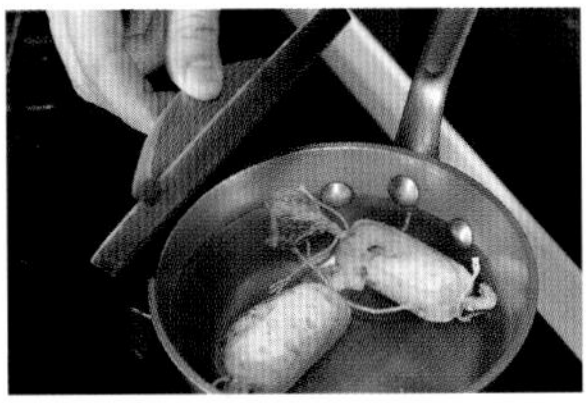

07 保鮮膜不要拆開，用 75 度的水加熱。重因為會浮起來，所以要蓋上落蓋，並不時翻面，使其均勻受熱。

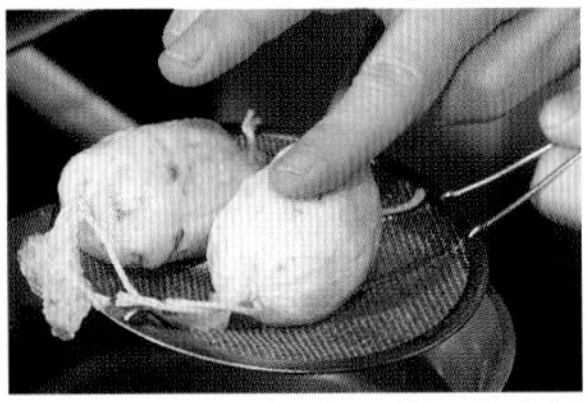

08 加熱到按壓時感覺有彈性、中央部份也確實受熱即可。中央部份是否確實受熱，可以用鐵籤戳來確認。接著降溫備用。

09 四季豆去老梗。依照胡蘿蔔、四季豆的順序放進沸水裡，煮軟，直切成一半。

10 製作湯底。昆布高湯、鹽、薄口醬油、酒加進鍋裡，稍微煮沸後調味。

11 用湯底加熱的蝦球、冬瓜、胡蘿蔔、銀杏、日本青柚皮裝進碗裡後，自邊緣慢慢倒入 10。

高纖蔬菜湯

材料（2人份）

豬肉薄片…20g
獨活…1/25 根（10g）
胡蘿蔔…1/20 根（10g）
水煮竹筍…1/12 根（10g）
四季豆…2 根（16g）
高湯…2 杯（400cc）
酒…1 小匙
薄口醬油…1/2 小匙
鹽…1/4 小匙
三葉芹…2 根（2g）
胡椒…適量

Point

豬肉先用熱水汆燙過

所要時間 30 分鐘

01 將豬肉薄片、去老梗、去皮等的獨活、胡蘿蔔、竹筍、四季豆處理後切成小段。

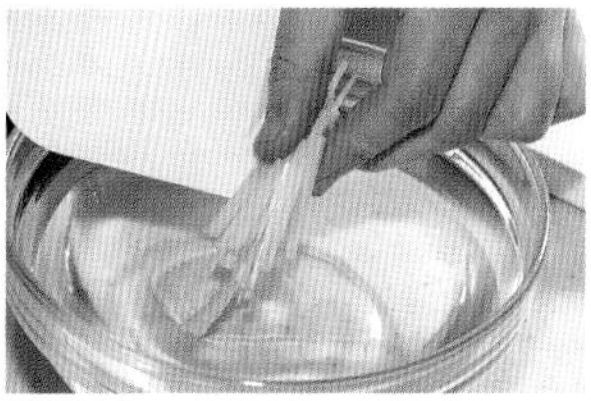

02 獨活用適量的醋水浸泡。

03 豬肉用沸水汆燙，放在竹篩上去除水分。

04 高湯、酒、薄口醬油、鹽放進鍋裡煮沸。

05 以胡蘿蔔、獨活、竹筍、豬肉的順序放進鍋裡煮沸。

06 最後放四季豆、切成 3～4cm 的三葉芹，灑上胡椒。

One More Recipe

百菇蛋花湯

材料（2人份）

鴻禧菇…1/4 袋（25g）
金針菇…1/4 袋（25g）
舞菇…1/4 袋（25g）
香菇…4 片（60g）
A 高湯…2 杯（400cc）
　薄口醬油…1 小匙
　酒…1 小匙
　鹽…1/4 小匙
太白粉芡水…適量
雞蛋…2 個
生薑泥…1 段（10g）

製作方法

❶鴻禧菇、舞菇、金針菇去底後用手分開，香菇去底後切成薄片。
❷①用鹽水汆燙，放在竹篩上降溫。
❸ A 放進鍋裡加熱，放②煮沸。
❹③勾芡。
❺打蛋，用蛋液淋④。關火後蓋上蓋子再悶一下。
❻蛋液熟透後，一邊攪拌一邊加生薑汁。

倒入蛋液時要像畫圓一樣，並用筷子輔助。

蛋液要在配料熟透後才能倒入，若在熟透前倒入，湯汁會變濁。

Matsutake no dobinmushi

松茸土瓶蒸

香氣濃郁的秋季饗宴

01 松茸削去根部 1/4 的皮。用布從下往上擦拭，清除表面的髒汙。

02 用刀切一半，之後用手撕開，分成 8 等分。用手撕比較容易入味。

03 蝦子去殼後，用熱水汆燙。變色後取出，用冷水冷卻後去除腸泥。

04 銀杏用老虎鉗等鉗子剝殼，接著參考 P65 的 10 去皮。

05 雞胸肉去筋、去皮，切成厚 2～3mm。鋪在淺盆裡，灑上適量的鹽。

雙菇湯

材料（2人份）

松茸…1 根（40g）
蝦子…2 尾（25g）
銀杏…4 個
三葉芹…2 根（2g）
雞胸肉…30g
醋橘…1 個（10g）

湯底材料

高湯…1 又 1/2 杯（300cc）
鹽…1/3 小匙
薄口醬油…1/3 小匙
酒…1/2 小匙

所要時間
30 分鐘

One More Recipe

雙菇湯

材料（2人份）

鴻禧菇…1/2 袋（50g）、杏鮑菇…1 根（30g）、蝦子…2 尾（25g）、比目魚…60g、銀杏…4 個、三葉芹…2 根（2g）、醋橘…1 個（10g）

A 高湯…2 杯（400cc）、鹽…1/3 小匙、酒…1/2 小匙、薄口醬油…1/3 小匙

製作方法

❶鴻禧菇去底用手分開。杏鮑菇切片，厚約 3mm。

❷鴻禧菇、杏鮑菇放在烤魚架上以大火烤。

❸蝦子去殼，用熱水汆燙後去除腸泥。

❹銀杏稍微剝開，用熱水浸泡去除薄皮。

❺比目魚切片，厚約 5mm。灑適量太白粉，用熱水汆燙。

❻ A 在鍋底拌勻、煮沸。

❼鴻禧菇、杏鮑菇、蝦子、銀杏、比目魚放進容器裡，倒入 6。

❽用蒸籠或蒸鍋蒸 7 分鐘，加切成 2～3cm 長的小段。用切對半的醋橘裝飾。

烤到變色後翻面，接著烤到全部熟透即可。

比目魚灑上太白粉汆燙前，要先拍落多餘的粉。

06 使用篩子均勻灑上太白粉，拍落多餘的粉。

07 用熱水汆燙 6，變色後放在竹篩上降溫。

08 以雞胸肉、松茸、蝦子、銀杏的順序放進土瓶裡。

09 製作湯底。加高湯、鹽、薄口醬油、酒煮沸。

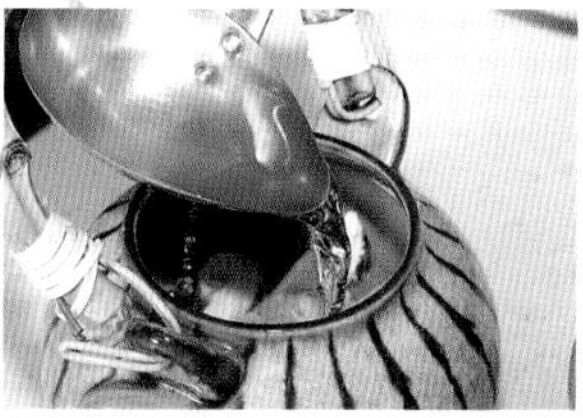

10 湯底倒入土瓶。要用水滴形的勺子倒入，配料就不會垮下來。

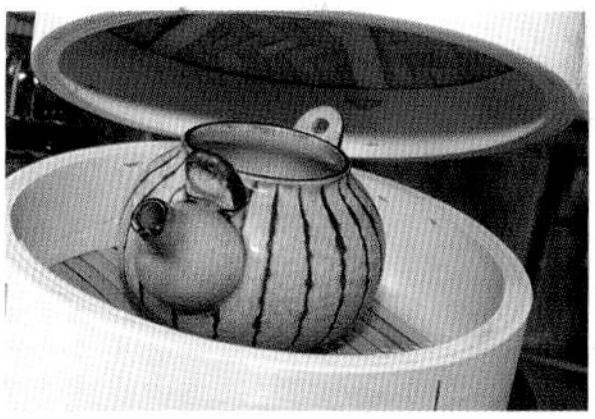

11 放進蒸籠或蒸鍋裡，以大火蒸 10 分鐘。要如果把手放不進去就先拆掉。

12 醋橘參考 P26 做成燈籠，切成 2 等分後去籽。

13 放打結的三葉芹，蓋上蓋子。醋橘放在用來喝湯的小碟子上。

Mistake!

松茸的香氣消失了

松茸就算有髒汙也絕對不能用水洗，只能用布輕輕擦拭，否則一用水洗，香氣就會消失。

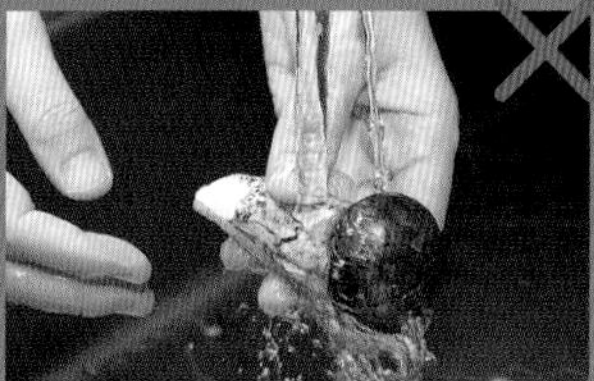

更是不能用水沖，如果髒汙的程度比較嚴重，可以用刀削除表面。

和食的秘訣與重點 ㉖

味噌湯等各類湯品

活用當季食材，品嘗高湯風味

味噌湯

白菜牛蒡味噌湯

材料 白菜…½片、牛蒡…⅓根、麵麩捲…6個、青蔥…1根、高湯…3杯、混合味噌…2大匙

製作方法 ❶白菜、牛蒡切細。❷用水浸泡麵麩捲。❸去除澀液的牛蒡用高湯煮軟。❹加白菜、麵麩捲。❺溶解混合味噌後，灑上切細的青蔥。

茄子舞菇紅味噌湯

材料 茄子…½根、舞菇…¼袋、炒栗子…2個、菠菜…2株、高湯…2杯、紅味噌…2大匙

製作方法 ❶茄子切成適合的大小，直接油炸。❷舞菇去底，用手分開。❸菠菜用鹽水汆燙，切成3～4㎝的小段。❹用高湯煮②，熟透後加①、③、去皮栗子，最後溶解紅味噌。

清湯

鮮魚湯

材料 白肉魚…2片、蓴菜…2大匙、秋葵…2根、日本香柚、梅肉…少許、高湯…2杯、薄口醬油…1小匙、鹽…¼小匙

製作方法 ❶白肉魚保留魚皮，在魚肉上劃刀，深約2㎜。沾太白粉汆燙。❷高湯以薄口醬油、鹽調味、煮沸。❸①、用鹽水汆燙過的蓴菜、切細的秋葵放進容器裡。❹倒入②，放上梅肉、日本香柚皮。

蛋豆腐清湯

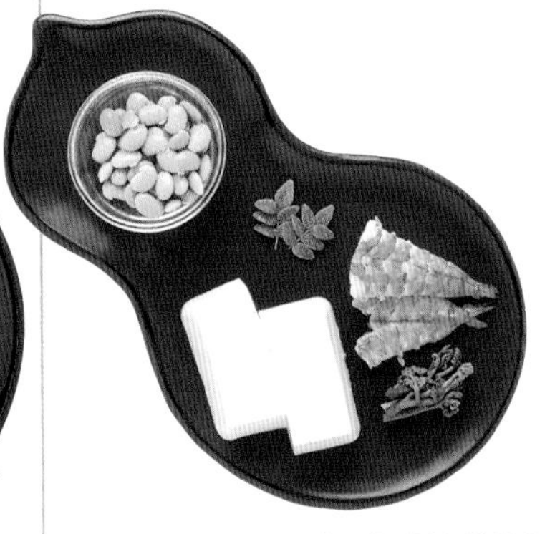

材料 蛋豆腐…2片、毛豆…3大匙、蕨菜…4根、蝦子…2尾、高湯…2杯、薄口醬油…1小匙、鹽…1/3小匙、山椒芽…適量

製作方法 ❶用研磨缽將鹽水汆燙過的毛豆、少許高湯磨碎。❷用竹籤將蝦子串起來，用鹽水汆燙後剝殼，切開腹部。❸加①殘留的湯汁、薄口醬油、鹽。❹蛋豆腐、用高湯加熱的蝦子及蕨菜放進容器裡，倒入③。❺放上山椒芽。

突顯料理美味是餐桌的幕後主角

每天都會出現在餐桌上的湯品。只要選擇不同的配料、高湯與味噌，就可以享受無窮的變化。在日本料理餐廳裡，湯品非常重要，幾乎可以決定廚師的手藝與餐廳的等級。

湯品可以使用加了調味料的高湯，或直接用配料煮出的湯汁。湯品可以選擇當季或色彩鮮豔的食材，用眼睛好好享受。此外，湯品的主角是高湯，不要使用即溶高湯，要自己煮。

味噌湯基本上要搭配其他料理一起吃。每天吃大豆做成的味噌、蔬菜，身體就能充分獲得必需的營養。可以選擇和其他料理一起吃很美味，或只喝湯就很美味的配料，每天製作不同的味噌湯。

Tai no ushiojiru

鯛魚湯

充滿鮮魚高湯的精華

鯛魚湯

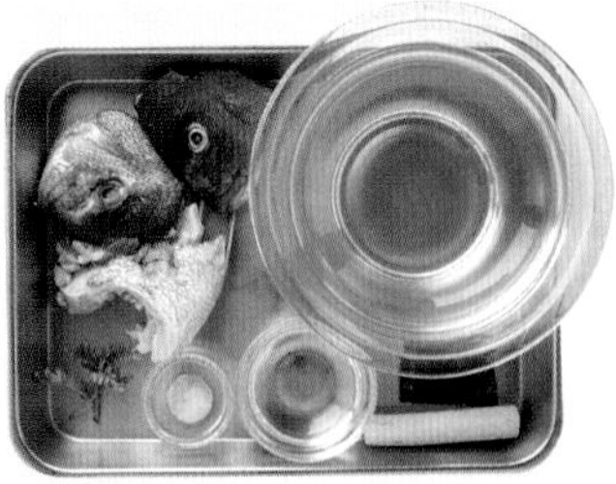

材料（2人份）

鯛魚邊肉…1尾（300g）

A
- 水…3杯（600cc）
- 昆布（5×5cm）…1片
- 酒…1小匙

鹽…1撮

酒…1小匙

獨活…1/5根（50g）

山椒芽…適量

Point

事前要確實處理好鯛魚邊肉

所要時間 60分鐘

01 從前齒間下刀，切鯛魚頭。重鯛魚的骨頭很硬，要特別小心不要切到手。

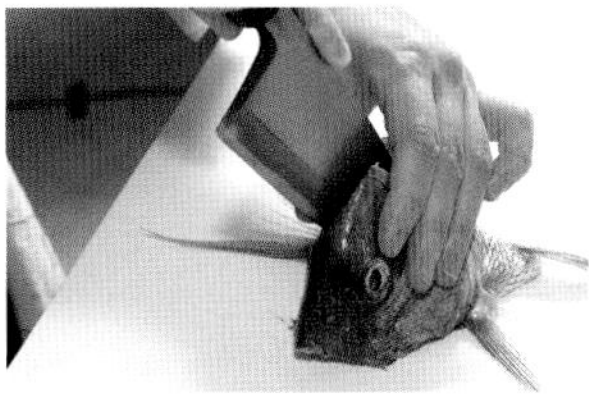

02 確實下刀，直到刀尖碰到砧板。

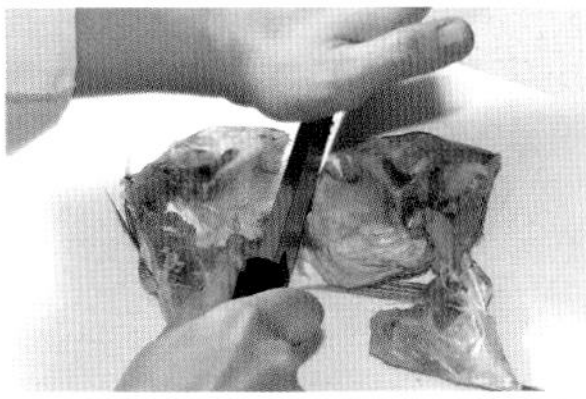

03 刀尾往下壓，將鯛魚頭分成2等分。重這種從中間切對半的方法稱為「切梨法」。

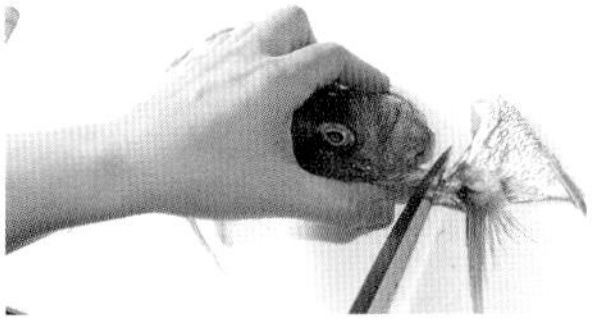

04 切除連接魚鰓與胸鰭的部份。重只要在連接處切兩刀即可切除。

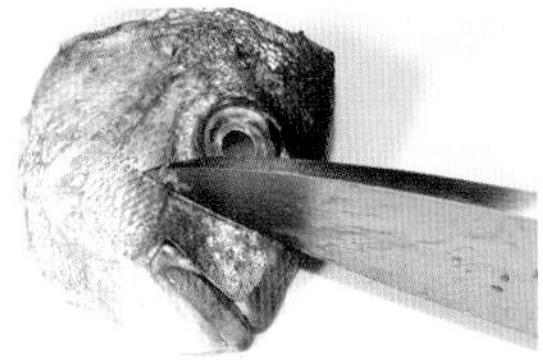

05 在魚眼睛下方劃一刀，接著沿著魚眼睛劃四邊形。

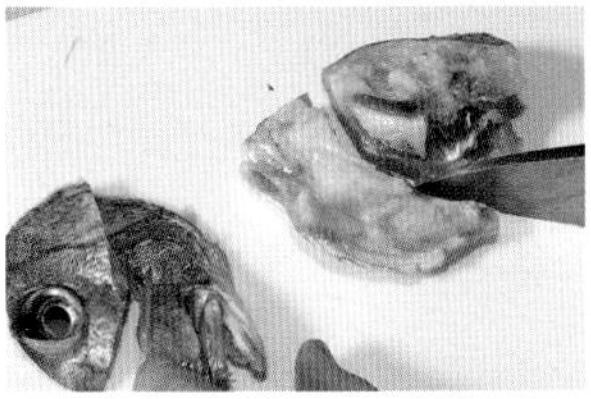

06 內側也要劃刀，切成2等分。重如果鯛魚比較大，則要在嘴巴附近劃刀，分成3等分。

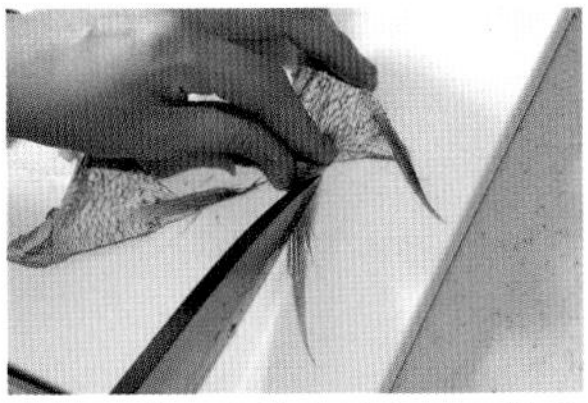

07 修整胸鰭。重若魚鰭太長很難盛裝，所以要斜切修整長度。

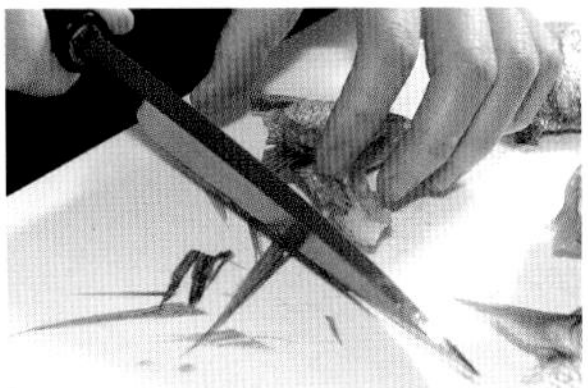

08 腹鰭也要切短。重用刀子不好切時，可改用剪刀。

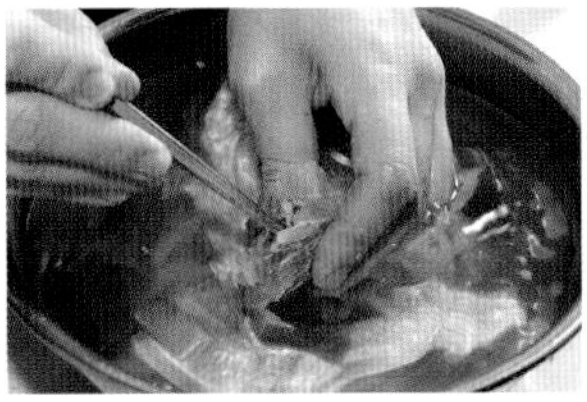

09 在水中清洗。去除黏液與髒汙後，去除水分。重可用筷子或牙刷，將內臟清洗乾淨。

10 灑適量的鹽，用手使其均勻分布，在常溫下靜置30分鐘以上。重這樣做可去除腥味與多餘的水分。

11 魚邊肉蓋上落蓋，淋80度的熱水。

12 悶一下之後，用落蓋輕輕攪拌。

13 當表面變成白色，取出用冰水浸泡。在冰水中清洗魚鱗、血合。

14 魚邊肉、A 放進鍋裡以大火煮。

15 去除浮沫。重等鍋面滿滿的都是浮沫再一口氣清除。

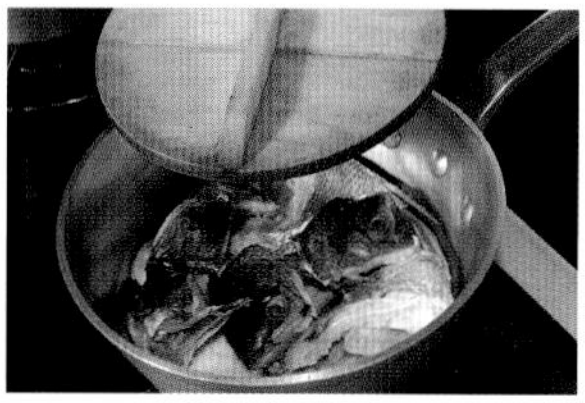

16 去除浮沫後轉小火，蓋上落蓋繼續煮。重如果大致去除浮沫後不蓋上落蓋，其餘浮沫會散開。

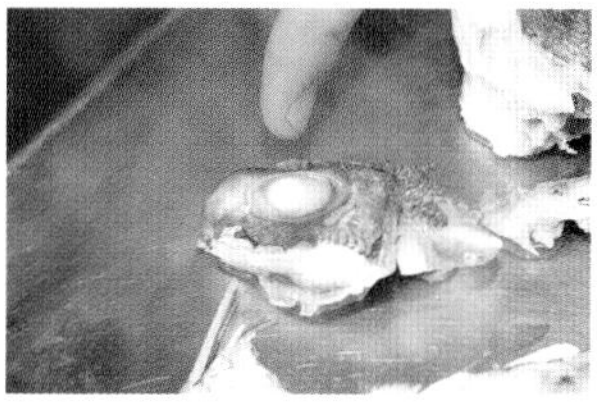

17 有魚眼睛的部份，當魚眼睛變白就要先起鍋。重半透明表示還沒熟透，要完全變白才行。

18 熟透後，將魚邊肉放在淺盆上降溫。湯汁過篩備用。

19 魚邊肉降溫後鋪在布上，接著用布蓋起來，以免魚邊肉乾燥。

20 魚下巴放回湯汁裡，煮成湯底。

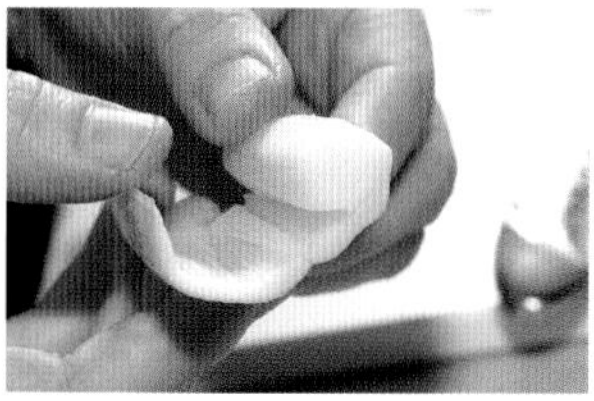

21 獨活去皮。重去厚一點，只留比較軟的部份。

22 切成寬 5mm 的小段，用醋水浸泡去除澀液。接著去除水分。

23 20 的湯底煮好後，先放有魚眼睛的部份，加獨活一起煮。

24 依照個人喜好加鹽、酒調味。用預熱過的碗裝湯，放上山椒芽。

Mistake!

浮沫讓湯變得濁濁的

煮鯛魚的時候，會出現許多浮沫。不斷撈除浮沫，反而會讓湯變得濁濁的。最好等累積到一定的量，再一口氣撈除。

只有一點點浮沫就撈除的話，湯會變得濁濁的。

和食的秘訣與重點 27

日本全國的湯品

在此介紹象徵各地歷史、特產的知名湯品

大分　糰子汁[3]

大分稱用麵粉做的平麵糰為「糰子」。料是糰子和豐富蔬菜，湯底以味噌為主，味道和豚汁很像。

北海道　三平汁[2]

以昆布高湯、鹽為底，料是鮭魚邊肉與豐富蔬菜。可以品嘗到魚骨的鮮美精華。

青森　雜汁

料是豐富的鮪魚邊肉、肝臟、白蘿蔔與蔥等蔬菜。可用味噌或鹽調味。

鹿兒島　薩摩汁

以溶入高湯裡的味噌、切成小塊的雞肉與蔬菜一同燉煮，料多味美。

大阪　船場汁

以鹽漬秋刀魚邊肉煮出的高湯為底，料是秋刀魚肉、白蘿蔔。用簡單的昆布、酒、鹽、醬油調味。

在日本各地溫暖人心的湯品

日本各地都有受到當地歷史、食材影響的鄉土料理。除了湯品，還有火鍋料理、醃漬料理等，調理方法有別於其他地區的料理，光是看就很有趣。

鄉土料理會使用當地盛產的食材來煮高湯或當做配料，可以很明顯地看出當地的飲食與生活習慣。像是北海道、東北地區等比較寒冷的地方，大多會使用海鮮來煮高湯；而九州地區的湯品大多含有豐富的配料，像是雞肉、糰子等。

近年來，東京越來越容易買到來自日本各地的食材，煮高湯的材料也不難買到。大家要不要試著在家裡製作鄉土料理呢？

2 「汁」在日文中亦即「湯」。

3 「豚汁」在日文中亦即「豬肉湯」，是和食中的固定湯品。

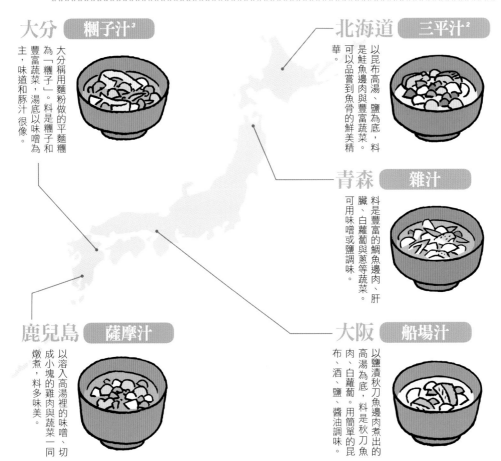

第7章 醃漬料理

Nukazuke

米糠醃蔬菜

米糠醃料必須勤加維持

01 製作米糠醃料。生米糠放進平底鍋裡，以中火拌炒。若是米糠裡有蟲，拌炒就可以殺菌。

02 若是用微波爐加熱，則不需要蓋上保鮮膜，直接加熱 1 分半鐘，讓表面變熱即可。

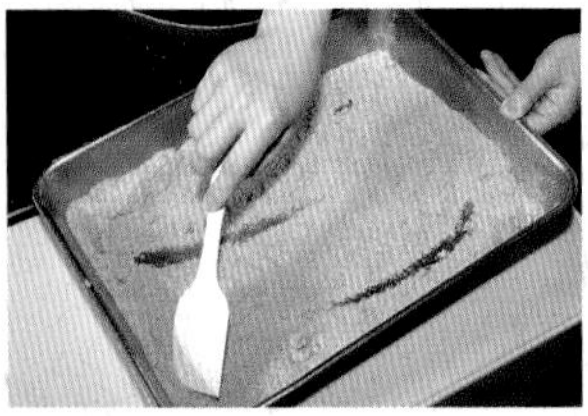

03 加熱後，放在淺盆裡降溫，靜置到完全冷卻。

04 水、粗鹽放進鍋裡，以大火煮沸後冷卻備用。(重)攪拌使鹽溶解，消除水的異味。

05 冷卻後的米糠放進大碗裡，如果沒有大碗，也可以改用木桶、置物箱。

材料（2人份）

米糠醃料材料

生米糠…1kg、水…1L、粗鹽…130g
蔬菜殘塊（芹菜葉、白蘿蔔葉、高麗菜葉等水分比較多的蔬菜）…80g
鷹爪辣椒…2 根（2g）、昆布（10×10cm）…1 片、生薑…1 段
小黃瓜…1 根（50g）
胡蘿蔔…1 根（200g）、茄子…1 根（70g）
高麗菜…1 片（3g）、山藥…50g
鰹魚絲…3g、鹽…適量

所要時間
60 分鐘

※ 米糠醃料要靜置 1 ～ 2 星期，醃蔬菜需要半天的時間

06 分數次加入4，拌勻。依照米糠的水分調整水量。

07 攪拌時要像製作麻糬那樣輕捏。重如果加太多水，會變得糊糊的。

08 移到能放進所有米糠的密封容器裡。為了讓米糠更適合醃漬蔬菜，在米糠裡加一些蔬菜碎屑。

09 加鷹爪辣椒、昆布、去皮生薑、鰹魚絲。重增添美味與風味。

10 為了讓材料出水，用手從上方確實按壓。靜置1～2星期備用。重每天要攪拌兩次，讓米糠醃料接觸空氣。

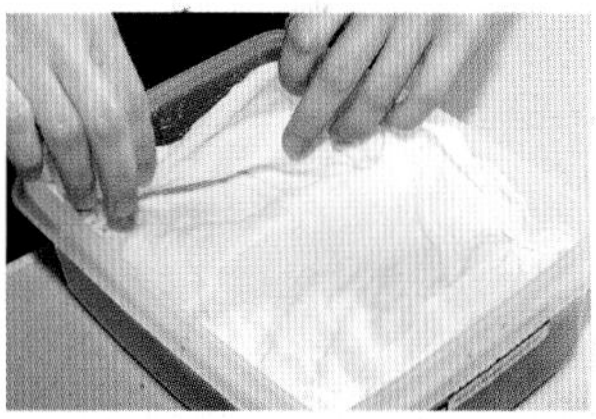

11 表面鋪棉布去除水分，並將容器邊緣的米糠擦拭乾淨，避免醃料腐壞。

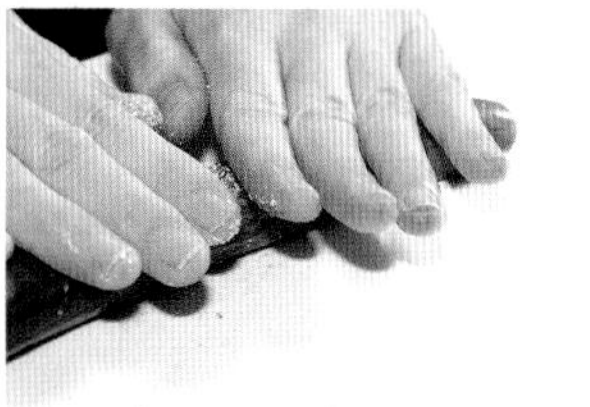

12 參考P23用砧板磨擦小黃瓜，去除澀液。

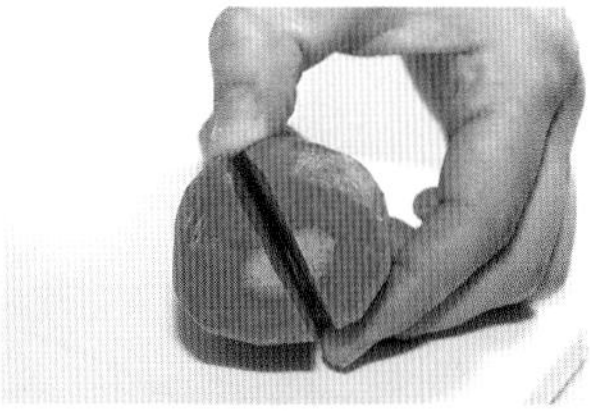

13 胡蘿蔔去除葉子的部份，去皮。重較粗的部份要劃刀，比較容易入味。

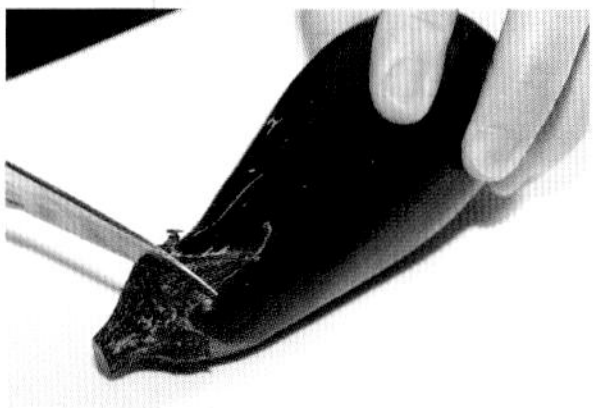

14 茄子去除蒂頭。

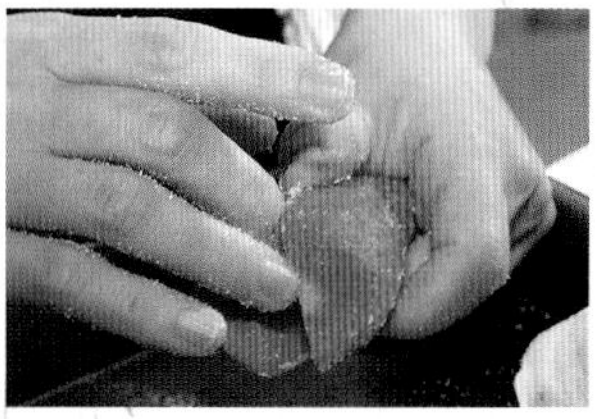

15 小黃瓜、胡蘿蔔、茄子、高麗菜抹上鹽。重胡蘿蔔劃刀處也要確實抹鹽。

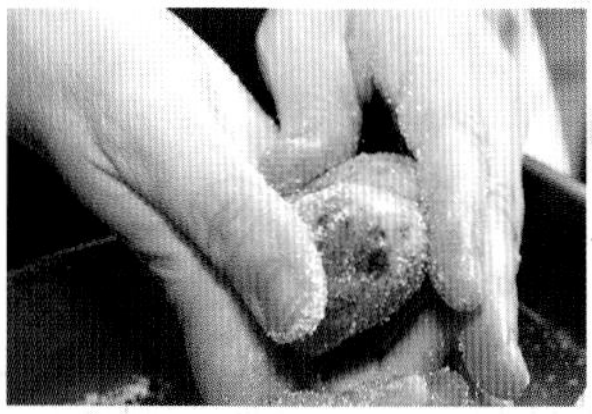

16 由於山藥會分泌黏液，所以不要去皮直接抹鹽。

17 用米糠醃料醃漬蔬菜，用米糠覆蓋。蓋上棉布後密封起來，放在陰涼處。

18 醃漬半天即會入味。取出後將米糠清洗乾淨，切成容易食用的大小即可裝盤。

19 若醃漬一個月以上，則要用水沖洗，去除鹽分後擦乾。搭配醬油食用。

20 醃漬時，要經常使用有洞的杯子或塑膠容器去除水分。重若2～3星期都不在家，可以在表面灑鹽，並確實保存在陰涼處。

Asazuke

淺漬

輕鬆做出媽媽的味道

01 白菜去芯，切成寬 5cm 的大小。芯的部份，要將菜刀平擺，用削的方式切。

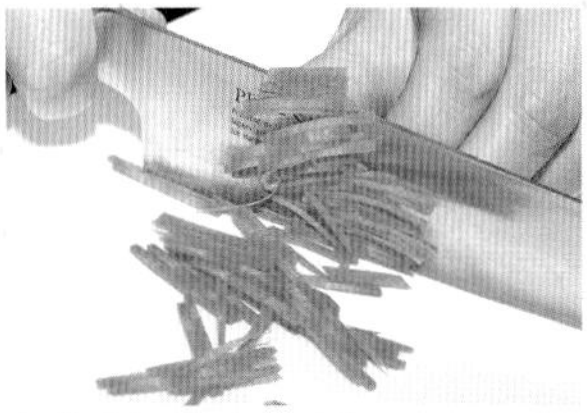

02 胡蘿蔔切薄片，厚約 1～2mm。靜置一段時間後切絲。

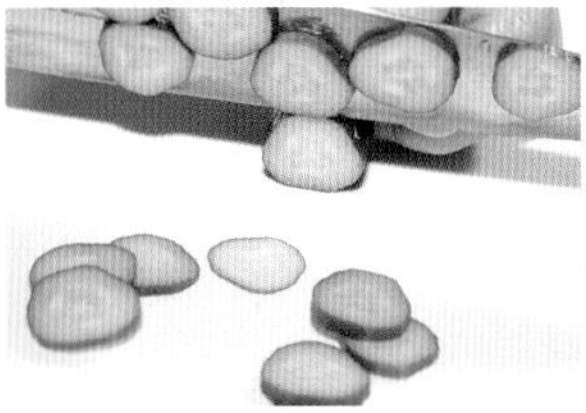

03 小黃瓜切成厚約2～3mm的圓片。

04 昆布用水浸泡。生薑切絲。

05 日本香柚去除 側白色的部份，切絲。

材料（2人份）

白菜…1 片（150g）、胡蘿蔔…1/13 根（15g）
小黃瓜…3/5 根（30g）、昆布（3×3cm）
…1 片、生薑… 1 段（3g）、日本香柚皮…
1/8 個、粗鹽…1 小匙、昆布茶…1/4 大匙、
辣椒…1/2 根

醬油漬

茄子…2 根（180g）、小蕪菁…2 個（200g）、
芹菜…1/3 根（70g）、茗荷…3 根（60g）
醬油…1 又 3/4 杯（350cc）、三溫糖…200g
醋…1 杯、藥材袋…1 個、昆布（3×3cm）…1 片
鰹魚片…2g、魚乾…1 根、檸檬皮…1/6 個

所要時間
30 分鐘

※ 醃漬蔬菜需要 1～2 晚的時間

06 切好的蔬菜放進塑膠袋裡，加粗鹽、昆布、去籽的辣椒。

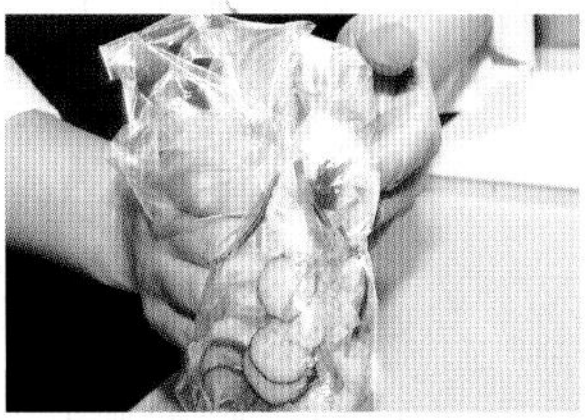

07 用力搓揉到鹽與昆布茶溶解。重確實搓揉到蔬菜均勻入味。

08 立刻放進醃漬專用容器裡，旋轉旋鈕直到無法旋轉為止，冷藏一晚。

09 如果沒有醃漬專用容器，就先放進碗裡，用另一個裝了水的碗壓，冷藏一晚。

10 冷藏一晚後去除水分，即可裝盤。

11 製作醬油漬。茄子去蒂後，直切成一半。

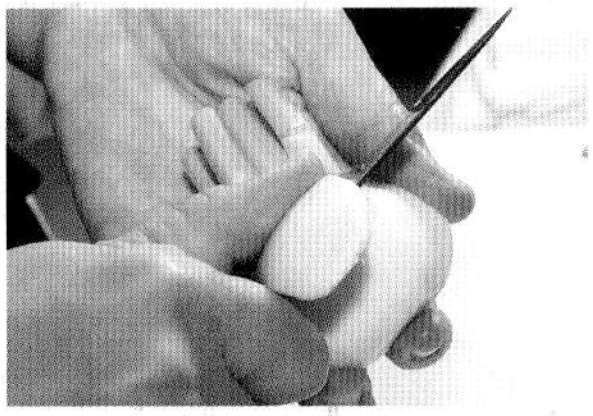

12 小蕪菁保留 2cm 的莖，去皮，去皮時要切厚一點。重切口要削成六邊形。

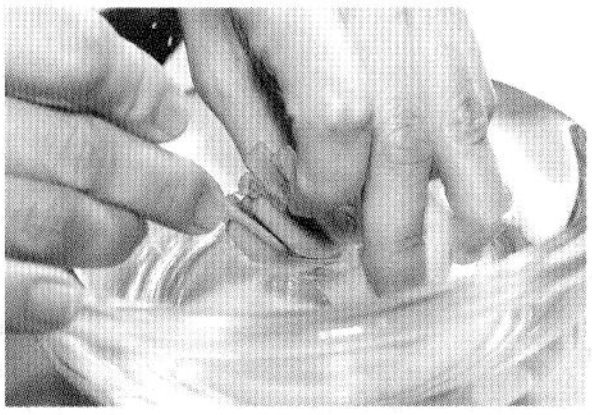

13 小蕪菁用水浸泡，用竹籤清除葉子間的髒汙。

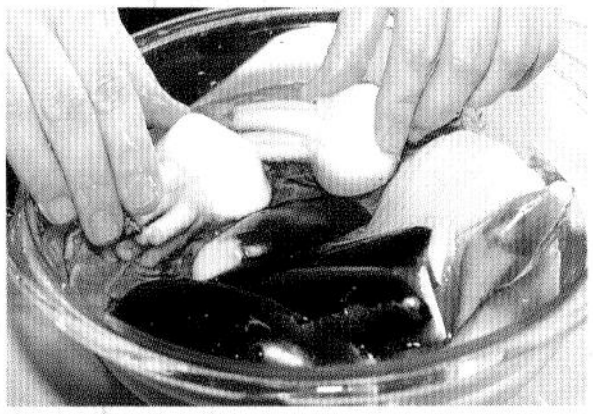

14 茄子、小蕪菁、小蕪菁的葉子、芹菜、茗荷用鹽水浸泡，蓋上保鮮膜，在陰涼處靜置一晚。

15 醬油、三溫糖、醋放進鍋裡，一邊攪拌一邊以大火煮，直到三溫糖溶解。

16 昆布、鰹魚片、小魚乾、事前去除內側白色部份的檸檬皮放進藥材袋裡。

17 15 的三溫糖完全溶解後關火，將16的藥材袋放進鍋裡，降溫備用。

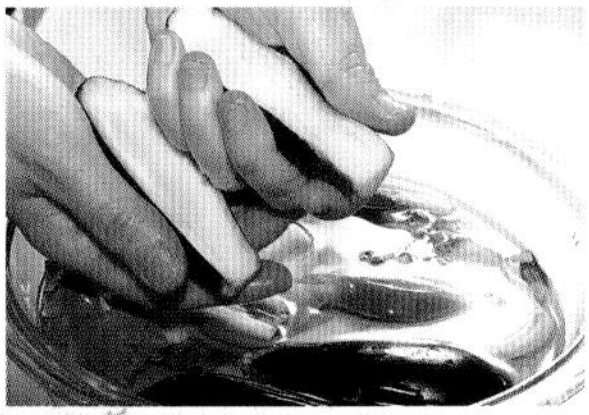

18 取出冷藏一晚的蔬菜，確實去除水分。

19 蔬菜放進密封容器裡排列整齊，倒入 17。蓋上保鮮膜，冷藏一晚。重途中要翻面一次。

20 醃漬一晚後，取出藥材袋，將蔬菜切成適合的大小。

Rakkouzuke

醃漬薤白

依照個人喜好調整味道

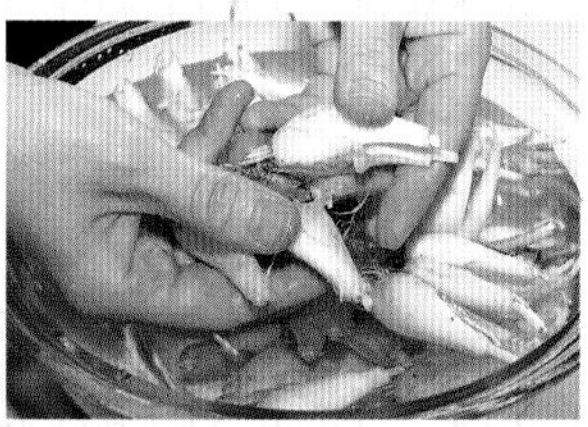

01 薤白用足夠的水浸泡，連接的部份用手分開。

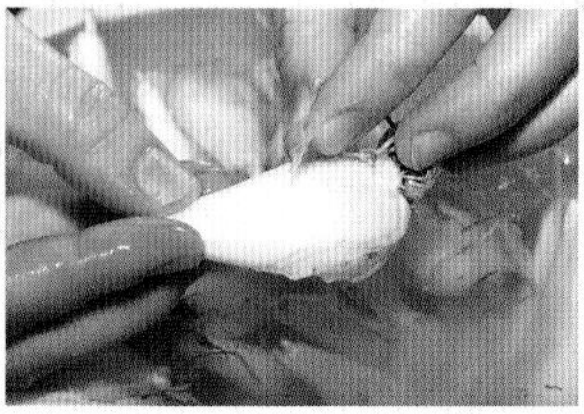

02 去除感覺很軟的皮、芽和鬚根。用熱水汆燙 10 秒，放在竹篩上去除水分。

03 放進可以密封的罐子裡，倒入用粗鹽溶解的鹽水。

04 重 蓋上裁剪過的保鮮膜，蓋上蓋子，在陰涼處靜置 2 個星期。

05 每隔 2～3 天就要搖晃罐子一次，使鹽分均勻分布。之後用水浸泡，就可以用醬油、味噌蜂蜜醃漬。

材料（2 人份）

薤白（蕎頭）…1.2kg、粗鹽…320g、水…1.6L

醬油漬材料

鹽漬薤白…500g、濃口醬油…1 又 1/2 杯（300cc）、味醂…3 又 1/3 大匙（50cc）、酒…2/3 杯（約 133cc）、醋…1/2 杯（100cc）、水…1 杯（200cc）、藥材袋…1 個、鰹魚片…4g、昆布（5×5cm）…1 片、辣椒…1 根

甘醋漬材料

鹽漬薤白…500g、甘醋…1L（參考 P220）、辣椒…1 根

味噌蜂蜜漬材料

鹽漬薤白…200g、混合味噌…50g、蜂蜜…50g、酒…1 大匙

※ 鹽漬薤白去除鹽分需要 2～3 小時甚至半天的時間，而醃漬蔬菜分別需要 1～2 星期的時間。

06 製作醬油漬。準5的鹽漬薤白，用水沖洗半日，去除鹽分。

07 濃口醬油、味醂、酒、醋、水放進碗裡拌勻。

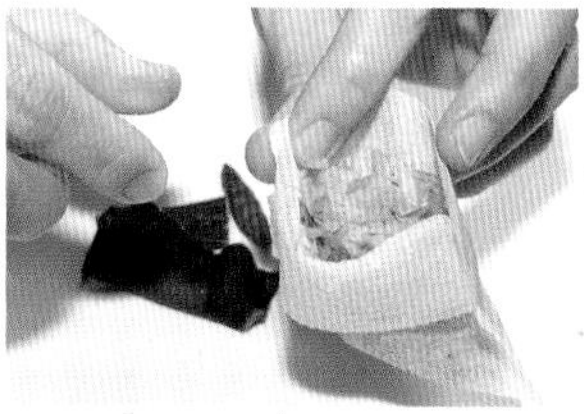

08 鰹魚片、切成一半的昆布、辣椒放進藥材袋裡。

09 6去除水分後放進容器裡，倒入7。重量要能覆蓋所有的材料。

10 8的藥材袋放進容器裡。重3天後，取出藥材袋。最好醃漬一星期以上，可以保存半年。

11 製作味噌蜂蜜漬。準5的鹽漬薤白，用水沖洗半日，去除鹽分。

12 混合味噌加蜂蜜、酒拌勻。

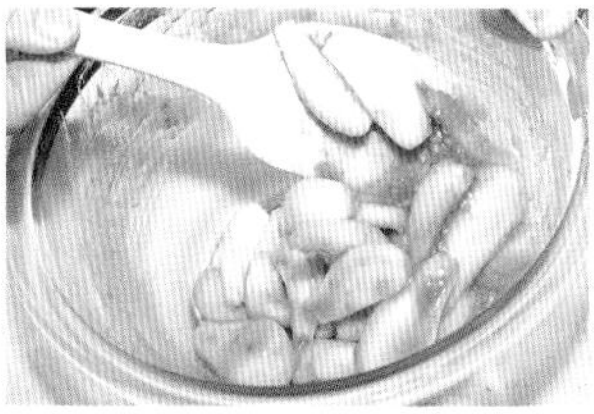

13 加去除水分的薤白，確實拌勻。

14 放進密封容器裡，蓋上保鮮膜。

15 蓋上蓋子，冷藏。最好醃漬一星期以上，可以保存1個月。

16 製作甘醋漬。準5的鹽漬薤白，用水沖洗2～3小時，去除鹽分。

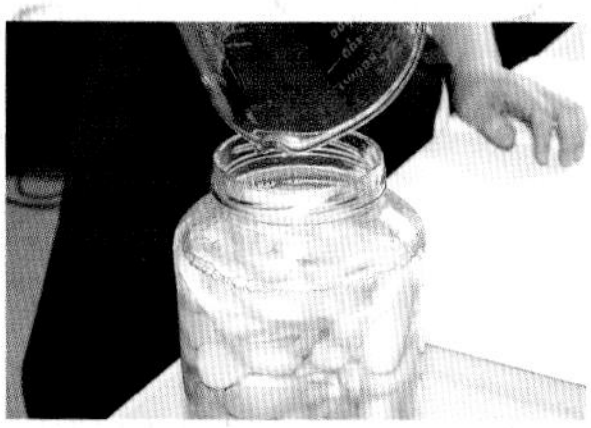

17 放進密封容器裡，倒入甘醋。甘醋的量要能覆蓋所有的材料。

18 加辣椒。重加辣椒比較不容易腐壞，但醃漬出來的蔬菜會帶有辣味，所以要依照個人喜好調整。

19 蓋上保鮮膜，避免薤白接觸到空氣。

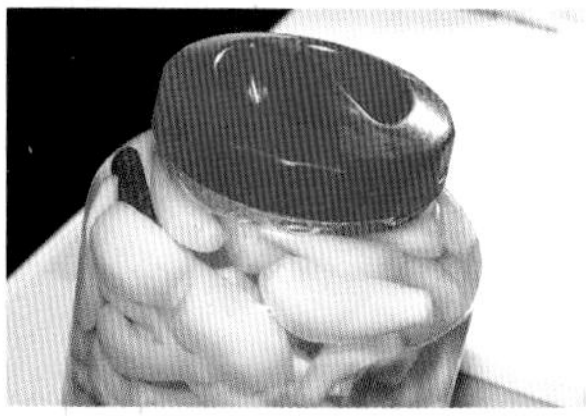

20 蓋上蓋子，冷藏。最好醃漬兩星期以上，可以保存一年。

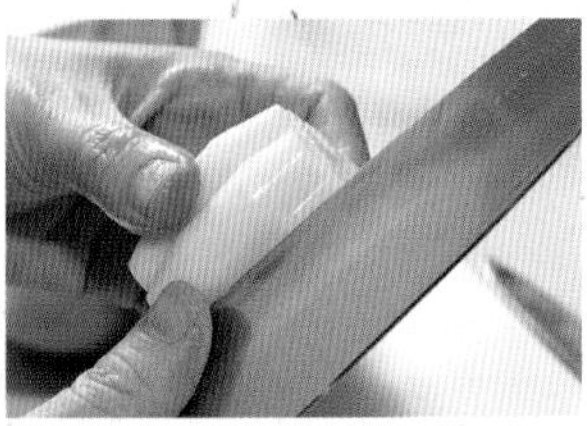

01 蓮藕去皮，切成花形。

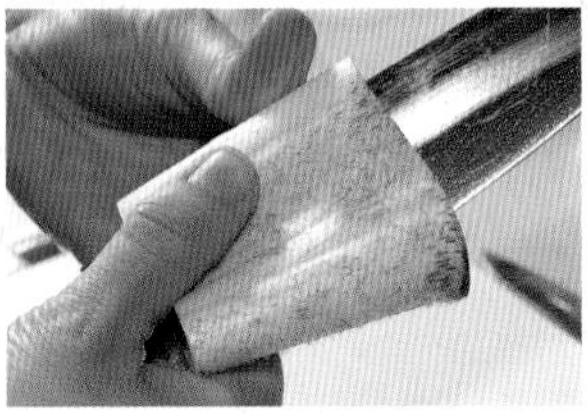

02 獨活去皮，去皮時稍微切厚一點，去除所有老梗。

03 蓮藕、獨活用適量加熱過的醋水煮，煮到竹籤可以輕鬆穿透。

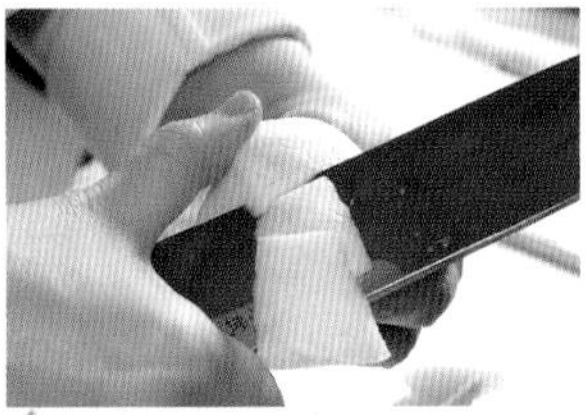

04 製作菊花蕪菁。蕪菁去莖、去皮。

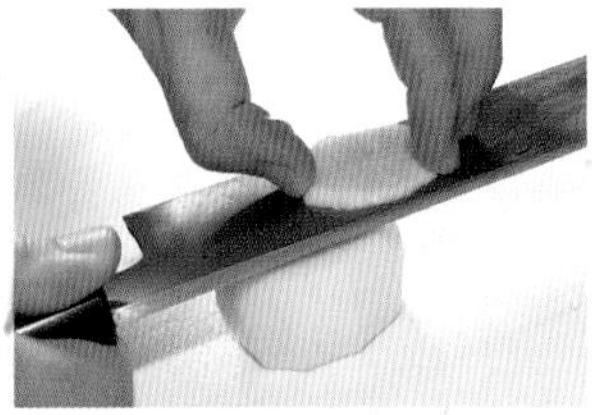

05 表面切平。

Amazuzuke

甘醋漬

柔和的酸味在嘴裡擴散

材料（2人份）

蓮藕…1節（150g）
獨活…1/4 根（30g）
蕪菁…1個（100g）
生薑根…4根（40g）
茗荷…4根（80g）

甘醋材料

醋…2又 1/2 杯（500cc）
水…2又 1/2 杯（500cc）
砂糖…150g
鷹爪辣椒…2根
鹽…1/2 小匙

所要時間
30分鐘

※用甘醋醃漬需要 20～30分鐘

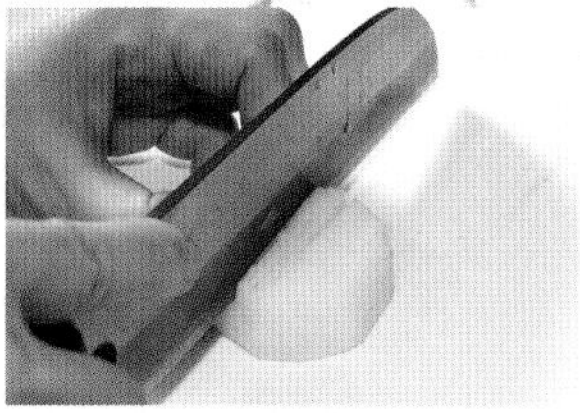

06 劃細紋，深度約 1/4。重不要切得太深。

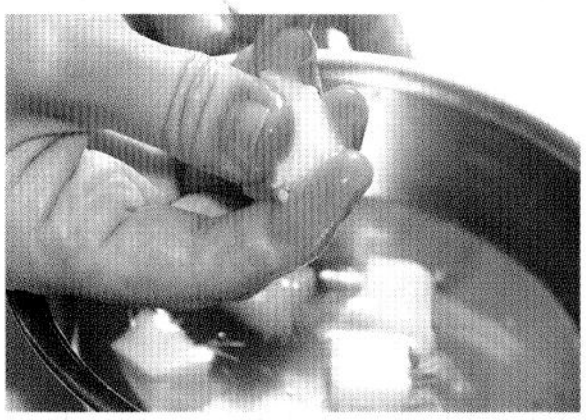

07 6 切成 2×2cm 的小丁，用適量的鹽水煮到沒有劃刀的部份變軟。

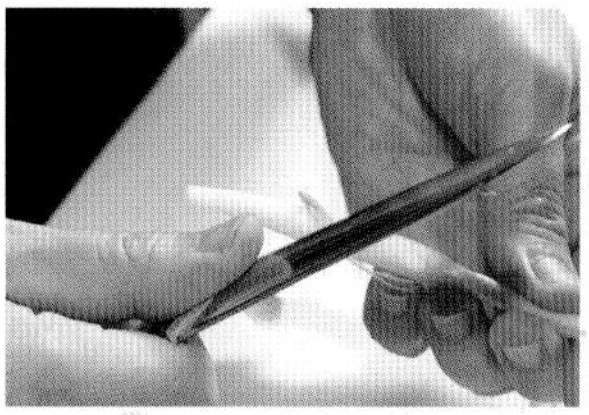

08 生薑根去除前端綠色的部份、可食用部份的皮。用布輕輕擦拭髒汙。

09 用沸水汆燙。先汆燙可食用的部份，之後讓上方稍微受熱即可。接著放在竹篩上降溫。

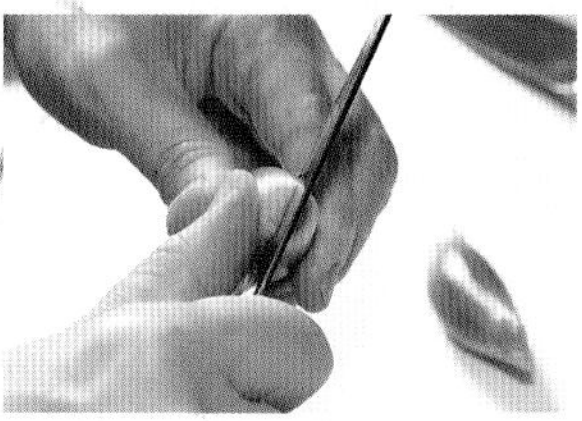

10 茗荷去除根部，劃十字。

11 用沸水汆燙 2～3 分鐘。變軟後關火取出，灑適量的鹽。

12 製作甘醋。醋、砂糖、水放進鍋裡以中火煮，再加鷹爪辣椒。

13 鷹爪辣椒去籽。

14 加熱到砂糖完全溶解即可關火，放進碗裡，以冰水隔水冷卻。

15 甘醋分成 5 等分，分別醃漬不同的蔬菜，避免白色的蔬菜染上其他顏色。

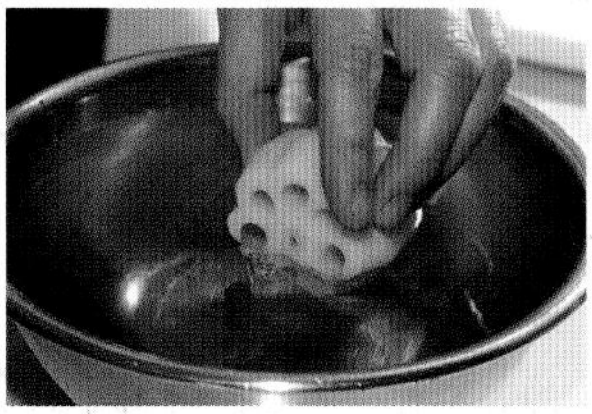

16 蓮藕要醃 30 分鐘；獨活、生薑根要醃 20 分鐘以上。

17 蕪菁劃刀的部份朝下，醃 20 分鐘以上。

18 茗荷比較容易入味，只要呈現漂亮的紅色即可取出。

Dish Up!

用可以密封的空瓶保存

冷藏保存時要放進可以密封的空瓶或空罐裡。若是放在透明的瓶子裡，還可以直接端在餐桌。

甘醋的量如果不夠就會壞掉，全部的材料都要浸在甘醋裡才行。

Umeboshi

醃漬梅子

關鍵在於確實曬乾

01 完全成熟的梅子用足夠的水浸泡 4 小時，去除澀液。放在竹篩上備用。

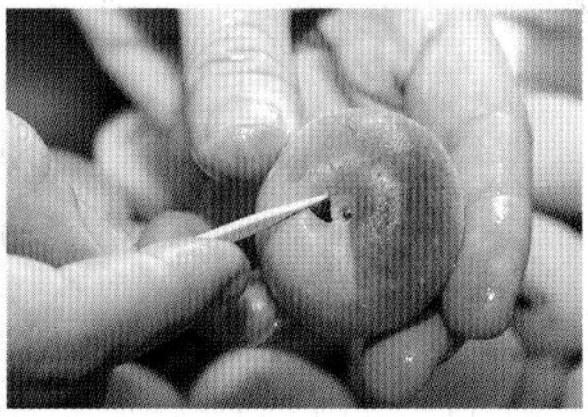

02 用竹籤去除黑色的部份（蒂），一個個擦拭，確實去除水分。

03 將梅子放進碗裡，淋 1 大匙燒酒，用手攪動使其均勻分布。

04 其餘的燒酒放進醃漬梅子的容器裡消毒，接著灑進 1 撮粗鹽。

05 梅子放進容器裡，用粗鹽覆蓋。每放一層梅子，就要放一層粗鹽。

材料（2人份）

梅子（完全成熟）…2kg
粗鹽…300g
燒酒…2 大匙

紅紫蘇材料

紅紫蘇…2 把
粗鹽…2 大匙

所要時間
60 分鐘

※ 去除梅子澀液需要 4 小時、醃漬需要 1 個月、乾燥需要 3 天 3 夜的時間

06 梅子全部放進容器後，將其餘的粗鹽都放進去。蓋上保鮮膜。

07 用與梅子相同重量的石頭壓。每天都要搖晃容器，在陰涼處醃漬 5 天。

08 紅紫蘇用手撕開後用水清洗。重根部要切除，只使用葉子。

09 加 1 大匙粗鹽，一邊按壓一邊清除髒汙。重手會變粗，所以要戴上手套用力按壓，去除澀液。

10 水分倒掉後再加 1 大匙粗鹽，一邊按壓一邊清除髒汙。擠出藍紫色的汁液。

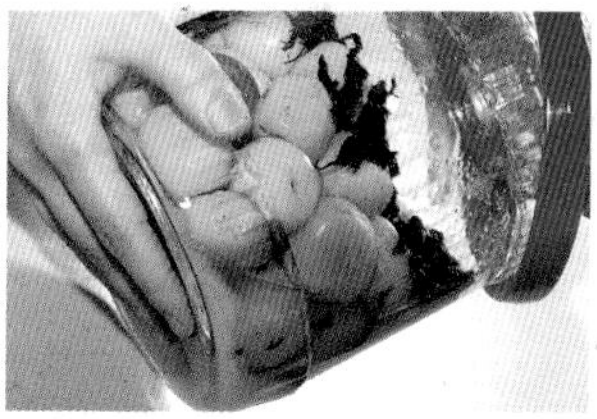

11 紅紫蘇放進 6 裡。移動瓶子，讓梅醋完全覆蓋紅紫蘇，在陰涼處靜置 1 個月。

12 梅子、紅紫蘇放在竹篩上曝曬。梅子要曬 3 天 3 夜；紅紫蘇要曬到完全乾燥。

13 醃梅子的汁液放在戶外一天，記得用棉布蓋上，以免蟲跑進去。

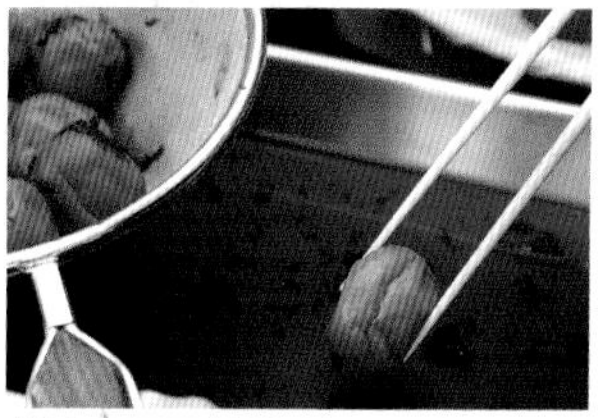

14 趁汁液還是熱的時候浸泡梅子，泡軟後即可食用。

15 製作配料。將 12 的紅紫蘇切細。梅子可以當做飯糰內餡。只要放進瓶子裡，可以保存一年。

蜂蜜漬梅乾

One More Recipe

梅乾蜂蜜漬

材料

梅子（完全成熟）⋯ 1kg
粗鹽⋯ 120g
蜂蜜⋯ 50g
燒酒⋯ 1 又 1/3 大匙

製作方法

❶完全成熟的梅子用水浸泡 4 小時，去除水分。
❷去蒂後用布擦拭水分，放進碗裡。
❸淋上一半燒酒，拌勻。
❹加一半蜂蜜，拌勻。
❺用其餘的燒酒清洗容器，灑粗鹽。
❻梅子一個個沾上粗鹽，在容器裡排列整齊。
❼加其餘的粗鹽、蜂蜜。
❽蓋上保鮮膜後以重物壓，在陰涼處醃漬 1 個月。
❾曬梅子的步驟如右方的 12 ～ 14。用醃漬的汁液浸泡，變軟後即可食用。

用雙手讓全部的梅子都沾上蜂蜜。

梅乾要沾上粗鹽。先沾燒酒比較容易沾上粗鹽。

[作者]

川上文代

KAWAKAMI Fumiyo

自小就對烹飪非常感興趣，就讀國三到高三的四年間，在池田幸惠烹飪教室學習烹飪。自大阪阿倍野辻調理師專門學校畢業後，以職員的身分在辻調理師專門學校大阪分校、法國里昂分校、東京分校培育專業廚師長達十二年。不僅是法國里昂分校首位女性講師，還曾經前往法國米其林三星餐廳「Georges Blanc」研習。一九九六年，在東京澀谷區成立「DELICE DE CUILLERES 川上文代烹飪教室」。現為辻調理師專門學校的兼任講師，在日本各地舉辦演講，並活躍於報章雜誌。著有《高湯與醬汁的快速筆記本》（青春出版社）等。

DELICE DE CUILLERES 川上文代烹飪教室

東京都澀谷區櫻丘町 9-17 TOC 第 3 大樓
http://www.delice-dc.com/

國家圖書館出版品預行編目(CIP)資料

和食教科書：詳盡的圖解步驟讓你零失敗！/ 川上文代作；賴庭筠譯. -- 初版. -- 新北市：遠足文化, 民101.10 --
(遠足飲食Supper；21)
ISBN 978-986-5967-35-2(平裝)

1.食譜 2.日本

427.131　　101018486

和食教科書

イチバン親切な和食の教科書―豊富な手順写真で失敗ナシ！

作　　者　川上文代
譯　　者　賴庭筠
主　　編　郭昕詠
行銷主任　叢榮成
封面設計　十六設計
排　　版　健呈電腦排版股份有限公司

社　　長　郭重興
發行人兼出版總監　曾大福
執 行 長　呂學正
出 版 者　遠足文化事業股份有限公司
地址：231 台北縣新店市民權路 108-3 號 6 樓
電話：(02)22181417
傳真：(02)22181142
E-mail：service@sinobooks.com.tw
郵撥帳號　19504465
客服專線　0800221029
部 落 格　http://777walkers.blogspot.com/
網　　址　http://www.sinobooks.com.tw
法律顧問　華洋法律事務所　蘇文生律師
印　　製　成陽印刷股份有限公司　電話：(02)22651491

初版一刷　中華民國 101 年 10 月
Printed in Taiwan